高等职业教育“十四五”规划教材

马匹养护与疾病防治

张金合　闫　港　主编

中国农业大学出版社
·北京·

内 容 简 介

本书由相关院校一线教学和单位科研人员共同编写，在编写过程中，作者力求简明扼要、科学性强、概念清楚、言之有据、材料来源准确可信，并能反映国内马业最新进展。全书包括学习项目和实习指导两部分，分为4个模块，共计12个学习项目和6个实习指导，比较系统全面地介绍了马匹饲养、繁育、护理、驯导、比赛、常见疾病诊疗的基本知识与技能。

图书在版编目(CIP)数据

马匹养护与疾病防治/张金合，闫港主编. —北京：中国农业大学出版社，2020.1(2025.1重印)

ISBN 978-7-5655-2305-2

Ⅰ.①马… Ⅱ.①张… ②闫… Ⅲ.①马－饲养管理 ②马病－防治 Ⅳ.①S821.4 ②S858.21

中国版本图书馆CIP数据核字(2019)第239877号

书　名　马匹养护与疾病防治

作　者　张金合　闫港　主编

策划编辑　康昊婷　　责任编辑　田树君

封面设计　郑　川

出版发行　中国农业大学出版社

社　址　北京市海淀区圆明园西路2号　　邮政编码　100193

电　话　发行部 010-62733489,1190　　读者服务部 010-62732336

编辑部 010-62732617,2618　　出　版　部 010-62733440

网　址　http://www.caupress.cn　　**E-mail** cbsszs @ cau.edu.cn

经　销　新华书店

印　刷　北京时代华都印刷有限公司

版　次　2020年5月第1版　2025年1月第2次印刷

规　格　787×1 092　16开本　18.75印张　460千字

定　价　55.00元

编写人员
CONTRIBUTORS

主　编　张金合（河北旅游职业学院）

　　　　闫　港（河北旅游职业学院）

参　编　赵素微（承德医学院）

　　　　王振玲（北京农业职业学院）

　　　　冯　涛（河北旅游职业学院）

　　　　竺明勇（承德市双桥区农业局）

　　　　汪春雪（承德县农牧局）

前言 PREFACE

参加马术比赛，比的是骑手的勇气胆略、驾驭技巧，拼的是马的速度、灵巧与自身品质，赛的是人与马的默契程度；而人们观看马术比赛，感受的是惊险刺激，唤起的是激情澎湃，体验的是竞技精神。目前，我国正处于现代马业发展时期，为了更好地适应现代马业发展要求，为马业健康发展培养一批实用型人才，增强从业人员整体素质和业务能力，增强国内马术爱好者对现代马业的关注和兴趣，河北旅游职业学院畜牧兽医系于 2011 年在国内同类高等职业院校中率先开设了马匹养护与疾病防治课程，但长期以来没有合适的教材供选用，所以我们组织了相关院校一线教学和单位科研人员编写了本书。

党的二十大提出，加强教材建设和管理，培养德智体美劳全面发展的社会主义建设者和接班人。在本书的编写过程中，作者力求简明扼要、科学性强、概念清楚、言之有据、材料来源准确可信，并能反映国内马业最新进展。全书包括学习项目和实习指导两部分，分为 4 个模块，共计 12 个学习项目和 6 个实习指导，比较系统全面地介绍了马匹饲养、繁育、护理、驯导、比赛、常见疾病诊疗的基本知识与技能。其中，主编张金合同志负责项目五、七、八、十及实践实训部分的编写工作；主编闫港同志负责绪论、项目一、二、九的编写工作；冯涛同志负责项目三的编写工作；竺明勇同志负责项目四的编写工作；赵素微同志负责项目六的编写工作；王振玲同志负责项目十一的编写工作；汪春雪同志负责项目十二的编写工作。

本书是高等职业院校畜牧专业、兽医专业、畜牧兽医专业试用教材，也可供马术俱乐部、畜牧兽医工作者等职业人群参考。

由于编者水平有限，经验不足，加之资料缺乏，时间仓促，本书难免存在不足之处，希望读者批评指正。

编　者

2024 年 12 月

目录 CONTENTS

绪　　论

一、中国马业简史与现状

二、中国马产业急需解决的问题与对策

三、马匹养护与疾病防治课程开设的意义

马大约在5 000年前被人类驯化利用。当人类真正驯化并利用了马匹之后，才逐渐认识到“速力”。奔跑是马所拥有的重要价值。马的这种特点可以用来弥补人类自身不足和社会发展的动力需要。马是自然进化中速度与力量结合的最完美形式。马与人的结合，也是历史长河中人与动物最成功、最持久、最完美、最壮阔的组合。同时，马还具有聪明、对人忠诚等特点。

一、中国马业简史与现状

中国曾经是世界上养马业最发达的国家之一，成吉思汗、忽必烈曾凭借金戈铁骑，横扫欧亚，同一时期出现了世界上第一部关于马的著作《元亨疗马集》。现吉林大学兽医学院的前身是1904年清政府建的北洋马医学堂，至今已有100多年的历史。2002年全国存栏马匹808万匹，居世界之首，但与马匹存栏最高时（1977年）的1 140万匹相比，减少了29%。近代以来随着科技的进步，马匹逐渐退出了役用、军用的舞台。虽然传统马业在中国一直下滑，但现代马业也同时在兴起。如1982年成立了中国马术协会，并于1983年加入国际马术联合会（International Equestrian Federation，FEI）。中国马业协会也在全国马匹育种委员会的基础上于2002年成立。赛马场建设、骑马俱乐部、旅游跑马场等实业公司不断增加，截至2019年8月31日，全国有2 160家马术俱乐部。旅游用马更是越来越火，已成现代消费和健康的时尚。1998年由外商投资的北京华骏育马有限公司，有英纯血马2 800匹，是亚洲最大的纯血马场，良种马匹的改良、引进史无前例。近年中国马业与世界马业的交流日益增加，国内马业企业家、学者、马术运动员及教练员、马兽医、练马师、教授等先后到德国、法国、澳大利亚等地学习深造。为配合现代马业文化的需要，2003年在北京成立中国马文化博物馆，这是亚洲最大的马文化博物馆。

从目前来看，与世界马产业发展水平相比，中国的马产业发展还处于较低水平，造成这种局面的原因有多方面。纵观国外马业历史，各国马业发展都会经历阵痛，必然经历由盛到衰，再由衰向娱乐等第三产业转型的历史过程。随着中国经济的快速发展和人民生活水平的提高，中国马业可以说是曙光初现，都市人群对马术和马匹表演的娱乐需求越来越多。骑马可以健身美体、修身养性，适合各个年龄段的人群。其中以孩子居多，而女孩更是马术的主力。这些孩子的家长多数抱着让孩子锻炼胆量、提升气质的想法，尤其是一些明星、企业家、驻华外交官及其家属等，更希望通过骑马来培养孩子优雅大方的气质。

二、中国马产业急需解决的问题与对策

中国有亚洲最古老的骑马、赛马历史。近代赛马也拥有可观的发展基础。在2000年以上的马历史中，近70年只是白驹过隙，重新萌芽并蓬勃发展的时刻即将到来。马匹问题是马产业的首要问题。可以想象，在骑马俱乐部，其装修再华丽，设施再完善，如果骑的马匹不健康，会员也会感到失望；在马术俱乐部，会员骑马是为了享受赛马的乐趣，俱乐部会所和餐厅再奢华，如果只有瘦弱的笨马，也不会有人光顾。设施优异并且马匹训练管理良好，这才是理想中的马术俱乐部。同时，为了提升俱乐部等级而参加各种马术比赛并取得优异的成绩，这也是俱乐部成功的秘诀之一。但目前中国马产业从业人员的意识、知识和技术还远不

能适应中国马业发展的需要。近几年来中国从海外进口了大量的马匹，但是马匹养护及疾病防治方面的专业人才匮乏，导致大部分马在数年间丧失其出色的能力，甚至失去健康，危及生命，主要有以下四种因素。

（一）马匹管理员职业技能和认知不适应俱乐部马匹养护需要

全国各地俱乐部或马场的经营者都希望雇佣经验丰富的马匹管理员，并提供教育培训的机会。中国马（蒙古马、新疆马）的管理经验，往往和纯血马、温血马有很大的区别，目前照料纯血马和温血马具有丰富经验的马匹管理员少之又少。马匹管理员们不熟悉这些马的特质，也几乎无人能够正确指出这些马之间的区别。无论是饲养管理还是日常护理，甚至连马的调教和应急措施都是错误的。纯血马和温血马与蒙古马生理差异不大，但在敏锐性、大小和速度等方面有较大区别。由于纯血马是纯种，它不像蒙古马那么顽强，往往无法忍受恶劣的环境。

为了培养优秀的马匹管理员，经营者必须投入大量的时间和金钱，如果不进行这方面的投资，那必然是既荒废了马又损失了钱。一个 10～20 匹马的俱乐部或马场，有 1～2 位训练有素的马匹管理人员就能很好地进行管理，其他的牵马、打杂的马匹管理员并不是大问题，所以管理人员必须作为整个团队的领袖，好好地接受培训与指导。在日本有句名言，“乘马一万鞍”，意思是一个人在称为骑手之前需要骑乘一万次马。骑马需要时间与经验的累积。让骑手和马匹在中国国内或者海外学习都是不错的选择。不管是哪种方法，都要花费大量的时间和金钱。好不容易拥有了好马，就不要草草了事，以免造成巨大损失。

（二）预防接种和健康保健问题

中国动物健康管理的法律条例还不完善，虽然现在有指导性的文件，但还未能在中国全面执行。有关马的文件可以说是完全空白。马的法定传染病的检查和破伤风等的预防接种制度还不完善。有些疾病可以通过预防接种和检查防治，但临床上还有马因此而丧命。对于管理者来说，选择不救治更加轻松，然而一旦疾病流行，无法救治时，又不得不选择放弃，造成意想不到的重大损失。希望今后国家和政府可以努力改变这样的局面。

（三）马匹用药品问题

这是马业发展过程中一个严峻的问题。国内马场目前多从国外购置药品、器械等。例如，国内没有马专用的驱虫药，大部分俱乐部和马场不得已以牛用驱虫药代替，而马寄生虫和牛羊寄生虫不一样，使用效果欠佳。在国外，马专用的优秀药品被大量研发出来，在我国产品缺乏时，希望中国的相关从业者也能利用这些国外资源。

（四）马兽医的问题

兽医问题是个现实问题。我国内陆地区还未正式开始商业赛马，马兽医的需求量不高，真正能从事马匹诊疗的兽医凤毛麟角。目前各大学的动物医学院也很少讲授关于马病的知识，专门研究养马、驯马、马病诊治的学者也很少，针对纯血马的专业兽医更是稀缺。有从事这行业志愿的学生应该争取留学机会，在国外的兽医学院学习。

三、马匹养护与疾病防治课程开设的意义

21 世纪以来，马匹饲养、护理、驯养、疾病防治内容的讲授和相关研究在各农业院校逐渐边缘化，多数畜牧兽医专业课程内容设计以奶牛、猪、鸡、犬、猫为主。这种变化造成马术相关产业人才的断代，2009 年至今，编者通过对京津冀地区多家马术俱乐部调研发现，从事马匹饲养、繁殖及疾病防治的技术人员匮乏，员工年龄多处于 50 岁以上，30 岁以下的从业者较少。河北旅游职业学院作为河北省唯一一家专业的旅游院校，开设的兽医专业又是河北省省级示范的专业，我们较早认识到本行业的发展趋势和就业前景，于 2009 年率先开设了马匹养护与马疾病防治课程，将为京津冀地区乃至全国马术行业的发展培养出优质人才。

模块一　马匹饲养与繁育

项目一　马匹品种及外貌鉴定

项目二　马匹饲养管理技术

项目三　马匹繁育技术

随着社会经济迅猛发展，传统役用马业逐渐转变为集文化、体育竞技、休闲娱乐于一体的现代运动马业，体现经济性、社会性、娱乐性和国际性。对于马来说，无论是役用，还是休闲娱乐用，都得精心饲养，才能达到最佳的使用寿命和效果。马的饲养中，非常重要的一点就是脂肪不能太多，否则马的生理功能、功用性就会大大下降，因此马的饲喂通常以粗饲料为主，能量饲料和蛋白质饲料为辅，适当添加矿物质、维生素添加剂。

选择种马，重点应放在马的外形结构和体质气质上，从马匹外貌的各个方面进行综合评价与选择。选马的技巧可以总结为"五看"，即看长相、看毛色、看走相、看年龄、看体质与气质。母马是马群增殖的基础，母马在马群中的数量越多，马群增殖的速度就越快。迅速发展规模化养马业是提高马繁殖率的最有效的途径。随着运动马产业的发展，存在着国外引进优良运动马匹的饲养、纯繁、扩繁和地方现有品种保种、杂交改良等繁殖问题，因此，学习运动马的饲养与繁育技术有着重要意义。马的繁殖率是反映马匹繁殖水平和增殖效果的主要指标。因马为单胎动物，同时具有孕期长（12 个月）、易流产等特点，导致其繁殖率较低，这是马产业发展的瓶颈。提高马的繁殖率涉及种公马的饲养管理与精液品质的提高、配种方式、母马饲养管理及发情鉴定、妊娠保胎、环境气候等多个环节，细化各环节养殖管理技术是提高马繁殖率的必要条件。

项目一

马匹品种及外貌鉴定

学习目的

学习我国地方马匹品种、新培育马匹品种和国外马匹品种的产地形成、外貌体尺、生产性能，对各种马匹的主要用途、品种特性建立初步了解。学习马匹体尺测量、年龄鉴定、身体局部鉴定技术，掌握根据自身需求或用途选择合适马匹的方法。

知识目标

学习国内外马匹品种形成的自然条件，常见马匹品种身体结构、外貌体尺、毛色特征，形成基本认知；学习马匹年龄鉴别技术、外貌鉴别技术、身体各部位鉴定技术。

技能目标

通过本任务学习能够正确识别国内外马匹品种，能够正确鉴别马匹大致年龄，能够根据马匹身体各部位结构，指出马匹适宜的用途。

【项目导读】

我国地处亚洲大陆，幅员辽阔，有广大的农牧地区，养马条件优越，马产资源丰富。马的用途广泛，放牧、农耕、运输、骑乘、马术、国防、体育、狩猎、驮运等都离不开马。我国人民在养马方面积累了很多经验，做出了卓越贡献。中国商周时期，“御”（驾驭车马）即“六艺”之一。春秋时期赛马已十分盛行。马术运动在唐代已达到较高水平。至于马球运动，汉、魏时期已有记载，当时最具代表性的是马球；马戏，包括舞马和马伎。从宋到元、明时期，马球和骑射仍受到重视，但在清代，由于禁止异族养马和开展军事体育活动，使马术运动由盛而衰。

马匹外貌是指马体结构和气质表现所构成的全部外表形态。根据外貌可以了解马的品种特点、主要用途、生产性能、健康状况、适应性和种用价值等。在挑选马匹时，外貌是选择的主要依据，所以外貌鉴定对养马业生产和科研都具有重要意义。

任务一　我国地方马种

一、蒙古马

（一）产地形成

蒙古马产于内蒙古自治区及邻近省区，是一个数量多、分布广、历史悠久的古老品种。此品种在我国马品种构成中占有重要地位。蒙古高原是世界上马匹的最早驯化地之一。该地区海拔 1 800～2 000 m，东西气候差异明显，降水量 150～450 mm，北部冬季气温最低达－45℃左右。东部的呼伦贝尔草原和中部锡林郭勒草原都驰名全国，土肥草茂，马匹体大肥壮；西部的鄂尔多斯市干旱，草稀，有沙漠，马体较小，数量亦少。早在 5 000 年前，我国北方民族在此养马，对马的选育、利用一直较为重视。

（二）外貌体尺

蒙古马体质粗糙结实，体躯粗壮，体格不大。头较重，额宽平，鼻孔大，嘴筒粗，耳小直立。颈短厚，颈础低，多水平颈。鬐甲低而宽厚，肩短较立。胸中等宽深，背腰平直略长，腹大，多草腹。四肢粗壮，肌腱发达，蹄质坚硬。鬃、鬣、尾毛长密，距毛较多。毛色以骆、青、黑毛较多，白章极少。蒙古马体尺情况见表 1-1。

表 1-1　蒙古马平均体尺

cm

性别	体高	体长	胸围	管围
公	127.7	135.6	158.1	17.8
母	127.2	133.4	155.2	16.2

（三）生产性能

蒙古马的体质量一般为 300 kg 上下，役用乘挽驮皆有。持久力强。新中国成立前在北京至天津间用 38 匹蒙古马举行的 120 km 骑乘比赛记录，冠军马为 7 h 32 min，前 100 km

用 5 h 50 min。在农区补饲条件下，双套拉胶轮车，载重 1.5 t，日行 15～20 km，可连续使役。在乌兰察布盟(现乌兰察布市)当地测定的蒙古马最大挽力，平均为 300 kg。在锡林郭勒盟测定骑乘速度，1 600 m 为 2 min 22.6 s，2 000 m 为 4 min 53 s 到 5 min 33.8 s，10 000 m 为 14 min 52 s。

蒙古马适应性强，能适应恶劣气候和粗放饲养条件，上膘快，掉膘慢，抗病力强，合群性好，广泛使役于全国各地。

二、哈萨克马

(一)产地形成

哈萨克马产自新疆天山北麓、准噶尔盆地以西和阿尔泰山脉西段一带，中心产区在伊犁哈萨克自治州巩留、尼勒克、昭苏、特克斯、新源等县。分布区集中在伊犁哈萨克自治州及其邻近地带。产区草原辽阔，牧草饲料资源丰富，历来以牧业为主，为我国重要的产马区之一。该地区海拔 600～6 900 m，河流纵横，属温和半湿润和温凉干旱气候，年降水量 94～513 mm，无霜期 121～187 d，1 月份气温一般在 −22～9.3℃。本地区自古产良马。西汉时期，乌孙国(今伊犁一带)产乌孙马。《史记》记载："乌孙以千匹马聘汉女，汉遣宗室女江都翁主"。《前汉书》称乌孙马为"西极马"或"天马"，而与"大宛马"相媲美。据考证，乌孙马即今哈萨克马的前身。清朝时曾在当地设立大规模的马场。本地区马匹在历史上曾与蒙古马、中亚一带马匹杂交。

哈萨克马是草原种马，很适应大陆干旱寒冷气候和草原生活环境。终年放牧，冬季不补饲，在积雪厚达 30～40 cm 情况下，能刨雪觅食，正常生活。转入夏场之后，体力恢复与增膘都很快。它的形成与当地良好的草原有密切关系，同时也是哈萨克族人为了生产和生活上的需要，长期选育的结果，该品种的品质堪称我国地方马种中的佼佼者。

(二)外貌体尺

哈萨克马有两个经济类型：骑乘型和乘挽兼用型，从生态上加以区别，可分为山地型与平原型。乘挽兼用型多出自平原型，而骑乘型在山地型中较多。外貌：头中等大，略显粗糙，颈长适中，稍扬起，颈肌较薄弱，颈肩结合差。鬐甲较高，胸稍狭窄，肋骨开张，背腰平直，尻宽而倾斜，多草腹。四肢关节坚实，前肢端正，后肢常显刀状和外向肢势，蹄质坚实，距毛不多。体格中等大，四肢较长，结构紧凑，体质结实，血管较明显，有些马乳房发育较好，乳头较长。乘挽兼用型，体格较大，骨骼较粗，肌肉发育好。毛色以骆、栗及黑毛为主，青毛次之，其他毛色较少，其体尺大于蒙古马，与河曲马相近。哈萨克马体尺情况见表 1-2。

表 1-2　哈萨克马平均体尺　　cm

性别	体高	体长	胸围	管围
公	136.0	144.8	172.2	18.8
母	132.7	141.5	167.2	18.9

(三)生产性能

哈萨克马是当地农耕、运输、放牧的重要役畜，工作能力较强。据骑乘速力测验记录：1 000 m 为 1 min 17.2 s，1 600 m 为 2 min 8.2 s，3 200 m 为 4 min 32.7 s，50 km 为 1 h

42 min 47 s,100 km 为 7 h 14 min 23 s。据挽力测验记录:双马驾木轮槽子车,载重 1 000 kg,快步行进 18.2 km,需 1 h 43 min。1980 年对 9 匹成年母马屠宰测定:宰前平均活体质量为 351.3 kg,屠宰率 47.1%,净肉质量 147.8 kg,净肉率为 33.7%。哈萨克马产乳能力甚好,一般日产乳 2.5 kg,最高 5～6 kg,多数马可挤乳 2～3 个月。

三、河曲马

(一)产地形成

河曲马产于甘肃、四川、青海三省交界处的黄河第一弯曲部,主要产区在甘南州玛曲县,其次为四川阿坝州若尔盖县和青海省河南县。

河曲马历史悠久,在汉、唐时期,多由西域良马引入该地,对它的血统与外貌产生了良好影响。元代蒙古族人带来一定数量的蒙古马为河曲马的形成起了不少作用。产区海拔 3 000 m 以上,年平均降雨量 664.2 mm,高寒、湿润、牧草丰茂,环境与外界隔绝。河曲马经闭锁自群繁殖和终年放牧,形成了适应性强,体躯比较高大的品种特征。

(二)外貌体尺

河曲马的体型外貌多为挽乘兼用型,体质结实,体躯粗长宽厚。头粗重,多轻微半兔头,眼大,耳略长,耳尖呈桃形,鼻孔大。颈长中等,多斜颈,颈肩结合良好。鬐甲高长中等,肩稍立,胸廓宽深,背腰平直,略长。腹形正常,尻宽略短斜。四肢较干燥,关节明显,肌腱和韧带发育良好,后肢多有轻微刀状姿势,多广蹄,蹄质欠坚实。毛色以黑、青、骝、栗较多,马匹多有白章。相关体尺、体质量见表 1-3。

表 1-3 成年河曲马平均体尺、体质量

性别	数量/匹	体高/cm	体长/cm	胸围/cm	管围/cm	体质量/kg
公	532	137.2	142.8	167.7	19.2	346.3
母	524	132.5	139.6	164.7	17.8	330.8

(三)生产性能

河曲马挽力强,速力中等,持久力好。骑乘速度 1 000 m 为 1 min 15.5 s,2 000 m 为 2 min 35.8 s。挽曳能力,单马拉胶轮车,载重 396～652.5 kg。一般挽力相当于体质量的 10.2%～12.3%,最大挽力相当于体质量的 79.4%。持久力,骑乘 50 km,平均需 3 h 40 min,100 km 为 7 h 20 min。

河曲马适应性好,恋膘性强,耐粗饲,发病率低,合群,性温顺,易调教,已推广到全国 20 多个省、市及部队,均获好评。

四、浩门马

(一)产地形成

浩门马产于青藏高原东北边缘地带,祁连山下寒湿草原地区。中心产地是青海省门源县、祁连县及甘肃省天祝县。

产区海拔 2 500～4 000 m，年平均降水 262.9～514.5 mm，冬季气温最低在－35.4℃以下。该地区昼夜温差大，水草丰美，具备养马条件，在历史上是我国最古老的养马基地。在周、秦、汉、唐时期，甘肃河西包括这一地区，《史记·货殖列传》记载："畜牧为天下饶"，所产马匹是供应东部农区以及全国用马的重要来源。这种情况直到今天依然存在。两千年前的浩门马产区多次从甘肃河西引进西域的波斯等良马，杂交本地马，培育出具有武威东汉墓出土的"马踏飞燕铜奔马"专门化挽乘型、生来自然会走"对侧快步"特征的马。骑乘摆动舒适，无颠动之苦，遗传至今，为群众所喜爱。

(二)外貌体尺

浩门马体格中等，体型粗壮，体质结实。头略重，颈稍短，颈础深，鬐甲不高，胸广肋拱，背腰平直，尻略斜。肢中等长，管显细，关节粗大，蹄坚硬。后肢稍外向或刀状。鬃、尾毛粗长，被毛浓密。毛色以骆毛、黑毛为多，栗毛、青毛次之。相关体尺、体质量情况见表 1-4。

表 1-4　成年浩门马平均体尺、体质量

性别	数量/匹	体高/cm	体长/cm	胸围/cm	管围/cm	体质量/kg
公	110	133	137	160	18.4	316.2
母	824	128.6	135.1	155.9	16.9	288.8

(三)生产性能

乘、驮、挽用皆可，具有善走"对侧快步"的遗传性。骑乘速度 500 m 为 37.5 s，1 000 m 为 1 min 22.8 s，10 000 m 为 19 min 49 s；驮重 100 kg，能连续几日行走自如；挽曳胶轮大车，车和载重 600 kg，用挽力 50 kg，快步 2 000 m 为 8 min 4 s，慢步 19 min 0.4 s；最大挽力，一般为体质量的 80%以上。

五、西南马

(一)产地形成

作为品种名称，"西南马"是产于云贵高原，包括云南、贵州、四川三省并分布于邻近省区马的总称。历史上所说的蜀马、川马、大理马、丽江马等皆为今日的西南马。西南马是我国马的一个独立系统，它不包括青藏高原产的马，如西藏马和玉树马等。近年来调查发现另一个与西南马完全不同的矮小型马种，叫安宁果下马，也不包括在广大的西南马中。

西南马品种的形成有历史、自然、社会诸种条件的影响。产区属亚热带季风区气候地带，海拔 580～3 585 m，气候垂直变化明显，冬暖夏凉，水草丰茂。地形地貌复杂，交通不便，马作为重要运输工具，在生产、生活中发挥着必不可少的作用；因其体小易养，灵活易用，历代王朝为供内地需要，开设马市，用茶、盐换购西南马，促进了西南养马生产，经长期加强选择、精心培育，终于育成了西南马品种。

(二)外貌体尺

西南马属山地种马，体格短小、精悍、体质结实，气质灵敏、温顺，有悍威。头稍大，面平直，眼大有神，耳小灵活。鼻翼开张，颈略呈水平。鬐甲低，肩较立，背腰短，胸较狭，尻短斜。

四肢较细，肌腱明显，关节坚强，蹄小质坚，后肢多刀状。被毛短密，鬃毛、鬣毛、尾毛多长，毛色以骝毛、栗毛、青毛居多。

体高一般为105～125 cm，胸围121～147 cm，管围14～18 cm，体质量155～222 kg。

（三）生产性能

西南马具有驮乘挽兼用的优良性能，尤以驮载能力著称。长途驮载60～70 kg，日行35～40 km；短途驮载，有的可负重100 kg以上。骑乘一般可日行45 km以上。单马驾车可载重350～400 kg。

西南马品种内的类群多，有建昌马、云南马、贵州马、丽江马等。

任务二　我国培育马种

一、伊犁马

（一）产地形成

伊犁马产于新疆维吾尔自治区伊犁哈萨克自治州，以昭苏、尼勒克、特克斯、新源及巩留等县为主要产区。这里自然条件优越，海拔1 800～2 400 m，年平均气温1.70℃。年平均降水量455 mm，无霜期90 d。牧草丰盛，草质优良，夏季在接近雪线的高山放牧，气候凉爽，无蚊蝇，有利于抓膘；冬春在低地放牧，气候较暖，补饲方便。当地农作物主要有小麦、大麦、油菜等。产区水源充足，农牧业发达，非常适宜养马，且自古出良马，养马具有广泛的群众基础。

伊犁马是从20世纪以来，以哈萨克马为基础，与引入的轻型外种马，主要是奥尔洛夫、顿河、布琼尼、阿哈等品种进行杂交，到一、二代杂种马，通过横交固定，长期在放牧管理条件下育成的一个乘挽兼用型新品种。它既保持了哈萨克马的耐寒、耐粗饲、抗病力强、适应群牧条件的优点，又吸收上述良种马的优良结构和性能。1985年通过技术鉴定，确认为一个新品种，并正式命名为伊犁马。

（二）外貌体尺

伊犁马外貌较一致，具有良好的乘挽兼用马体型。头中等大、较清秀，具有一定的干燥性。颈长中等而高举，肌肉较丰富，颈肩结合良好。鬐甲中等高，胸宽深，肋骨开张良好，背腰平直，尻中等长、稍斜。四肢干燥，筋腱明显，前肢端正，后肢轻度刀状和外向，关节发育良好，管部干燥，蹄质结实，运步轻快而确实。体质干燥结实。毛色以骝毛、栗毛、黑毛为主，青毛次之，其他毛色较少。伊犁马的体尺在我国马品种中是比较大的，特别是胸围较大，比体高大25～35 cm，为其突出的优点（表1-5）。以上特点充分表现出伊犁马力速兼备的优良特性。

表1-5　成年伊犁马平均体尺　　cm

性别	数量/匹	体高	体长	胸围	管围
公	92	150.17	154.71	180.12	19.58
母	832	144.49	149.99	179.20	18.65

(三)生产性能

伊犁马富有持久力和速力。骑乘速力纪录:1 000 m 1 min 13.6 s;1 600 m 2 min 8.7 s;3 200 m 4 min 1.4 s;50 km 2 h 18 min 54 s;100 km 7 h 13 min 23 s。挽力表现:测验 20 km,载重 300 kg,挽力用 40 kg,成绩为 2 h 53 min 16 s,平均每千米用时为 8 min 39.8 s。双马拉四轮槽子车可载重 1 200~1 500 kg,每天使役 8~10 h,日行 30~40 km,可持续 3~4 d 或更长。最大挽力为 400 kg,相当于体质量的 92.2%。

伊犁马的泌乳能力:成年母马除给幼驹哺乳外,每日还可挤乳 5.4 kg,120 d 挤乳期可产乳 648 kg。产肉能力:对 3.5 岁母马屠宰测定,平均宰前体质量 337.5 kg,屠宰率和净肉率分别为 54.5%和 43.5%。

二、三河马

(一)产地形成

三河马产于内蒙古自治区呼伦贝尔市额尔古纳市三河地区和滨洲铁路沿线一带。产区有全国著名的呼伦贝尔大草原,牧草鲜美无比,其他养马条件也很优越,对三河马的形成和发展起了有利的作用。三河马是以当地的蒙古马为基础,从 20 世纪初开始引入多种外血,主要是后贝加尔马、奥尔洛夫马、皮丘克杂种及盎格鲁诺尔曼、盎格鲁阿拉伯以及贝尔修伦马的杂种等。三河马是多品种马的“杂交”后代,经过自群繁育而形成的。新中国成立前三河马曾以“海拉尔马”名扬大连、上海、香港等地赛马场。1955 年由农业部组织调查队进行了调查,确定三河马是我国的一个优良品种,并提出本品种选育的育种方针。经过 30 多年的选育,较原来的三河马在质量上有了提高,现已有相当稳定的遗传性。

(二)外貌体尺

三河马体质结实干燥、结构匀称,外貌优美,肌肉丰满,有悍威,胸廓深而长,背腰平直,四肢坚强有力,关节明显,肌腱发达,部分马后肢呈外向,蹄质坚实。毛色主要有骆毛、栗毛、黑毛 3 种。体尺指标见表 1-6。

表 1-6 成年三河马平均体尺 cm

性别	数量/匹	体高	体长	胸围	管围
公	83	153.4	159.8	185.6	20.9
母	625	146.0	151.6	179.7	19.8

(三)生产性能

三河马以力速兼备著称。骑乘速力纪录:1 000 m 为 1 min 7.4 s;1 600 m 为 1 min 51.8 s;3 200 m 为 4 min 15 s;10 km 为 14 min 51 s;50 km 为 2 h 3 min 29 s;100 km 为 7 h 10 min 18.5 s。利用解放牌卡车,载重 9.8 t,单马以 460 kg 挽力,可行走 170 m。

三河马是我国优良的乘挽兼用型品种。它外貌清秀,体质结实,动作灵敏,性情温顺,力速兼备,遗传性稳定。三河马今后应在本品种选育的基础上,继续提高质量,应注意培育马术运动用马,以满足我国赛马业发展之需要。

三、山丹马

(一)产地形成

山丹马是在甘肃省山丹县大马营草原上培育出的新品种,于 1984 年 7 月通过品种鉴定会议验收并正式命名。它以驮为主,专供军用,兼用民用。

大马营草原位于甘肃河西古丝绸之路上,自古是我国著名产马区。该地区海拔 2 500～3 000 m,年平均气温 0.2℃,年均降水量 356.6 mm,属高寒半干旱气候,牧草茂盛,水质良好,适宜种植多种作物和优良牧草,为山丹马培育提供了良好条件。在甘肃农业大学养马学专家指导下,母本选用顿河公马杂交,获杂种一代马;为适用山区军事驮用,继续使用当地品种公马与杂一代母马回交,在后代中,选择达到育种目标要求的个体,用非亲缘同质选配的方法,进行横交固定,最终育成这一新品种。从此以后,开始品系繁育,以进一步提高品种性能。

(二)外貌体尺

山丹马属驮乘挽兼用型,以驮为主。体格中等大,体质干燥结实,结构匀称,气质灵敏。头较方正,直头,耳小,眼大。颈较倾斜,长度适中,颈肌厚实。鬐甲中等高长,胸宽深,背腰平直,腰较短,尻较宽稍斜。四肢结实干燥,后肢轻度外向,关节强大,肌腱明显,蹄质坚硬,蹄大小适中。毛色以骝、黑为主,少数为栗毛,部分有白章别征。相关体尺指标见表 1-7。

表 1-7　成年山丹马平均体尺 cm

性别	数量/匹	体高	体长	胸围	管围
公	10	143.8	148.3	173.5	19.8
母	210	138.5	142.3	169.8	17.6

(三)生产性能

据驮力测验,山丹马驮载 101.7 kg,行程 200 km,历时 5 d;骑乘速力:1 600 m 为 2 min 13 s;3 200 m 为 4 min 56 s,5 000 m 为 8 min 13.8 s;对侧步骑乘速力:1 000 m 为 2 min 11 s;单套拉胶轮车载重 500 kg,走土路,时速 15 km;最大挽力 455 kg,约为体质量的 89.03%。

任务三　国外常见马匹品种

优良的马品种是现代赛马的基础。通过育马人精心而系统地专门化选育,才有了当今世界上的众多马匹品种。由于定向选育的缘故,不同马匹品种所适用的比赛类型也有所不同。

一、纯血马

纯血马最早在英国培育而成,是平地赛和障碍赛用马的最主要马品种,也是对现代赛马业影响最大的赛马品种。

英国马匹改良开展较早，1140 年亨利一世就引进阿拉伯种马来改良本地爱尔兰马的速力。1684 年罗伯特·培雷上校在围攻土耳其的布达时获得了阿拉伯马培雷土耳其，并作为自己的坐骑。1690 年他骑着这匹马参加博伊奈战役，全凭培雷土耳其惊人的速度他才没被废帝詹姆斯二世的士兵抓住。后来培雷土耳其先后进入达拉漠和约克夏的育马场，它的孙子珀特纳成为当时纽马克最优秀的赛马，它的曾孙荷尧德的后代在 18 世纪末赢得了 1 000 多次比赛。优秀的成绩使培雷土耳其的血统得以广为传播，也让它成为纯血马三大祖先之一，另外两匹则是 18 世纪早期从中亚引进的。达雷阿拉伯是詹姆斯·达雷 1704 年从阿勒颇购得的，著名的爱克利普斯就是它的后裔。哥德尔芬阿拉伯则是 25 年后引进的，它起初是摩洛哥国王送给法国路易十四的礼物，5 岁时被德比郡的爱德华·考克购得。以上述 3 匹优秀种公马为基础育成了著名的现代赛马品种——纯血马，后世纯血马血统基本都可追溯到这 3 匹马。

尽管三大系祖影响很大，在纯血马繁育中还是不断有其他阿拉伯马血缘的渗入。早期纯血马育种者们并不重视母系的影响。20 世纪 80 年代的一份研究发现，虽然 80% 的现代纯血马在父系血统上都可以追溯到达雷阿拉伯，但是三大系祖对它们总的遗传影响只有 25% 左右。就遗传基础而言，现代纯血马 80% 来源于 31 个祖先。在 20 世纪，英国育种者们开始改变他们之前的闭锁繁育的方式，引进了塞·波德、尼琼斯柯和米尔·瑞夫等国外优秀种马的血液。随着赛马形式的变化，纯血马逐渐向中短距离速度型发展，最适于进行 1 英里(1 英里＝1.61 km)左右的比赛。

近几十年以来，纯血马的培育逐渐从富豪们昂贵的爱好变为了一种国际化的商业活动。目前纯血马市场由少数的大型育种公司操纵，而英国众多育种者中大部分是只有一两匹纯血母马的农民，因此真正能赚钱的只是少部分拥有明星种马的育种商。种公马配种费是根据种公马及其后代的比赛成绩确定的，像名马塞德勒斯·威尔斯一个繁殖季节可配 150～200 匹母马，每次可获配种费 18 万英镑。由于空运越来越便利，英国的种公马可以运往南半球再进行一季配种，这就是近年来比较受欢迎的穿梭育种。

纯血马体质干燥紧凑，富有悍威，在体型结构上具有典型的赛马特征。头轻而干燥，额广，眼大而有神，耳小而直立，鼻孔大，下颚发达。鬐甲发达且长，颈长直，斜向前方，肌肉发达。胸深而长，背腰结合良好，呈正尻形。四肢干燥而细致，肌肉发达，关节轮廓明显。蹄小，无距毛。纯血马一般体高 152～172 cm，体质量 408～465 kg。纯血马毛色种类较多，其中以骝毛和栗毛为主，黑毛和青毛次之。不少纯血马的头部和四肢有白章。纯血马以速力著称，持久力并不突出，不善于长距离比赛。

纯血马遗传稳定，适应性广，种用价值高，是世界上公认的最优秀的骑乘马品种之一，对改良其他品种特别是提高速力极为有效。随着现代赛马运动在全球范围的普及和开展，纯血马在世界上分布甚广，欧美、大洋洲、亚洲都拥有大量纯血马，其中，美国、澳大利亚、爱尔兰、日本、英国、法国、新西兰等是世界上纯血马繁育量较大的国家。

二、阿拉伯马

阿拉伯马是历史悠久的世界著名乘用型马品种，原产自阿拉伯半岛，最早由游牧的贝都因人培育而成。原产地多为沙漠,气候干旱炎热,牧草稀少,在绿洲之间游牧经常需要长途跋涉,而阿拉伯马在育成过程中还曾长期作为战马使用。在这一自然环境和人文历史背景下,形成了阿拉伯马适应性强、速度快、耐力好等特点。

最早的阿拉伯马有5个著名的血统,包括凯海兰、撒格拉威、阿拜央、哈姆丹尼和哈德拜族。宗教在阿拉伯马的育成过程中起到了重要作用。伊斯兰教义要求其教民爱护马匹,尤其要善待品种所赖以繁衍的繁殖母马。由于对繁殖母马的重视,形成了阿拉伯马以母系为依据进行育种和血统记录的特点,而且品种和血统的纯正性一直是阿拉伯马繁育中最受关注的方面。

阿拉伯马具有典型的轻型骑乘马的体型。头形正直或稍凹,大小适中,形貌轻俊。前额宽广,眼距较宽,眼大有神,鼻翼宽阔,耳小直立,下颚深广。颈形修长,正颈或鹤颈。背腰较短,比其他品种少1个腰椎和1～2个尾椎。肋拱圆,尾础高,四肢细长干燥,肢势端正,肌腱发达,关节明显,蹄质坚实,体质干燥、结实而紧凑。阿拉伯马毛色主要为青色,骝毛、栗毛次之,黑毛较少见。在头和四肢下部常有白章。阿拉伯马皮肤为黑色。一般体高140～150 cm,体质量385～500 kg。阿拉伯马灵敏而易于调教,性情温和,与人亲和力强,可与骑手有很好的互动。

阿拉伯马优良的竞赛性能和温驯的性情使它成为长距离赛事的首选马品种。其突出的持久力特别适合耐力赛,尤其在北美地区是广受喜爱的耐力赛用马,并在该项运动中居于统治地位。同时阿拉伯马也是平地赛事的主要马品种之一。阿拉伯马的温驯和易于调教也使之适合于场地障碍、盛装舞步等马术比赛。

阿拉伯马由于其卓越的性能成为世界名马之一。在其育成早期,阿拉伯马由西亚扩散到北非地区,而后被引入欧洲、美洲和大洋洲。阿拉伯马对许多现代著名赛马品种都有过重要影响,如纯血马、美国标准竞赛马、奥尔洛夫马、夸特马等。目前阿拉伯马存栏数量较多的国家有美国、加拿大、英国、澳大利亚、巴西等。

三、夸特马

夸特马是美国育成的乘用马品种,适合于从平地赛到马术比赛等的多种运动项目,其中短程比赛的速力尤为突出。美国夸特马可追溯到17世纪,当时的美国马几乎都源自西班牙,具有明显的阿拉伯马和土耳其马血统。1611年弗吉尼亚州引入了英国马。这些英国马除拥有英国本地马血统外,也与美国的马一样,有着西班牙和东方的血统。这些进口的英国马与当地马杂交,逐步培育出体型紧凑,后躯肌肉发达的马匹。最初这些马主要用于犁地、运输木材、拉车、放牧和骑乘等杂役,但其全能性已初见端倪。在农务之余,马主还用这些马举办1/4英里的比赛(该品种由此得名)。获胜的马留作种用,其优秀的性能得以遗传。经过逐代选育,终于育成了全能型的,尤其擅长短距离冲刺的马品种——夸特马。

1940年美国夸特马协会(the American Quarter Horse Association,AQHA)成立,夸特马正式成为官方承认的马品种,开始了严格的品种登记工作。登记册上最初登记了20匹马。1号马是1941年夸特马竞赛的冠军。20号是AQHA首任主席所选的种马。其他18匹马是通过投票选出来的。协会成员希望所登记的马具有肌肉发达且体型低矮的特征(俗称"牛头犬"体型),这与肢体修长的纯血马的体型恰恰相反。起初AQHA只登记具有理想的“牛头犬”体型的马，不过后来AQHA还是允许了纯血马体型马匹的登记，但现在夸特马的代表体型仍是“牛头犬”体型。夸特马主要毛色为红褐色，其他毛色还有驼色、黑色、棕色等十几种。

夸特马可谓多才多艺，除上面提到的出色的短程竞赛能力外，夸特马还在许多其他运动项目中表现突出，其中包括套牛、绕桶、分组圈牛以及西部马术等比赛项目。夸特马曾长期用于放牧牛群，与牛群的朝夕为伍，使夸特马具备了一些与众不同的能力。例如，几乎不用骑手指挥，夸特马就可根据牛的跑动方向随着牛来回奔跑，最终把一头牛从牛群中赶出来。这一特性对于在开阔的牧场上隔离、捕捉牲畜相当有用。如今这一曾经只在牧场上才能得以表现的技能，已发展成为一种叫“隔牛”的竞技性运动。此外，夸特马还以性格温驯著称，与人有很好的亲和性，可以与小孩和睦相处，是理想的家庭用马。

四、标准竞赛马

标准竞赛马是世界上快步赛事中应用最为广泛的马品种。标准竞赛马的起源可以追溯至1780年在英国出生的纯血马“信使”，后来该马出口到美国。其后代“汉布莱顿10”成为标准竞赛马的始祖，几乎每匹标准竞赛马都可以追根溯源到这匹种公马。标准竞赛马是一个相对较新的品种，只有200多年的历史，但它是真正意义上的美国品种。

“标准竞赛马”这个名字与其培育初期的品种标准认证有关。在早期，只有1英里快步速度达标的马才能被登记为这一快步马新品种，标准竞赛马由此而得名。直到现代，该品种培育之初所用的1英里赛程仍是绝大多数快步赛事的标准距离。与起源于王侯贵族运动的纯血马比赛不同，体格健壮、步伐敏捷的标准竞赛马比赛则源自平民大众。最初标准竞赛马的比赛是在社区里举办的，后来才出现在正规的赛马场上。标准竞赛马比赛因体现着美国平民运动文化的内涵而深受大众的喜爱。

在体质外形方面，标准竞赛马类似于纯血马。但该品种肌肉更为发达，背腰略长，头也较重。体格不算太大，一般体高150～165 cm，体质量350～450 kg。标准竞赛马性情温驯且易于调教。该品种有多种毛色，以骝毛、棕色和黑色居多。

标准竞赛马有两种步伐类型，即快步和对侧步，后者一般要快于前者，比赛只在步伐相同的马之间进行。快步是一种对角线的步伐：右前蹄和左后蹄同时前进，而左前蹄和右后蹄同时向后蹬，反之亦然。对侧步则是同侧的肢蹄同时运动。该品种1英里对侧步比赛的世界纪录是1 min 46.4 s，快步纪录为1 min 49.3 s。

虽然标准竞赛马源于共同的祖先，但由于其两类步伐对应着不同的赛事，培育专门步伐的赛马就显得很有必要。现在无论是快步类型赛马还是对侧步类型的赛马都有自己的培育方案。一般顶级的标准竞赛马的公马只用于繁育与之有相同步伐类型的后代。这样标准竞赛马实际上就形成了快步类型和对侧步类型两个品系。

标准竞赛马由于其严格的选种、选育而在步伐、速力等方面表现出出色的性能，成为快步赛事中最主要的马品种。除此之外，标准竞赛马还适合各类马术运动。

五、法国快步马

法国快步马是以诺曼底地区的当地马为基础培育而成的。19 世纪初法国兴起的快步马运动对该品种的育成起了很大的推动作用。最初纯血马和半血马以及诺福克快步马引入到诺曼底，与本土马杂交以繁殖轻型马后代，从而建立了法国快步马的五个重要血统。其中最优的一支是以吊钟花为始祖育成的。吊钟花是一匹 1883 年出生于英国的半血马，该种公马先后繁育了 400 匹快步马，其中有 100 多匹成为冠军马的父本。在法国快步马的育成过程中，为提高其速力，也引入了美国标准竞赛马的血液，但该品种仍保持了其原有的主要特征。育成的法国快步马比赛性能卓越，在世界顶级赛事中有不俗的战绩。

在法国的快步马赛事中，法国快步马是最主要的赛马品种。法国的骑乘型快步马比赛(世界上绝大多数快步马比赛是采用轻驾车的方式)，促进了体格更大、更富速力的法国快步马的培育。除了出色的竞赛性能外，法国快步马作为种用马还对塞拉法兰西品种的培育做出了贡献，同时它还是部分障碍赛马的父本。

作为一个育成品种，法国快步马具有品种特点显著的外形。法国快步马头部平直，与纯血马相似，但略显粗重，下颌较薄。颈部长度适中，与肩结合良好。鬐甲外形较圆，肌肉丰满。背腰强健，后躯肌肉发达。后肢略短，但强健有力。四肢关节强大，蹄质坚硬。法国快步马没有纯血马那样细致和干燥，但它体质结实而紧凑，精力充沛，易于调教。该品种的主要毛色为栗色、枣红色和棕色，也有一些马为花毛。该品种平均体高大约为 162 cm。

为了进一步提高法国快步马的质量，法国在马匹参赛和选种选育方面有一些严格的规定，如法国快步马开始其比赛生涯前必须通过速力测试，而该项筛选几乎会淘汰一半赛马；公马只有取得了较好赛事成绩后才允许作为种公马。通过这些措施，保障了法国快步马竞赛性能的不断提高。

六、奥尔洛夫快步马

奥尔洛夫快步马的培育始于 18 世纪后期。俄罗斯人奥尔洛夫在 1775—1784 年建成了卡瑞洛夫种马场，开始了该品种的培育。1785 年奥尔洛夫获得了一匹阿拉伯马，并用它与从荷兰引进的母马杂交，得到了巴斯一号，该种公马成为现代奥尔洛夫快步马的始祖。在育成过程中，巴斯一号的后代与纯血马进行杂交，培育了许多优秀的种公马。在品种培育阶段还引入过丹麦乘挽兼用马、英国轻型马、土耳其马的血液。在育种策略上采用了复杂杂交的方式，在后代中针对体型、快步性能等进行严格的选择，优秀个体留种并进行闭锁繁育，以固定优良性状。到 19 世纪中期，该马品种基本形成，并于 19 世纪末引入欧洲。但在 19 世纪末至 20 世纪初，由于与美国快步马无序杂交以及战争等因素，使该马品种遭受重创，数量锐减。在这之后奥尔洛夫快步马品种不得不进行提纯、复壮，重新培育。

现代奥尔洛夫快步马有其独特的类型和体型。该品种头匀称而轮廓明显，颈长且肌肉发达，略呈鹤颈；鬐甲较低而略宽，肩长宽适度，胸深背长，腰部平坦，肌肉发达，肋骨开张良好，臀部丰满，多正尻或卵圆尻。四肢肌腱不太明显，前膊和胫较长，而管和系较短，肢势端正。

蹄形较大而有少量距毛。毛色以青毛为主，黑、栗毛次之，骝毛较少。由于该品种引入外血较多，品种内又可分为大重型（体格重大，肌肉厚实）、小重型（体格较小，但很厚重）、大快型（体高而干燥，富有速力）、中型（体格略小而干燥，有速力）等类型。其中的大快型是该品种中最优的类型，中型马在品种内居多。

奥尔洛夫马主要适用于快步赛。成年马 1 600 m 的平均速度为 2 min 20 s，最高纪录是 2 min 1 s。奥尔洛夫马敏而有悍威，适应性强，繁殖性能好。顶级奥尔洛夫马繁育场主要有卡瑞洛夫、诺伍汤尼克夫、波姆和阿尔泰种马场。

七、北方瑞典马

北方瑞典马是瑞典仅有的本土马品种。它的起源可以追溯到历史上斯堪的纳维亚半岛的原始品种。在瑞典这个狭长的国家，由于各种社会和自然环境的因素，在一些地方形成了富有特色的本地马品种，成为北方瑞典马品种培育的基础。

19 世纪后期，瑞典引进过许多马品种，其中纯血马的影响最大。这些引进马与本地马进行大规模的无序杂交，血统纯正的瑞典马越来越少，严重威胁了瑞典本地马的种质资源。瑞典的有识之士意识到这一危机后，开始着手用血统纯正的马匹重建瑞典马品种。1894 年成立的瑞典育种者协会负责本土马的提纯、复壮工作。该协会为所复壮的马品种定义了“北方瑞典马”的名字。1903 年在耶姆特兰省建立的种公马育种站在瑞典马复壮过程中起到了重要的作用。该育种站每年都从瑞典国内引入近 20 匹最好的公驹，成为优秀瑞典种公马的基地，加快了北方瑞典马的复壮过程。

北方瑞典马是冷血类马品种。母马的平均高度约为 153 cm，公马约为 157 cm。该品种在体格上个体差异较大，尤其是繁殖母马。北方瑞典马头大小适中，呈楔形。颈部肌肉发达，与肩结合良好。肩部发育良好，倾斜适度。胸深而宽广，背长而肌肉发达。四肢比例匀称，关节强大，筋腱明显。运动中精力充沛且富有节奏感。毛色较杂，多为棕色、黑色、栗色等。北方瑞典马是少有的用于快步赛的冷血马。除快步赛外，北方瑞典马还适合于其他马术运动。

八、芬兰马

芬兰马是北欧马的后裔，历史悠久，有记载的历史就有 1 000 多年。它在芬兰历史上扮演过重要角色，是主要的军马和役用马。芬兰马长期进行纯种繁育。1907 年成立了由芬兰快步马育种协会管理的芬兰马登记机构，使芬兰马的纯种繁育制度得到了进一步加强。20 世纪以来芬兰马有两次较系统的育种规划，对该品种的进一步改良和提高产生了重大影响。1924 年芬兰马开始向重型的役用马和轻型马两个方向选育；1971 年新的育种规划则进一步细化了芬兰马的选育方向，将其分为役用、快步、骑乘和小型马四个选育类型。从那时开始，芬兰马的登记也相应地分成了四个类型，即快步马、骑乘马、役用马和小型芬兰马。有时一些马会同时登记在几个类型中。

芬兰马具有乘挽兼用型马的外形特征。芬兰马体型结实而紧凑，肌肉发达。头直而干燥，耳小而间距宽。颈长适中，发育良好。体躯较长，比例适当，多呈正尻，与尾部接合良好。

四肢干燥，蹄质坚硬。芬兰马的典型体高一般在150～170 cm，但是小型芬兰马的体高一般在148 cm以下。绝大多数芬兰马的毛色为栗色，其他占比例稍大的毛色还有枣红色和黑色。该马品种性情温驯而灵敏，易于调教。大多数芬兰马体型较矮，运动起来稳定性好。

芬兰马精力充沛、快步速力出色、耐力好的特点以及温驯的性情，使之成为理想的快步马品种。大约75%的芬兰马用于轻驾车快步赛。骑乘也是芬兰马的主要用途之一。由于灵活而易于调教，芬兰马还适用于马术运动。

从20世纪中期开始，芬兰马的数量锐减。20世纪50年代时尚有约40万匹芬兰马，大部分都为役用马。后来由于农业机械化的影响，马匹数量急剧减少，直到20世纪80年代情况才有所缓解。近20多年来由于快步赛事等的推动，芬兰马的数量又有所增加。现在芬兰大约有2万多匹芬兰马，每年大约产1 000匹幼驹。尽管有少量芬兰马出口，在国外也有一些小规模的芬兰马育种场，但总体而言芬兰马主要还是集中在其原产地芬兰，在其他国家并不普及。

九、多勒·康伯兰德马

多勒·康伯兰德马(简称多勒马)是产自挪威的哥德伯兰德山谷的一个古老品种。挪威多勒马协会成立于1967年，其登记的多勒马分为两种主要类型——重型多勒马和轻型多勒快步马。两个类型的多勒马都要接受严格的体检和分级鉴定后才能留作种用。重型多勒马要测定挽力和快步性能，而轻型多勒快步马必须在赛马场有上佳的表现才能用于育种。种马的肢蹄要通过X光检查，以防止将有缺陷的马留作种用。多勒快步马品种是通过不同品种间的杂交培育而成的。历史上一匹名为奥丁的英国纯血公马对多勒马的育成起到了很重要的作用。奥丁是所有现代多勒马的祖先。奥丁繁育了后躯强健的轻型马匹，进一步提高了多勒马的快步性能。此外在品种育成过程中阿拉伯马玛扎瑞、威克宝德、托夫伯莱、多伍等种公马也对多勒快步马的培育起过重要作用。由于农业机械化的普及，20世纪后期多勒马的数量开始下降，但后来随着育种机构的建立和多勒马竞赛、娱乐功能的开发利用，其数量又逐渐回升。

在外形方面，多勒马的两个类型都有浓密的鬃毛，强健的背腰和后躯，背长而适度倾斜。轻型多勒快步马头较轻，体质干燥；而重型多勒马四肢较短，管骨粗壮，并有少许距毛。多勒马体高142～152 cm。其主要毛色为黑色、褐色和枣红色。轻型多勒快步马具有出色的快步性能，是快步赛事优良的马品种，而重型的多勒马则主要用于农务。

十、塞拉·法兰西马

塞拉·法兰西命名于1958年，该品种培育于法国北部。对该品种影响最大的是盎格鲁-诺曼马(由法国当地马与纯血马、阿拉伯马和快步马杂交培育而成，主产地在诺曼底地区)，该品种最初只限于诺曼底的国家种马场，现已散布于法国全境，该品种1965年开始发布良种登记簿。

该品种头部清秀，颈部修长，肩斜而与颈结合良好；背腰强健，肋腹隆圆而饱满，后躯肌肉发达而强健有力，一般体高可达160 cm。毛色主要以栗色为主。该马品种具有良好的跳跃能力，适合于越野障碍赛和场地障碍赛。

从上述赛马品种介绍可以看出，尽管阿拉伯马历史悠久而影响深远，但最主要的现代赛马品种都在马业发达的国家育成。赛马品种的培育与赛马业和社会经济的发展水平密切相关。宝马良驹可使赛事精彩纷呈，反过来赛马运动又是培育优秀赛马品种的最直接的动力。良好的社会经济环境为培育赛马提供了基础条件。纯血马和标准竞赛马作为最有影响的两类赛事——平地赛和快步赛的最主要马品种，都是在经济强国，也是赛马业最发达的英国和美国育成的，似乎也印证了这一点。虽然现代赛马的培育无不以取得最好竞赛成绩为最终目的，但动因却略有不同。北欧国家以本地马为基础的赛马培育，一个重要考虑就是保护本国马品种遗传资源，这是很值得我们学习的地方。

任务四　影响马匹体型外貌的因素

一、生态环境

马的体型外貌是在遗传的基础上，同化了外界条件，而在个体发育过程中形成的。因此，生态环境对体型外貌有重要的影响。由于各地区的自然条件不同，特别是气候条件的差异，形成了不同类型的马匹。在北纬45°以北地区，气候温凉湿润，牧草繁茂，多汁饲料丰富，逐渐育成了体格大、体质湿润的重型挽马。这种马被毛浓密，长毛发达，皮下脂肪和结缔组织发达。而在干燥炎热的半沙漠地区，由于气候和饲料条件的影响，逐渐育成了体型轻、体质干燥的马匹，这些马皮薄毛稀，皮下脂肪少，汗腺发达，体表血管外露，有利于体热的散发。总之，马匹的生活条件越接近生态环境条件时，生态环境条件对体型外貌的影响越大。

二、调教锻炼

调教锻炼是发挥马匹遗传性状的重要条件，可以提高马的新陈代谢，使呼吸、血液循环、体温调节、排泄等机能之间更加协调。据测定，平时不调教锻炼的马匹，心脏只占体质量的0.73%，而经过调教锻炼的马匹，心脏可达体质量的0.81%；调教可以改变骨骼及肌肉的长短、角度和连接方式，改善各部位的结构；可以改善神经活动类型，使得神经系统与运动器官之间更加协调，运动更加精确。因此，调教和锻炼不仅是正确培育幼驹的重要手段，而且也是改进马匹体型外貌和品种品质的必要措施。

三、马匹性别

公、母马由于第二性征的影响，在体型外貌和神经活动类型方面有一定程度的差别。一般公马的体格较大，体质粗糙结实，悍威较强；头较重大，颈部肌肉丰满，颈脊明显，胸深而宽，中躯较短，骨骼粗壮，犬齿发达，被毛浓密，长毛发达；血液氧化能力强，有效成分较多，容易兴奋，雄性特征表现明显。

母马体格较小，体质偏细致，悍威中等，性情安静；头较轻，颈较细，胸不太宽，胸围率稍大，中躯较长，尻较宽，骨量轻，皮肤薄，被毛细软，长毛稀少，具有雌性特征表现。

四、年龄

不同年龄的马，各部位生长发育有不同的表现，在体型外貌上有很大差异。幼驹的四肢较长，躯干较短，胸窄而浅，肋部较平，关节粗大，额部圆隆，鬣短而立，鬐甲低短，后肢较高，皮肤有弹性。

壮龄马体躯长宽而深，呈圆筒形，肌肉发达，营养良好，眼窝丰满，被毛光泽，体力充沛，运步稳健。

老龄马眼盂凹陷，下唇弛缓，腰角突出，多呈凹背，尾椎横突变粗，肛门深陷，被毛干燥，皮肤缺乏弹性，皮下结缔组织减少，行动迟钝，运步僵硬。

五、马匹体质与气质

体质是马的外部形态和生理机能之间组成的一种动态平衡系统。气质即骠性或悍威，是指马的神经系统活动水平的外部表现。体质、气质和外形是马匹外貌鉴定的核心内容。

（一）马的体质类型

1. 粗糙型

这种类型的马，头粗重，体躯深广，皮厚骨粗，肌肉发达，长毛浓密粗硬。体格强壮，适应性好。

2. 细致型

与粗糙型相反，本类型马，头清秀，体型清瘦，皮薄骨细，肌肉不发达，长毛稀疏。对饲养管理条件苛求，但一般有较高的速力。

3. 干燥型

干燥型又称紧凑型。这种类型的马，皮肤薄，有弹性，关节、肌腱轮廓明显，皮下结缔组织不发达，头和四肢皮下血管显露，性情活泼，动作敏捷。

4. 湿润型

湿润型又称疏松型。与干燥型相反，这种类型的马皮下结缔组织发达，肌肉丰满，体格硕大，关节、肌腱轮廓不明显。性情沉静，比较迟钝，工作能力差。

（二）马的气质类型

1. 烈悍

这种马对外界的刺激反应强烈，易兴奋，性情暴烈，劳役时难以驾驭，经常狂奔乱跳，直至精疲力竭。但若能给予良好的管理、合理的调教，往往能表现出很高的役用性能，否则极易养成恶癖。有些过敏型的马，生性怯懦，对外界轻微的刺激都会产生强烈的反应，精神紧张，耳动频繁，眼不停地转动，四肢甚至全身肌肉战栗不已，此亦属烈悍的又一极端表现。

2. 上悍

这种马对外界刺激反应敏锐，但不表现狂暴或怯懦，易于管理，适于多种用途。

3. 中悍

这种马性格温驯，但尚不显迟钝，劳役时有较好的持久力，易驾驭。

4. 下悍

这种马性格迟钝，动作不灵活，工作效率低。重役马或重挽马中多有此种类型出现。马的体质、气质与外形除了受遗传因素影响外，还取决于个体发育过程中所处的环境条件，特别是幼驹生长发育阶段，饲养管理水平的好坏，更是起着决定性的作用。营养不良将造成幼驹发育严重受阻。正确的调教和锻炼能提高马的工作能力和健康水平。和蔼地对待马匹，可促进人畜亲和，粗暴地管理马匹会引起气质恶化。由此可见，要获得良好的体质、气质和外形，除要重视遗传因素和选种工作外，还应重视后天培育。

任务五 马匹体尺测量

经济类型与体尺指数的关系：马的体型是划分经济类型的主要依据，体型和经济类型是一致的。马的体型主要决定于体长、胸围、管围与体高的比例关系，体尺指数是判定马匹体型的重要依据，各种类型的马有其一定的体尺指数范围。因此，不同的指数标志着不同的体型，按照体型可以判定马的经济类型。

一、体尺测量的基本参数

体高：自鬐甲最高处至地面的垂直距离。

体斜长：自肩端（肱骨突）到臀端（坐骨结节）间的直线距离。

胸围：鬐甲末端稍前方（或肩胛骨后缘）绕胸廓 1 周的长度。

管围：习惯上测左前管上 1/3 处下缘（最细部）的周长。

二、体质量的测量方法

称量法：即用地秤直接称量体质量。称重最好在早晨喂饲和饮水之前进行，一般应连续测量 2 d，求其平均值。

估算法：在没有地秤的情况下，根据体尺与体质量的相关关系，利用公式计算，以求得到体质量的近似值。

$$体质量=\frac{胸围\times胸围\times体长}{10\ 800}+25$$

$$体质量=胸围\times体高\times0.16$$

$$体质量=胸围\times5.3-505$$

上述公式中体质量单位为千克（kg），体尺单位为厘米（cm）。

三、体尺指数的计算

(一)体长率

体长率是指体长与体高之比。它表明了马的类型特点及胚胎期发育情况,因此又叫体型指数。

$$体长率=\frac{体长}{体高}\times 100\%$$

乘用马体长率小,一般在102%以下,所以外形近似方形。这样的体型,重心高,支持面小,有利于重心的前移,便于速力的发挥。

重挽马体长率大,在106%以上,体形呈长方形,重心低,支持面大,有利于发挥挽力。

兼用马,要求力速兼备,体长率为103%~105%。

(二)胸围率

胸围率是指胸围与体高之比。它表明了体躯的相对发育情况,故又叫体幅指数。

$$胸围率=\frac{胸围}{体高}\times 100\%$$

重挽马胸围率最大,一般在122%以上;乘用马一般在116%以下;兼用马介于二者之间,一般在116%~122%。

(三)管围率

管围率是指管围与体高之比。它表明马匹的骨骼发育情况,故又叫骨量指数。

$$管围率=\frac{管围}{体高}\times 100\%$$

重挽马管围率最大,在14%以上;乘用马低于13%;兼用马介于二者之间,一般在13%~14%。

(四)体质量指数

体质量指数是指体质量与体高之比。它表明马体格的结实情况,肌肉与骨骼的发育状况。

$$体质量指数=\frac{体质量}{体高}\times 100\%$$

重挽马在400%以上;乘用马在300%以下;兼用马在300%~400%。

任务六　马匹毛色、别征和烙印

毛色为一种质量性状,受复等位基因控制,同时又受多对修饰基因的影响,因此,马毛色的种类和遗传规律比其他家畜复杂得多。马的毛色及其别征主要用来作为识别马匹的标志，它是外貌鉴定的重要内容。

一、毛色的分类

马体毛分被毛、保护毛和触毛。被毛是分布在马体表面的短毛，每平方厘米约700根。被毛一年脱两次，晚秋密生厚毛以御寒，来年春天旧毛脱换为新毛。保护毛是指鬐毛、尾毛和距毛等。触毛为分布在口、眼周围比较粗硬而又稀疏的长毛。马驹出生时的毛称为胎毛，4～5月龄时脱换为固有毛。

马的毛色是指被毛和保护毛的颜色。形成马匹毛色的物质，一种是色原体，另一种是氧化酶。色原体又分为黑色素和含铁色素，它们存在于毛的皮质内或皮肤表皮的色素细胞中。黑色素在氧化酶的作用下，形成黑色、黑褐色；含铁色素在氧化酶的作用下，形成橙色、黄色和红色。黑色素和含铁色素颗粒的分布、比例不同，则形成各种颜色的被毛。而氧化酶活性的强弱，决定着马毛颜色的浓淡。光照、低温、高湿及含酪氨酸饲料等条件，都能加速色素的形成。毛色是受基因支配的，色原体基因和着色基因相互作用，形成各种毛色性状进行遗传。

马匹毛色基本分为两大类：一种是单色毛，即全身被毛只为一种颜色，而鬃、鬣、尾等局部长毛的颜色只作为详细分类的依据。单色毛包括栗毛、黑毛、白毛、兔褐毛等。另一种是复毛色，即被毛由两种或两种以上颜色的毛构成，如青毛、沙毛、斑毛、花毛等。

二、别征

白章、暗章、异毛、癣痕毛、烙印和旋毛等均属别征。它也是识别马匹的标征，应予准确记载。

（一）白章

凡暗色毛马在头部、四肢部出现的白色斑块均称白章。它是比较重要的别征。头部白章有额刺毛、额霜、飞白和星等。星又分为小星、流星、细流星、长流星、广流星、断流星等。此外，还有白脸、白鼻、唇白等。四肢部白章可分为管白、系白、距毛、球节白、蹄冠白等。管白又分为1/3管白、半管白、全管白。四肢管白的叫踏雪，踏雪又有深踏雪和浅踏雪之分。记载四肢部白章时，还必须标明白章发生在前肢或后肢，左侧或右侧。如“前左后三管白”是指左前肢和二后肢管白。

（二）暗章

暗章指躯干部或四肢部位出现的暗色条纹或隐斑。如在背部沿脊柱有一条深色的条纹，叫骡线或背线。肩部的深色条块叫鹰膀。前膝与飞节部的深色条纹叫虎斑或斑马纹。以上所述均属暗章。隐斑多发生在骆毛和栗毛马的体侧部，它是由于被毛排列方向不同，在阳光照射下显现出菊花状的花纹来，这种马多半含有奥尔洛夫品种马的血液。

1. 旋毛

旋毛的名称依其所在部位、形状和数目而命名并加以记载。常见的有额旋、鼻旋、颈侧旋、胸下旋、肷旋等。异常的部位、数目和形状应予详细记载。

2. 后天性别征

它是指马体某一部位出现的由后天性原因造成的异毛或痕迹。如异疵毛等，也应加以记载。

(三)马匹烙印

马匹登记是产业发展的基础。正确、完整、连续的马匹登记能够保障马主、育马者、马匹使用单位的切身利益。登记时特别重视马匹身份的审验，为马匹烙号则是审验工作中的重要环节。马的烙号应该清晰、明确，目前，大多采用液氮冷冻的方式为马烙号，按照国际惯例，马匹左肩为繁育场的标记，右肩数字分上下两层，下层为一位数字，代表马匹出生年份的尾数，上层数字为马匹在繁育场的编号。

1. 使用工具

液氮打号使用号制，其成年马的号制标准一般为高 7 cm，宽 3.5 cm，幼驹号制要小一些。打号前应用细砂纸将号制外锈迹等脏污打掉。液氮用号制通常使用高传导的纯铜效果为最好，黄铜次之。

2. 操作程序

①将马匹烙号部位去毛。场号或特殊标记和出生年号一般打在马匹左右前肩稍下平整部位，场号在上，年号在下。长毛剪掉的部位应用温水清洗，再涂抹肥皂，用刮刀彻底将毛刮除干净，使皮肤裸露。之后必须涂以酒精作为冷却介质，酒精度不得低于 95%，过低会影响打号效果。

②号制冷却。严禁直接在液氮罐中进行冷却，可采用泡沫塑料容器、保温铝合金或不锈钢容器。将液氮倒入上述容器中，待停止沸腾后，将金属烙号器浸于液氮中，烙号浸入后会有两次大的沸腾现象，待第二次沸腾平静后，温度才能达到－197℃以下的超低温，此时号制方可准备使用。

③固定好马匹，打号部位涂以酒精，然后使用冷冻好的号制按压在皮肤处，并使号制保持相对不动，保证平整贴实。马匹烙号时，需保证该处皮肤正常舒展，无挤压受力变形，以防打号后出现字体压缩或伸长变形等现象。烙号时间为 0.5～1 min，深色毛时间一般 30 s 左右即可，浅色毛时间加倍以彻底破坏毛囊，之后烙号部位毛囊将停止生长。

④烙号后，马匹烙号处皮肤会有冻结现象，2 min 左右全部解冻，在未解冻期间，严禁按压。解冻后严禁磨蹭该部位，并避免外物碰伤，待该部分被毛重新长出后，号码效果显现。

3. 液氮的安全使用

马匹打号所需液态氮一般在制氧厂或钢厂均可买到。液氮操作人员，需了解液氮的特性和对人的身体安全构成的潜在威胁。我们总结出使用液态氮时必须额外注意以下三点。

①避免与皮肤直接接触。液氮是一种无色无味的液体，在常压时的温度一般为－200℃左右，一旦与物体表面接触将迅速沸腾，同时带走大量热能，所以使用时应穿戴护具，如护目镜和手套。手套用胶皮或防水手套，严禁使用棉质手套。

②液态氮在常温环境下会迅速挥发为氮气，由液态转而成为气态，同一时间，体积将快速膨胀，在非压力式密闭容器中储存易导致气爆。使用非正压式容器存放液态氮时，禁止将容器密封。

③氮气属于非活性物质，在密闭空间内使用液态氮时，液氮汽化出的氮气会逐渐填满整个空间，取代空气中的氧气。但由于氮气无法替代氧气满足人体需要，且人体常常很难察觉

正在吸入氮气，最后随着氧浓度的降低，人会渐渐窒息。因此必须在开放的空间中使用液态氮。

任务七　马匹年龄鉴定

马、驴的寿命一般为25～33岁，骡的寿命要长些。马的年龄与其役用、繁殖性能之间有着密切的关系。适宜的使役与繁殖年龄为3～15岁，15岁以上即进入老龄，使用价值逐渐降低。因此，准确掌握马的年龄是学习养马的基本技能之一。马的年龄可根据烙印或马籍登记表准确推算。从外貌或毛色的变化也可大致判断其老幼。比较准确的方法是根据切齿的发生、脱换及磨灭的规律来判断。

一、马齿的名称和构造

(一)马齿的排列

马齿分为切齿、犬齿和臼齿。母马的犬齿常潜藏在齿龈黏膜下，间或也有露出齿龈的。切齿排列在最前面，上下颌各6枚，犬齿位于切齿和臼齿之间，上下颌各2枚，臼齿位于最后，上下颌各12枚。所以，公马共有40枚牙齿，母马一般只有36枚。在3对切齿中，最中间的一对叫门齿，和门齿相邻的2枚叫中间齿，最外侧的一对叫隅齿(俗称边牙)。判断年龄主要是依据切齿的变化规律。

(二)切齿的构造

切齿是由三种不同的组织构成。

1. 齿质

齿质是牙齿的主体组成部分，在其近中央部分有一空腔，称齿腔，腔内分布着血管和神经，一并组成齿髓。

2. 釉质

釉质又叫珐琅质，包被在齿质的外面，白色、质地坚硬，耐酸碱腐蚀，故对牙齿有良好的保护作用。在切齿的咬合面，釉质向内侧凹陷，形成一个杯状的窝，称齿坎或齿窝。下切齿齿坎深度为20 mm，上切齿齿坎深度为25 mm。

3. 垩质

垩质包被在釉质的表面，呈黄白色。它的作用是保护釉质，并对牙齿有固定作用。填充在齿坎内的垩质因长期被饲料酸败后的产物腐蚀而变黑，即形成黑窝，俗称“渠眼”。

二、牙齿的发生、脱换及磨灭规律

(一)乳齿的发生、磨灭及脱换

1. 乳齿的发生

马驹出生1～2周后，乳门齿长出，一般上齿比下齿出现要早些，乳中间齿于生后15～45 d

长出，平均为30 d左右，乳隅齿在生后6～10个月时长出。

2. 乳切齿黑窝的磨灭

乳切齿长出后，从上下切齿接触时即开始磨损。马驹在乳齿脱换以前称白口驹。

3. 乳切齿的脱换

乳门齿在2.5岁时脱落，与此同时永久门齿长出，3岁时永久门齿与邻齿同高，上下门齿开始磨损。3.5岁时乳中间齿脱落，永久中间齿也随之长出，并于4岁时开始磨损。4.5岁时乳隅齿脱落，永久隅齿随之长出，5岁时开始磨损。至此，永久切齿全部长齐，俗称齐口。犬齿一般在4～5岁时长出。

(二)永久切齿的磨灭规律

1. 黑窝磨灭

永久黑窝的深度，下切齿为6 mm，上切齿为12 mm。黑窝磨损的速度为每年2 mm。因此，黑窝磨灭消失的时间，下切齿需3年，上切齿需6年。这样，下切齿黑窝磨灭的年龄，从门齿开始，依次为6岁、7岁、8岁，上切齿的分别为9岁、10岁、11岁。由此可看出，马在2.5～12岁这段时间内，主要依据其切齿的脱落和黑窝的磨灭规律来判断年龄，而且一般判断结果也是准确的。

2. 齿坎痕的磨灭

黑窝磨灭后，判断年龄的主要依据就是齿坎痕的变化。齿坎的深度在下切齿为20 mm，上切齿为26 mm。黑窝磨灭后，齿坎剩余下来的部分称为齿坎痕，其深度在上下切齿均为14 mm。磨损速度仍然是每年2 mm。因此，齿坎痕全部磨灭需要7年，于是，下切齿齿坎痕分别在13岁、14岁、15岁时磨灭，上切齿的磨灭则依次为16岁、17岁、18岁。

3. 磨面的形状

切齿的形状是上扁、中圆、下三角，由于切齿的不断磨损，切齿咀嚼面的形状随之发生相应的变化。3～9岁时，切齿横径长，纵径短，咀嚼面呈椭圆形，9～11岁时接近圆形，12～14岁时变为圆形，15～17岁时变为三角形，18～20岁时变为纵三角形。

4. 齿弓与咬合

青年马上下切齿咬合角度近于垂直，齿弓弧度大，呈半圆形。随着年龄的增长，切齿咬合角度逐渐变小呈锐角，齿弓弧度也变小，至老龄时几乎呈一直线。

5. 齿星

随着切齿的磨损，齿腔顶端露于磨面，称为齿星。齿星于7～8岁时陆续出现，呈黄褐色，位于齿坎痕的前方。初现时，齿星呈细条纹状。以后，齿坎痕的位置从中央向后移动，变小，以至消失。齿星的位置也随之后移，并逐渐变为圆形，最后成为点状。15岁以后，齿星占据磨面中央部分，呈暗褐色。齿星与齿坎痕的区别在于齿星周围缺乏釉质圈。

6. 燕尾

在牙齿磨灭的过程中，由于下切齿的横径逐渐变短，上隅齿的后缘磨不全，残留下一个燕尾状突起，称为燕尾。燕尾先后出现2次，第一次在7岁时出现，8岁时表现明显，10岁前后消失；第二次是在12岁时出现，13岁时明显，而后又消失。

7. 纵沟

马在11岁时，上颌隅齿唇面出现1～2条纵沟，15岁时纵沟可达齿冠中部，20岁时到达咬面，即纵沟贯穿整个齿冠，25岁时，纵沟仅余下半部，30岁纵沟消失。根据以上规律得知，马在12～20岁时，鉴别年龄主要依据齿坎的磨灭情况。此外，还参考磨面形状、齿弓与咬合、齿星、燕尾、纵沟等特征的变化。

（三）切齿磨灭异常

按切齿的磨灭规律来鉴别年龄，对于壮龄马来说还是比较准确的，但应指出，切齿磨损的快慢受许多因素的影响，比较常见的磨灭异常现象有黑窝磨灭异常和黑窝色泽异常。譬如，齿质特别坚硬耐磨的铁渠马，切齿磨损慢，黑窝消失得晚。有些马黑窝特别深，称为通天渠，黑窝至老不去。黑窝色泽呈棕褐色的称粉渠，往往被误认为黑窝消失。还有的马上下切齿咬合不全，形成所谓天包地（鹦鹉嘴）或地包天（鲤口），在这些情况下就可能造成切齿磨损异常。

任务八　马匹各部位鉴定

我国古代劳动人民积累了许多鉴定马的方法和经验，“先除三羸五驽，乃相其余”就是其中的一种快速鉴定方法。从解剖学上讲“三羸五驽”也是严重的缺点。在民间有许多说法，如“马包一张皮，各处有关系”“从外看里头，隔肉看骨头”“眼大神足，鼻大不憋气”“站相和走相相结合”等，还总结了一些相马的歌诀。

一、鉴定的原则和方法

鉴定马匹应在地势平坦、光线充足的地方。鉴定时应使马匹保持正确的站立姿势，先对马的类型、外貌、体型结构、主要失格损征进行大体观察，对马匹外貌形成一个完整的印象；然后再进行各部位的鉴定；最后还要进行步样检查。需要确定被鉴定马匹是什么经济类型，以便用不同的标准进行鉴定。因为不同经济类型的马匹，其外貌特点截然不同，鉴定优劣的标准也不相同。要区别对待，不可千篇一律。应注意到马匹是一个有机的整体，部位是整体的一部分，二者是统一的，互相依存，不可分割。鉴定时，要把局部和整体、外貌与体质、结构和机能结合起来考虑，作出正确的判断。注意马匹的品种、性别、年龄特点，不可忽视。因为不同品种、性别、年龄的马匹，其外貌结构上有较大差异，鉴定时要注意到这些。同一经济类型不同品种的马匹，外貌上亦有差异，应该用各品种的标准进行鉴定，例如，同是骑乘型的英纯血马和阿拉伯马，在外貌上的要求就不一样。其他如性别、年龄的不同，在外貌上同样存在差异，前面已讲过，不再赘述。检查马匹有无失格和损征，凡严重影响马匹的种用价值和工作能力的失格和损征，必须严格淘汰。

二、鉴定部位

（一）头部

《相马经》说“马头为王，欲得方”，形容马头居于马体的主宰地位。所以历来鉴定马时，都很重视对马头的鉴定。头是大脑和五官所在地，能协调全身各个系统，所以是一个很重要的部位。同时头与颈是一个杠杆，头部位置的变动，可影响马体运动。

1. 头的大小

头的大小代表着马体骨骼发育情况，并且影响马的工作能力。小而轻的头多为干燥细致体质，大而重的头，多为湿润粗糙体质。头的大小，一般是以头与颈做比较，相等者为中等大的头，大于颈长者为大头，小于颈长者为小头，过大过小都不理想。

2. 头的方向（即头的倾斜状态）

斜头：头的方向和地面成45°角，与颈成90°角者为斜头，是良好的，适于任何类型的马。

水平头：头的方向与地面所成的角度小于45°角，头倾向于水平，为水平头。这种头形的马，易视远，难视近，感衔不好，难以驾驭。

垂直头：头的方向与地面所成的角度大于45°角，与颈部所成的角度小于90°角，为垂直头。这种马易视近，难视远，感衔好，但往往影响呼吸，不利于速度的发挥。

3. 头的形状

正头：侧望由额部至鼻端呈一直线，且鼻大、口方、无楔形者为正头，为理想头形，适于各类型的马。

羊头：额部凸起为羊头，是不良头形。

楔头：额部正常，但鼻梁和口部显细，形如木楔，为楔头。

兔头：由额部至鼻端的连线，侧望呈显著弓起状态，为兔头。挽用马中多有之。

半兔头：额部平直，仅鼻梁部呈弓起状态，为半兔头。挽用及兼用马中均有之。

凹头：额部正常，额部与鼻梁之间有一凹陷，形似鲛鱼的头，称凹头，乘用型马中偶有之。

4. 头部各部位鉴定

项：以枕骨嵴和第一颈椎为基础。项应长广，肌肉发达，项长则耳下宽，头颈结合良好，同时多伴有宽腭凹，这样头颈灵活，伸缩力强，利于速力的发挥。

头础：头与颈结合的部位称头础，头颈界限应清楚，耳下和颌后应适当宽广且凹陷，颌凹和咽喉部，应宽广，无松弛臃肿状态。

耳：古代相马要求"耳如削竹"，耳应短尖直立，耳距近，如削竹，动作灵活。常见失格有：耳朵过软，如"绵羊耳"；走路上下煽动，又称"担杖耳"；一上一下，左右不对称，称"阴阳耳"。

眼：古代相马把眼比作丞相，"目为丞相，欲得光"。要求"眼似铜铃"，大而有神，眼应大而明亮，角膜和结膜颜色正常，表情温和。眼小，眼睑厚，耳紧，俗称"三角杏核眼"的马，多表现胆小易惊，性情不驯。

口：古代相马"上唇欲得急，下唇欲得缓"，嘴唇应软薄，致密灵活，上下唇紧闭，牙齿排列整齐，没有异臭。

鼻：古代《相马经》中有"鼻欲得大，肺大则鼻大，鼻大则善奔"的说法，鼻孔应大，鼻翼应薄而灵活，鼻黏膜粉红色，表明呼吸系统发达和健康。

腭凹：下腭两后角之间的凹陷部分称为腭凹，俗称"槽口"，应宽广。宽腭凹有利于头自由活动，臼齿发达，以手触摸，能容纳4指（8～9 cm）以上者为宽；容纳3指（6～7 cm）者为中等；容纳不下3指者为窄腭凹。

(二)颈部

颈部以7个颈椎为骨骼基础，外部连以肌肉和韧带。颈是头和躯干的中介，能引导前进的方向，并能平衡马体重心，因此应有适当的长度和厚度。颈部的形状、长短以及和头部、胸部的结合状态，对马的工作能力都有很大的影响。

1. 颈的形状

正颈：颈的下缘近于直线，方向与地面成45°角倾斜，为正颈，是理想的颈形，适于任何类型的马。

鹤颈：颈上缘在近头处凸弯，颈下缘凹弯，头倾向于垂直状，为鹤颈。这种颈易于受衔控制，重心向前移动小，步样轻快高举，步态美观，在乘马和轻挽马中多见。

脂颈：颈上缘结缔组织发达，鬣床隆起，上缘凸弯，有大量脂肪蓄积，有时鬣床倒向一侧，称为脂颈。这种颈形对乘用马来说是较大的缺点。

鹿颈：颈上缘凹弯曲，颈下缘凸弯曲，头易形成水平状，为鹿颈。这种颈短，不易受衔，骑乘难以控制，是不良颈形。

水平颈：颈上缘线方向呈水平状，头呈垂直状态，颈短的马多如此，为不良的颈形。

2. 颈的长短

颈的长短决定于颈椎骨的长短，一般分为长颈、短颈和中等颈。颈长与头长相比，超过12 cm(颈长84 cm)以上者为长颈；超过10 cm(颈长70 cm)以下者为中等颈；与头长相等或仅超过一点者为短颈。颈长者，颈的摆动幅度大，利于速力的发挥，对乘马至关重要，对其他类型马也为优点。

3. 颈础

颈肩结合处称为颈础，以结合面平顺，没有坎痕者为佳。根据气管进入胸腔的位置，分为高颈础、中等颈础和低颈础。

高颈础：气管进入胸腔的位置高于肩关节的连线者为高颈础。高颈础的马颈脊和鬐甲界线不明显，这是因为肩部长斜所致，是各类马的极大优点，不仅外形美观，而且前肢迈步长远。

中等颈础：气管进入胸腔的位置略高于肩关节连线，正颈多呈中等颈础，是良好的颈础。

低颈础：气管进入胸腔的位置低于肩关节的连线者为低颈础，低颈础的马，颈脊与鬐甲结合处有明显的凹陷，肩立而短，水平颈，垂直头，发育不良的低能马大致都这样。

(三)躯干

躯干包括鬐甲、背、腰、胸、腹及尻股等部分，它的结构好坏，对马的工作能力有一定影响。

1. 鬐甲

以第2～12胸椎棘突、韧带、背肌及一小部分肩胛软骨为基础。鬐甲是胸廓肌肉杠杆的集中点，也是前肢头颈韧带和肌肉的固定点及支架，与维持头颈正常姿势和前肢运动有着重要关系。鬐甲的高低长短、厚薄应和马的体型相适应，不同经济类型的马，需要不同形态的鬐甲。

高鬐甲：鬐甲高于尻高者为高鬐甲。鬐甲有适当的高厚长度，肌肉发育良好者为优良鬐甲，特别是乘用马，需要有较高长的鬐甲。

低鬐甲：鬐甲低于尻高者为低鬐甲。挽用马多低鬐甲，对乘用马来说是大的缺陷。

中等鬐甲：鬐甲与尻高大致相等者为中等鬐甲，这种鬐甲多存在于兼用型马中。

开鬐甲：肩胛骨上端突出，致使鬐甲上面是开裂的，表面有凹沟存在，为开鬐甲。这种不良鬐甲对任何马皆不适宜。

锐鬐甲：鬐甲高而薄者为锐鬐甲，易发生鞍伤，驾挽能力亦差，为不良鬐甲。

2. 背部

以最后7～8个胸椎和肋骨上部为基础。前为鬐甲；后以肋与腰为界。背部的主要功能是连接前后躯，负担质量，传递后躯的推动力。《相马经》说："背欲得短而方，脊欲得大而抗，脊背欲得平而广，能负重。"对任何用途的马，背部以短广、平直、肌肉发达为宜。

直背：背部呈直线或由后向前有轻度倾斜，长短适中，两侧肌肉发育适度呈现直背，是理想背形。

长背：马胸腔过长可形成长背。长背造成的过长中躯，可减弱背的负担力，降低后肢的推进作用，影响马的速力和驮力，对乘马和驮马都不利。

短背：胸腔过短的背为短背。背过短，多伴随着短躯，致使胸腔容积小，对任何类型的马都不利。

凸背：背部向上弓起，两侧肌肉发育不良，伴随平肋者为凸背，亦称鲤背，为不良背形。

凹背：背部向下凹陷，肌肉和韧带发育不良，称为凹背。凹背的马运步不正确，体力不足，对任何用途的马都不利，亦为不良背形。

3. 腰部

以5～6个腰椎为骨骼基础，位于背尻之间。腰为前后躯的桥梁，无肋骨支持，结构更应坚实。腰部应和背同宽，肌肉发达，和背尻结合良好，短宽直者为佳。腰的长短，视最后肋骨到腰角的距离而定。

短腰：距离不超过8 cm者为短腰。腰短而宽，肌肉发达，负担力强，对任何用途的马均适宜。

长腰：距离达13 cm以上者为长腰。腰过长，肌肉不发达，是马的严重缺点。

中等腰：距离在9～12 cm者为中等腰。

直腰：腰、背、尻呈一直线者为直腰，是良形腰。

凸腰：腰部隆起，向上弓，称为凸腰。凸腰影响后肢推进力的传导，破坏前后肢的协调，为不良腰形。

凹腰：腰部向下凹陷，负重力差，影响后肢推进力，破坏前后肢协调性，亦为不良腰形。

4. 尻部

尻部以荐骨、髋骨及强大的肌肉为基础，是后躯的主要部分。尻的长度与速力有关，尻的宽度与挽力关系密切，乘用马尻部要长，宽度适中，尻长即附着的肌肉长，伸缩力大，富于速力；挽用马尻部要宽，长度适中，尻宽即附着的肌肉厚，肌肉丰满，利于挽力的发挥。

正尻：侧望，由腰角至臀端的连线与水平线的夹角为20°～30°，宽度适当，形状正常，为正尻。这种尻形利于速力和持久力的发挥，是理想的尻形。

水平尻：侧望，腰角与臀端连线和水平线的夹角小于20°，荐骨的方向近于水平，为水平尻。这种尻利于发挥速力，适于乘用马。

斜尻：腰角与臀端连线和水平线的夹角大于30°者为斜尻。斜尻持久力强，利于挽力的发挥，适于挽用马，但速力差。

圆尻：后望两腰角突出不明显，尻的上线呈现浅弧曲线，肌肉发达，形似卵圆状，为圆尻，是乘用马和速步马的理想尻形。

复尻：后望尻中线形成一条凹沟，两侧肌肉隆起，呈双尻形，为复尻。挽用马多为此尻形。

尖尻：后望荐骨突出明显，两侧呈屋脊形的倾斜面者为尖尻。尖尻肌肉欠缺，是严重的缺点，为不良尻形。

5. 尾

尾由16～18块尾椎形成的尾干及尾毛构成。尾主要用于驱逐蚊蝇，对马体后躯起保护作用。尾与尻的接合部称尾础，俗称“尾根”。按尾根在尻部附着的位置分为高尾础、低尾础和中等尾础。尾巴高举，尾与体躯分离明显者为高尾础，乘用马多有这种尾础；尾巴夹于尻下股间，为低尾础，挽用马尾多有之；介于以上二者之间的尾形为中等尾础。

6. 胸部

胸部以胸椎、肋骨和胸骨为骨骼基础。胸部是心肺所在，其发育、容积大小，与马的工作能力有密切关系。鉴定要从前胸和胸廓两方面进行。

(1)前胸　有以下几种情况。

①宽胸：在正肢势站立，两前蹄之间的距离大于一蹄者为宽胸。挽用马的前胸应宽。

②窄胸：正肢势，两蹄间小于一蹄的胸为窄胸，窄胸为不良的胸，对任何马匹都是缺点。

③中等胸：两蹄间距离等于一蹄者为中等胸。乘马以中等胸为宜。

④平胸：胸的前壁与两肩端成一平面，肌肉发育良好，比较丰满者为平胸。为理想之胸形。

⑤凸胸：亦称“鸡胸”，胸骨突出于两肩端之前，类似鸡胸者为凸胸，属不良胸。如果肌肉发育良好尚可。

⑥凹胸：胸的前壁凹陷于两肩端之间的连线，多伴有窄胸和全身肌肉发育不良，属不良胸。

(2)胸廓　胸廓是指肩胛后的肋骨部，其发育程度决定于胸骨长度、肋骨的长和拱隆度。长深宽的胸廓，胸腔容积大，心肺发达，对任何用途的马都是理想的。乘用马要求胸廓深长，宽度适中；挽用马胸廓要求深长，宽度充分。

7. 腹部

腹部形态与运动和饲料有关，腹部正常的马，腹下线与胸下线应成一直线，逐渐向后上方呈缓弧线，两侧不突出，以适度的圆形移向腰部，称良腹。不良的腹形有垂腹，即腹部下垂，腹下线向下方弯曲；草腹，即腹下线不仅下垂，而且向左右两侧膨大；卷腹(也称犬腹)，即腹部外形缩小，呈紧缩状态。

8. 肷部

肷部位于腰两侧，在最后一根肋骨之后和腰角之间，俗称“肷窝”“饥凹”“肷凹”“犬窝”。肷以短而丰满、平圆看不到凹陷者为佳，长短以容纳一掌为宜。肷部大而深陷者不良。

9. 胁部

胁部即四肢与体躯相接触的部位。前面为前胁，亦称“腋”，后面为后胁，亦称“鼠蹊”。

10. 生殖器

公马的阴囊、阴筒皮肤应柔软，有伸缩力；睾丸的大小应大致相同，有弹力，能滑动；单睾和隐睾的马不能作种用。母马的阴唇应严闭，黏膜颜色正常；乳房应发达，乳头大小均匀，向外开张，乳静脉曲张明显，骨盆腔大。

(四)四肢

民间常用"好马好在四条腿上"来说明四肢的重要性。

1. 前肢

前肢以肩胛骨、肱骨、前臂骨、腕骨、掌骨、第一趾骨等为骨骼基础。其功能主要是支撑躯体，缓解地面反冲力，同时又是运动的前导部位，因此要求前肢骨骼和关节发育良好，干燥结实，肢势正确。

肩部：以肩胛骨为基础，借助韧带和肌肉与前躯相连，肩长则倾斜，与地平线的夹角小，一般55°左右，肌肉发育良好，前后摆幅大，步幅亦大，有弹性，适于乘用马；短而立的肩，步幅小，速度慢，与地平线的夹角达60°左右，挽马多有这种肩。

上膊：以肱骨为基础。上膊短、方向正、倾斜角度小，肌肉丰满者，有利于前肢的屈伸，对各种用途的马都是优点。与肩胛的倾斜角度在不同类型马的要求略有不同，乘用马约为95°，挽用马一般在98°。上膊长以约等于肩长的1/2为宜。

肘：以尺骨头为基础。其大小和方向，对前肢的工作能力和肢势有很大的影响。对肘的要求，应长而大，方向端正，肘头突出于后上方，这样附着的肌肉强大有力，有利于马匹工作能力的发挥。

前膊：亦称"臂"，以桡骨、尺骨为基础。对前膊要求长、垂直而宽广，肌肉发达。前膊长则管部相对较短，这样有利于管向前提举，步幅大，速度快，而步样低；垂直而宽广的前膊，肢势正确，有利于支持体质量和富有持久力。在马前膊内侧、腕部上方和后肢在后管上面飞节下方附着的干固角质化物称"附蝉"，俗称"夜眼"。

前膝：亦称"腕节"，以腕骨为基础。前膝能增加前肢的弹性，缓和地面对肢体的反冲力，是重要的关节之一。对前膝的要求，应轮廓明显，皮下结缔组织少，前望宽，侧望厚，后缘副腕骨突出，方向垂直，上与前膊，下与管部呈直线者为优良。窄膝、弯膝、凹膝均为不良的膝形。

管部：以掌骨和屈腱为基础。管部应短直而扁广，屈腱发达且与骨分开，轮廓明显，中间呈现浅沟，长度约为前膊的2/3为宜。鉴定时，必须检查有无骨瘤和腱肥厚等损征。管骨瘤多发生于管内侧上1/3处，越接近屈腱，越妨碍运动，危害越大；屈腱肥厚是软肿的结果，严重时伴有跛行，并容易再度发生。

球节：是掌骨与第一指骨及籽骨三者构成的关节。球节起弹簧作用，使前肢的冲击力得以缓解。球节应宽厚直正，轮廓清楚，角度在110°～145°，马在运动时球节的腱和韧带十分紧张，如因运动不当，腿会受到损伤，球节向前方突出，称为突球，支持力弱，为严重损征。

2. 后肢

后肢以股骨、胫骨、跗骨、跖骨为骨骼基础，以髋关节与躯干相连接，可以前后活动。后肢弯曲度大，有利于发挥各关节的杠杆作用，有较大的摆动幅度，可产生较大的动力，推动躯体前进。

股部：以股骨为基础。该部为后肢肌肉最多的地方，是后肢产生推动力的重要部位，其状态好坏，关系着后肢的运动能力。股长斜，与地面形成的角度小，附着的肌肉长，伸缩力大，则步幅大，有利于速度的发挥，对乘用马是理想的；股短而峻立，肌肉负担小，有利于发挥力量而持久，适于挽用马。

后膝：以髌骨、股骨和胫骨构成的膝关节为基础。后膝应大，呈圆形，韧带发育良好，稍向外开张。

胫部：以胫骨和腓骨为基础。胫长斜，附着的肌肉亦长，步幅大，速度快，胫宽则肌肉发达，后肢推进力大，适于乘用马；胫短立时，肌肉负担小，利于负重和持久，适于挽和驮。

飞节：以跗骨为基础。飞节可缓和、分散地面的反冲力，是推动躯体前进的重要关节之一。飞节应长广厚，轮廓清楚，血管外露，皮下结缔组织少，飞索、飞凹明显，方向端正，乘用马飞节角度约155°，挽用马飞节角度为160°，飞节角度大于160°时为直飞节，后肢弹性小，关节及蹄的负担大，飞节角度小于155°时称曲飞节，又名刀状肢势，该飞节增加肌腱紧张度，易引起飞节的各种损征。飞节的损征有飞节外肿、飞节内肿、内踝肿等。

后管：以跖骨和屈腱为基础。乘用马的后管应比胫部短1/3为佳；挽用马的后管与胫部相等者为宜。

球节：应以宽圆、结实者为佳。

后系：约为后管长的1/3，倾斜度50°～60°。

蹄：俗话说："无蹄则无马。"要求蹄形端正，大小适中。古代相马对马蹄有明确要求，蹄欲厚三寸，硬如石，下欲深而明，其后开如鹞翼，能久走。

3. 肢势

马匹四肢伫立的状态称为肢势。肢势好坏，对马的工作能力影响很大。正肢势能充分发挥马的工作能力，不正肢势可阻碍马匹工作能力的发挥，因此，在鉴定四肢各部位的同时，必须检查肢势是否正确。

(1)正肢势　简述如下。

①前肢：前望，由两肩端引垂线，左右平分整个前肢；侧望，由肩胛骨中线上1/3处引垂线，将前肢球节以上部分前后等分，垂线通过蹄踵后缘落于地面。系和蹄的方向一致，且与地面成45°～50°的夹角。

②后肢：由两臀端向下引垂线，侧望，该垂线触及飞节，沿管和球节后缘落于蹄的后方；后望，这两条垂线将飞节以下各部位左右等分。系和蹄的方向一致，且与地面成50°～60°夹角。

(2)不正肢势　有如下几种情况。

①前踏肢势：前后肢不弯曲，但着地时，落于标准垂线的前方，为前踏肢势。

②后踏肢势：前后肢不弯曲，但着地时，前肢落于标准垂线的后方，后肢飞节以下落于标准垂线的后方。

③广踏肢势：前后肢均落于标准垂线外侧。

④狭踏肢势：前后肢均落于标准垂线内侧。

⑤X状肢势：前膊斜向内侧，管部斜向外侧，两前膝靠近，称为前肢X状肢势。后肢两飞节相互靠近，称后肢X状肢势。

⑥O状肢势：前膊斜向外侧，管部斜向内侧，两膝距离较远。后肢两飞节远离标准垂线，而两蹄又在垂线上，称为后肢O状肢势。

⑦内向肢势：球节以上呈垂直状态，系部以下斜向内侧。

⑧外向肢势：球节以上呈垂直状态，系部以下斜向外侧。

⑨刀状肢势：因曲飞，飞节以下斜向垂线前方，飞节有时在垂线后面。

思考题

1. 简述新培育的马种与原有马种相比有哪些优势。
2. 简述鉴别马匹年龄的方法。
3. 简述一匹优秀的骑乘马需要具有哪些身体外貌特征。
4. 名词解释:纯血马、体高、体斜长、胸围、管围。

项目二

马匹饲养管理技术

学习目的

通过学习，读者对马匹个体与群体行为特点、各类马匹饲养管理要求、马场选址与马厩建设、马场经营管理基本要求建立初步了解。通过对不同用途、性别、发育阶段的马匹饲养管理要求的学习，读者可以根据马匹性别、年龄或用途选择、制定饲养管理方案。

知识目标

学习马匹因特殊生理结构而形成的个体行为特征和饲养管理技术，不同性别、发育阶段、用途马匹的日粮配合、驯教要求，马场机构人员组成、马匹品种登记等相关知识，形成基本认知；学习马匹饲养管理技术、马场经营管理组织技术、运动用马饲养管理技术。

技能目标

通过本任务学习能够正确理解马匹行为特征，能够根据马匹个体特征正确饲养管理马匹，对马场机构设置、人员岗位、管理制度基本熟知。

任务一　马匹个体行为

马的行为对马业生产实践有重要的意义。所谓动物的行为就是通过它的内外感受器所接受的刺激，导致形态、生理和其他效应器官产生适应和调整的表现。了解并掌握马匹的行为特点，才能做好马的饲养、管理、调教和使役。优秀的饲养员可根据马的行为表现判断马的饥、渴、冷、热、病等各种生理、病理状态，可以根据马的异常表现和原因，在饲养管理上采取相应的措施。只有了解马的行为表现和心理状态，才能调教出性能优异的好马，才能做到正确的喂、管、调、使，发展马的有益行为，防止其形成恶癖，做到人马安全，充分发挥马的生产效能。

一、马的视觉感受器和视觉行为

马眼位于头部两侧，稍突出于侧面部，视野呈圆弧形，可接受正面、侧面及后面的光线，全景视面可达 330°～360°，只有尻部后方才超出它的视野。但双眼视觉，即两单视野在中央重叠部分是很窄的，只有 30°左右，不及食肉动物眼的 1/3。马所见到的，主要是平面影像，缺乏立体感，因而对距离的分析能力较弱。跳跃壕沟或跨越障碍是调教马的困难科目，并非是由于马跳跃动作素质不良，主要是对起跳距离的判断存在困难，常发生惧怕障碍物的现象。已熟悉的跳跃动作，不经常复习，容易忘记。好的跳跃马，都是调教人员技术熟练，能给予正确的距离辅助的结果。马可因视觉不良，形成较强的恐怖感，致使群牧马炸群或役马惊车。马后退时对距离毫无判断能力，在险路和壕沟附近使役时应加倍注意。马除了能看到正、侧方位外，还有个后视野，后踢是在其视野范围以内的动作，特别是单后蹄后踢有更高的准确度。所以使役和控制马时，对后肢应当特别警惕。

马眼球呈扁椭圆形，由于眼轴的长度不良，物像很难在视网膜上形成焦点。马眼对焦距的调节能力也弱，只能形成模糊的图像。因此，马视觉感受器不如其他动物感受锐敏。马对静态物的视觉感受不如对动态物的，在草场牧食时对静态的蛇、兔等小动物常不能发现，当这些小动物突然跳动，可能已在很近的距离内，因而常可引起惊群和蛇伤事故的发生。

马眼底的视网膜外层有一层照膜(人没有照膜)，可将透过视网膜多余的光线再返回视网膜感受器，因而视神经的感受量可以大于原光的两倍以上。马视觉感受并不需要很强的光，强光对马是一种逆境刺激，反而引起马的不安。马厩(马圈、马房、厩舍)的窗户不必过大，位置不要过低，要避免强光直射马眼。管理实践和厩舍设计时，窗户位置宜高，不需要很强的光线，不应有射向马头的直射光。在弱光情况下，由于照膜的反射，可以提高清晰度。马夜间感光能力远远超过人，马能清楚地辨别夜路或夜出的野生动物。因此，夜间马打"响鼻"，表示惊恐，说明发现了人不能发现的事物。从照膜反射多余的光，可通过眼的透明组织射出眼外，因此，黑暗中马眼可以呈现蓝绿色。食肉动物一般也有，但光的波长不同，人是不能辨别的，马却能根据波长分辨同类或野兽。

关于马的色觉尚有争论，除人以外的哺乳动物色觉都不强。马有色觉行为，是否真正属于色觉尚待研究。马在绿色光谱的波长范围内能分辨深浅，能根据色觉寻觅更茂密的草地。

马对红色光的刺激反应强烈，调教、使役中应注意红色物体，防止马惊恐。马可以根据毛色辨别个体，对毛色有一定的好恶感。在马群中毛色相近者往往聚集一起。

总之，马视觉感受不很发达，远不如嗅觉和听觉。在接近和调教马的过程中，要注意用声音通知马，不能贸然接近后躯，以防发生危险。不能用人的视力去理解马。马辨认主人、鞍具等往往不是靠视觉，主要靠嗅觉和听觉。靠近马工作，特别是蹲下工作，马往往辨认不出人的形象而发生踢人、咬人事故，故要注意保护。

二、马的听觉感受器和听觉行为

马耳位于头的最高点，耳翼大，耳肌发达，动作灵敏，旋转变动角度大，表明听觉较发达。马用灵活的外耳道捕捉音响的来源、方向，起到对音响的定位作用。中耳的机能是放大音响，由内耳感受、分辨声音的频率、音色和音响的强弱。马能辨别 1 000 次和 1 025 次振动波，亦即 1/8 音符左右。实践中常可见到幼驹出生不久就能辨认母马轻微的呼叫信息。马对音响及音调的感受能力超过人。群牧马能根据叫声寻找自己的群体和传达信息。马听觉锐敏可以作为对视觉不良的一种补偿。

对人的口令或简单的语言，马可以根据音调、音节变化建立后效行为(条件反射)，如懂得自己的名字，或学会其他动作。这种性能，对军马是极为必要的，如卧倒、站立、静立、注意、前进、后退和攻击等都可以用语言口令下达。调教、使役时可用口令或哨音建立反射行为。马可以听从很轻的口令声音，没有必要大声喊叫。

过高的音响或音频对马是一种逆境刺激，使马有痛苦的感觉，以至惊恐，如火车汽笛声、枪炮声和锣鼓声，因此对军马要经过较长时间的训练，而且要经常复习。对过于敏感的军马或赛马，为了减少音响刺激亦可佩戴耳罩。马的这种听觉行为可能与马没有胆囊有直接的关系。

三、马的嗅觉感受器和嗅觉行为

马的嗅觉神经和嗅觉感受器非常敏锐、非常发达。马主要根据嗅觉信息识别主人、性别、母仔、发情、同伴、路途、厩舍、厩位和饲料种类。马认识和辨别事物，首先表现为嗅觉行为，鼻翼振动，作短浅呼吸，力图吸入更多的新鲜气味，加强对事物的辨别，在预感危险和惊恐时，马强烈吹气，振动鼻翼，发出特别的响声(叫鼻颤音)，俗称“打响鼻”。调教马学习新事物，最好先以嗅觉信息打招呼，如佩戴挽具、鞍具，先让马嗅闻，待熟悉后，再佩戴。遇马有惊恐表现时，应给予温和的安慰，壮其胆量，收紧缰绳，加强控制。

马可以靠嗅觉辨别大气中微量的水汽，群牧马或野生马可借以寻觅几里以外的水源。根据粪便的气味，马可以找寻同伴和避开猛兽。马鼻腔下筛板和软腭连接，形成隔板作用，因此，采食时仍能通过鼻腔吸入嗅觉信息，既可采食，又可警惕敌害和用嗅觉挑选食物，两者互不干扰。

马能利用嗅觉去摄食体内短缺的营养物质，其机制尚不清楚。群牧马或野生马很少出现营养素缺乏，可能与此机能有关。异性的外激素亦通过嗅觉作为性引诱。在习惯的牧地上马很少误食毒草，但迁移新地或饥饿时，有可能误食毒草而中毒。马拒饮食尿、药物污染的水和饲草饲料。管理中应注意水源、料池、水槽和饲槽的卫生。

四、马的味觉感受器和味觉行为

马口腔和舌分布有味觉感受器，亦称味蕾。马的味觉感受并不灵敏，因此味觉可以给马提供很宽的食物价值信息，各种草类都能采食，对苦味尤不敏感，甜味和酸味的感受较为强烈。马喜甜味而拒酸味，带有甜味的饲料，如胡萝卜、青玉米、苜蓿、糖浆都可以作为食物诱饵或调教中的酬赏，以强化某些后效行为。马往往拒食酸味食物，如青贮饲料，饲喂时要经过适应过程，先以少量放于槽底，上面放其他饲料，使其逐步适应青贮料的酸味。马槽应经常清洗，因为酸败的饲料会影响马的食量。

五、马的躯体感受器和触觉行为

触觉感受器分布于马的全身，被毛的毛囊、真皮和表皮都有传入神经纤维。对触觉的敏感程度因品种类型、神经类型、疲劳程度和体躯部位而异。轻型品种和神经敏锐的马尤为敏感。触觉神经分布并不均匀，触毛、四肢、腹部、唇、耳、鼠蹊较其他部位敏感。接触和抚摸时，切不可直接触及马敏感部位，以防逃避或反抗。操作中总是从非敏感部位逐渐深入，从颈部到肩部再到腹部、四肢，使马有适应的准备。接触敏感部位不能粗暴或造成伤害，应耐心调教，以防形成恶癖。不少马拒绝触摸四肢、腹部和耳部，给日常使役、护蹄带来困难，这大多是由于人的处理不当所造成的。所以，兽医人员在治疗或装蹄时，为了分散马的注意力而使用“鼻捻子”和“耳夹子”进行保定。

触觉和压觉在传入神经上是有区别的，但分开较为困难。马触觉的分析能力很强，能鉴别相距 3 cm 的刺激点。日常管理和调教中经常应用触觉建立后效行为。刷拭的触觉可以建立人马亲和反应，可校正一些性情暴躁、胆小怕人或有攻击行为的恶癖马。轻拍颈部建立静立行为；轻拍肩部或四肢，建立举肢行为；骑乘马一侧压缰的触觉，建立转弯扶助。

六、马排粪尿的行为

群牧马排粪、排尿一般没有什么规律性。粪尿的气味能刺激马排粪、排尿。排粪有可能是马的一种信息传递方式。公马总要嗅闻过路遇到的粪尿。但这种行为随着驯化会逐步减弱，而形成类似固定位置排粪尿的行为。

舍饲马使役前、背鞍或佩戴挽具时有排粪的习惯，役后入厩会引起排粪和排尿，其他时间一般没有规律，但总是轻微运动后排粪。军马、役马都可以在慢步行进中排粪。为在固定位置排粪尿，稍加调教即可形成。调教方法是：首先将厩内清扫得非常干净，只在指定位置堆上粪便，并在埋罐内放入少量尿液，将马放入厩内任其自由嗅闻，在氨的刺激下会引起马排粪、排尿的行为，并寻找有粪尿的原位置，如位置稍不适宜，可以用小杆驱赶，经几天调教，即可固定。对于赛马要调教它在赛前 15 min 排粪尿。马不应有单一粪球逐个排出的现象，遇有这种情况，应注意可能是腹痛的前兆。

任务二　马匹群体行为

家畜的群性结合是进化演变到高级阶段出现的行为。它可以使动物更好地利用环境并遗传给后代。在高等哺乳动物中，中枢神经有明显的调节作用。破坏中枢神经会导致群体行为反常或消失。马群体行为很多，主要有以下几种。

一、马群体组织和群体行为

群体组织总是和一定的交配形式密切联系的。群体行为亦是适应生存、维系一定交配形式的反映。最原始的群体行为是有亲缘关系的，有亲缘关系的马总是集合小群，相互依恋，共同活动。这是舍饲母马中常见的现象，几个亲缘关系群联系在一起，维系大群共同的活动，形成群体行为。只要有两个以上的个体，就会有群体行为，亦称合群性。合群性的强弱与品种、饲养管理条件有关，群牧马比舍饲马强，轻型马比重型马强。人可以利用马的合群性为管理提供便利，例如利用经过调教的“头马”带群或装车，给马匹运输带来很大便利。放牧中只要控制群体中的“头马”便会收到事半功倍的效果。识别和运用“头马”是很重要的技术和经验。

有公马的马群，群体行为又发生变化，有另外的分工和秩序，称群体组织。1 匹公马带领固定的 15～20 匹母马，组成“家庭小群”，多个“家庭小群”组成大群。开始组群时，公马之间有争雄斗争，互相争夺母马，一旦固定小群以后，便相安无事。全体公马自动保卫大群。每个公马很注意保卫自己的小群和母马繁殖，母马离群，公马则嘶叫寻找并逐回。有的公马，为逐回母马，甚至会愤怒地把母马咬伤。此种公马，多属繁殖力强、圈群能力优异者，不可轻易淘汰。自然群牧下，青年公马性成熟时，常被公马逐出小群。骟马只能附于大群，不能在小群中固定。公马的圈群能力是群牧马选种标准之一。

二、马的优胜序列

优胜序列亦称排列次序或社群等级。马和其他动物一样，只要有两个以上的个体在一起，就出现优胜序列。优胜序列常反映在繁殖机会和采食上的优先次序。这种有等级的群体更有利于动物的进化和社群的组织。优胜是经过激烈斗争而得，优胜者总是群体中的最强者，可繁殖更多的后代，有利于种群的繁荣。弱者尽可能避开强者，减少争斗行为。马的优胜序列受很多因素影响。

（一）年龄

壮年马往往是群体中的优胜者。每年配种季节开始，公马总是以争夺优胜序列开始。自然形成优胜序列以后，一年中很少变更。中途在群内增加新的公马时，要经激烈争斗，偶尔有战死的危险。中途淘汰公马或公马死亡，应将母马分散到其他“小群”，最好不中途更换公马。

(二)经历

放入马群的先后有一定的影响。如将一匹新马放入群中,往往不易得胜。群内繁殖后代往往随母马排成序列。公马争斗的经历和强悍程度也有差异,如育成品种公马的强悍性不如地方品种公马。

(三)性别

公马较母马好斗,在母马群中是自然的序列优胜者。骟马总是序列的最后者,既怕公马又怕母马。马群中公马有优胜序列,母马亦有另外的序列。

(四)神经类型

神经类型属于平衡型的公、母马,往往能取得优胜序列,这种类型的马一般对人表现温顺,易于调教,胆大而强悍好斗,是人所喜好的。而那些不易驯服,性情急暴,甚至对人很凶的个体,却往往在群体中表现怯懦,争斗能力不强,不能取得优胜。

序列的优胜者往往是马群中的“带头者”。好的头马对管理是有益的,可以解决不少困难,如带领全群涉水、登山、越冰,通过泥泞沼泽地等困难境地。

三、马的竞争行为

马有很强的竞争心理,这可能是由逃避敌害的安全感演变而来的。经过调教可以形成强烈的竞争行为,赛马就是利用马的竞争行为的活动。马的竞争行为反应强烈,竞赛中常可见到由于心跳、呼吸加快、换气困难以致张口呼吸、鼻孔喷出血沫,疲惫到难以支持的地步,仍不减速或停止奔跑;有时候甚至突然倒地死亡。并行的马总是越走越快,当其中一匹要越过其他马匹或马车时,总会引起对方的竞争行为。这时应向对方骑者或驭手打招呼,以提醒注意。

按一定行进序列调教赛马会弱化马的竞争心理,而形成固定的行进序列。对于赛马这是要禁止的。对于骑兵乘马却是必要的调教。

四、马的争斗行为

争斗行为是许多动物都有的行为。配种季节雄畜争斗主要和性行为有关,企图占有雌畜。母马产驹后,出于护驹,攻击性增强,很温顺的母马亦可变得凶猛。马争斗行为的主要表现如下。

(一)示威行为

耳后背,目光炯视,上睑收缩,眼神凶恶,竖颈举头,鬣毛竖立,点头吹气。有些马还表现皱唇,做扑咬的动作。攻击对象在马后侧时,后肢做假踢动作,并回头示意。公马驱逐母马时亦有示威的表情。

人接近敌意示威的马,要胆大心细,用温和的声音安慰或厉声训斥,从安全方向慢慢接近,握住缰绳或笼头,施以控制。走入马群内,遇有公马示威,应特别注意,警惕防护,但不可惊慌外逃,这会助长公马行凶。马饥饿时,食欲很强,采食时亦有示威表情,随着饱食而缓和。因此,根据马的示威表情可以判断马的心理活动,恰当处理。

(二)咬的行为

马首先有示威行为,然后猛扑过去。公马相互攻击时,有应急反应,前躯竖立相互扑咬颈部,落地时又互扑咬四肢、鼠蹊部。马很少像驴咬住不放。追咬时没有固定位置。对人的攻击很少有连续扑咬行为。对咬人的癖马,要经常戴上口笼,及时教育。多数咬人癖马和父母遗传有关,亦和幼龄随母马学习有关。老龄公马往往发展成为咬人的癖马。这种牲畜胆大,并非出于惧怕而反抗,常由于某些病痛不适,如蹄病、肢痛、口腔疾病造成急躁反感而咬人。要注意管理,针对原因加以校正。出于护驹、护槽而咬人的马,多数只有扑咬动作,不敢真正咬人。

(三)踢蹶行为

踢蹶和刨扒也是马争斗行为的表现。这种癖马多属性情强悍、兴奋性高、聪明灵活的马,多由于饲养管理不当、调教不良所致。踢、扒行为发生前,一般都有示威表情,然后低头,两后肢上踢。两肢同时后踢时,往往还发出咆哮的尖叫,准确程度不高,常不如一肢后踢准确。马对人很少有两肢后踢的行为。刨扒的行为是一前肢或两前肢交替突然动作,没有示威的表示。因此,对人有危害性。马的正前方是危险位置,任何操作和接近都应避开。幼驹阶段人常溺爱嬉弄,常打马"出气",使马对人敌视;或者由于幼驹胆小恐惧,人对之粗暴,都可发展成为攻击人的癖马。

马是温顺的动物,攻击人的马是极少数。癖马的校正方法,首先要了解马的行为特点,对待其要有耐心,多安抚,少责罚,要经常刷拭,进行人马亲和的调教,减少马的兴奋;出现恶癖时,要及时制止,给予适当"惩戒",但亦不可过分。那些有遗传"痼癖"的公马,不应作为种用。

五、马信息的传递

马接受传递的信息,主要靠嗅觉、听觉和视觉,即马的外激素、叫声和行为表情。马的外激素现已知为一种,即发情母马生殖道分泌有特殊气味的外激素,可招引公马,并引起性兴奋,借以传递母马发情状态的信息。马的嘶叫是传递信息的重要方式,常有下述五种情况:第一种是马对人常用声音传递要求,例如饥渴时向主人呼叫,发出低而短的鼻颤音。近距离内母仔间互相亦有类似的叫声。第二种是长嘶。马呼叫同伴,母仔互相寻找、想念,都反应为长嘶。马被强迫离群,常发出长嘶,其他马常回以长嘶响应。母马、幼驹和骟马的长嘶是单音拉长的颤音,公马是短促而急的长嘶,因此从叫声可以辨别出性别。第三种是示威攻击的吼叫声,发出尖而单一的声音,示意愤怒。第四种是烦躁不安的叫声,发出短而尖的鼻音,声音小,不连续。马驹初次哺乳、背鞍紧勒肚带、佩戴挽具等情况,常常有此种叫声,应注意这在有些马是攻击前的信号。第五种是马痛呼救的叫声,多表现为急促而无节奏的乱嘶,此种叫声可以引起其他马的惊恐和逃避。

行为表情的信息很多,主要有以下几种:马警惕注意时,头颈高举,目光直视,耳向前竖立,转动频繁,用以捕捉声音的来源、方位,鼻翼振动。马警惕注意的表情,可以传递给其他同类。看见马有这种表情时,应判断其起因,并及时采取措施,防止马惊怕乱跑。

马的身体语言也很丰富。马会灵活地运用它的身体和肌肉代替声音进行交流。比如,当它的尾巴高高举起，像一面旗帜时，表明此刻它十分热情，感情丰富。而当马刨扒地面，将脑袋不耐烦地上下摆动，那么它可能是生气了，或是生病了。那么，马突然地跳跃表示什么意思呢？这种十分形象的身体语言，表明它觉得自己十分健康，精神抖擞，抑或是感到疼痛，还可能是马想将它的骑手甩下去。

任务三 马匹饲养管理原则与技术

一、马匹消化生理特点

咀嚼细致：马主要靠唇和切齿采食。马的唇感觉敏锐，动作非常灵活，能将粗硬的草节和草根吐出，食进细软的饲草。马的臼齿很发达，呈柱状，上面有很多皱褶，适于食草。但要把草料磨细，适于消化，还是需要较长时间的。马采食细致，咀嚼慢，采食时间长。据测定，1 d喂5 kg料，7～8 kg草，就需8～10 h采食时间。

食物移动快：马胃的容积较小，一般为6～16 L，相当于牛胃的5%～8%，或羊胃的一半，但肠的容积比胃大。食物在马胃、肠内停留时间短。据测定，马采食后7～9 min，食物即向肠中移动，2 h后有50%进入肠内，4～4.5 h胃就能排空。从食物入口到变成粪便排出，需28～29 h，全部排完需41～49 h。而食物从牛胃到肠需2～7 d才能排完，从食物入口到变成粪便排出需7～14 d，甚至更长。因此，马喂饲间隔时间不宜过长，应定时定量，少喂勤添。

消化液多：马消化粗硬的草料，需要很多消化液。1 d分泌量有70～80 L。消化液分泌的多少，还受饮水、采食时间和饲料种类的影响。采食干草时唾液的分泌量比采食一般精料多3倍，采食麸皮时的分泌量比采食一般精料多30%～40%。

大肠发达：马的大肠很粗，是重要的消化器官，特别是盲肠，容量大约30 L，其功能与反刍动物的瘤胃相似。盲肠内有大量微生物，便于分解粗纤维，由盲肠消化吸收的粗纤维，可占食物总纤维量的一半，但马盲肠的微生物作用远不如牛瘤胃，微生物合成的养分比牛低。

肠道粗细不匀：马肠道直径大小很不均匀，盲肠的胃状膨大部和大结肠内径很粗大，可达21～25 cm，但小肠、小结肠内径却只有5～6 cm，尤其是在一些肠道入口部（如盲结口、回盲口）更细，相差近10倍。在喂养不好、饲料突变和天气剧变的时候，容易得结症或造成便秘。特别是贲门带有皱褶，形似夹子，使马不能呕吐。如果吃大量易发酵的豆科或霉烂饲料，饮食过急或喂后做强烈劳役，易得胃扩张或肠臌气。

二、饲料加工

马的食物是草和料。马可以直接食用整株的草，整颗的粮食粒。在只有野草放牧的冬季可以吃干草，甚至冬季也可放牧，生殖繁衍，但一般情况下都以草和料搭配喂马。加工后的饲料易于摄食、消化和吸收。加工饲料的手段主要有如下几种。

水浸：颗粒饲料，如燕麦饲喂前水浸几个小时，使其膨胀、软化，使马喜食。

压扁：玉米粒、豆饼、豆类、麦类用机器压扁，这样马吃起来更易消化。此种方法对老幼马更好。但马由于牙齿不齐，会出现“过料”，即整粒粮食吃进去，又整粒排泄出来。

粉碎：不要求成为粉状，成为小颗粒即可，特别对玉米更为必要。

水煮：煮料是一种常用方法。北京养马人习惯用锅煮黑豆，然后将之喂马，味香质软。美国采用机械作业，双层大铁筒两层之间放水，水中加电热器，而内层铁桶中加入燕麦及水，用热水煮料，此法省劳力，可以采用。

颗粒料：把饲料粉碎（草、料、添加剂）加压力（专门机器）压成颗粒，用颗粒喂马。颗粒饲料便于马采食和运输，此法始于第二次世界大战时喂饲军马。

这种饲料加工厂最早见于内蒙古通辽。利用当地玉米、蜜糖浆（糖场出产），并添加其他料种、添加剂，包括微量元素添加剂来加工生产。目前国内生产的马饲料主要为颗粒料。广州赛马场全用这种饲料。配方中营养均衡，饲喂方便。这种饲料也有缺点。其一，价格偏高；其二，不同的马用同一配方饲料，不能很好地满足所有营养需要。广州用颗粒料只喂精饲料，不含草。经过几年实践，证明这种颗粒料配方基本过关。

三、影响饲料消化利用的因素

（一）日粮的配合

日粮含粗纤维多，会降低其消化率，含蛋白质多能提高其消化率，含大量碳水化合物和少量蛋白质时，则饲料养分的消化利用率也会下降，造成浪费。因此，在马的日粮中必须配合一定数量的蛋白质饲料，才能保证马对饲料的充分利用。

（二）饲料的喂量和喂法

对马匹喂得过急（或因饥饿吃得过急）、过饱，会引起消化道的过度负担，消化液分泌降低。因此，要求采取少给勤添的饲喂方法。这样可以提高马匹对饲料营养物质的消化利用率。

（三）饲料的适口性

饲料的适口性强时，马食欲旺盛，消化液分泌增多，对饲料的消化吸收就会提高。马的个体、年龄、神经类型不同，对饲料的消化能力也不同。例如我国的一些地方马种（如蒙古马等），由于长期适应放牧条件，对粗饲料的消化利用就高；而培育的马种，如纯血马等，对粗饲料的消化利用就较差。因此，在饲养中应注意影响饲料消化吸收的各种因素，力求养好马匹。此外，喂前要使马在安静的环境中得到充分的休息，喂食要定时、定量，这都能提高对饲料的消化利用。

四、饲养管理的一般技术要求

马随时准备奔跑，所以其消化机能特点决定了马只能少量采食，同时马摄取的植物性食物所含热能却又相对不高，这样就造成马在自然生存状态下需要长时间、小批量地采食。在人工饲养的环境中，适宜遵守定时定量、少喂勤添的原则。此外，还要注意饮水，饮水必须清洁，充足供应，以满足马的需要。由于马的肠道必须保持畅通，所以应当选择质地疏松、易消化、易转移的饲料，以确保不会出现食物黏结，甚至阻塞肠道的严重后果。

(一)认真配合饲料

日粮配合应符合马饲养标准,适应马的消化生理,营养完全。为此,在马匹日常饲养管理中应根据不同用途和生长发育阶段马匹需要的营养标准,满足马匹对能量、蛋白质、矿物质及维生素的需要;此外,还应注意饲料的多样性,提高日粮的适口性。采用粗纤维含量不高的青绿多汁饲料,优质青干草,精料用燕麦、麸皮、大麦、豆饼、玉米等作为马的基本饲料。饲草、料都应洁净卫生、质地疏松。俗话说:“草筛三遍,吃了没病”。马习惯吃的饲料,不要频繁更换,以免影响消化。

(二)充足饮水

养马有“宁肯缺把草,不可缺口水”的经验,充足饮水是保证马体健康、维持正常代谢的重要基础。马体水分占体质量的60%以上。由于马的代谢旺盛,汗腺发达,由呼吸和汗腺排出大量水分。特别是马的消化腺分泌消化液的量极大,一般马每天分泌的消化液可达70~80 L。为补充体内水分的丢失,一般马每天需要饮水37 L左右(20~40 L)。因此要给马充足的饮水,以补偿代谢的消耗,保证正常的生理机能需要。饮水不足,马的消化液分泌减少,影响消化机能,易引起消化结症,影响健康。俗话说:“草饱、料力、水精神”,说明水对马的重要。马饮水必须清洁卫生,不要用污染水或陈旧水,可用清洁的井水和自来水。水温以在8~12℃为宜。马“切忌热饮”。刚运动完,体温、脉搏尚未平复,加之运动后马燥热饥渴,极易暴饮,引起疝痛或孕马流产。故有“饮马三提缰”之说,通常役用后,应使马稍事休息再饮水。一般1 d饮水3~4次,早、中、晚或夜饲时各饮1次,并按“先饮后饲”的原则进行,有利于马的健康。

(三)精心喂养,讲究饲喂技术

一般马每天进食的饲料量为其体质量的2%~2.5%,测量体质量最好的方法是用地秤,也可通过测量体尺(如胸围和体长),并根据公式估测体质量。

马采食细致,咀嚼慢,时间长。据此特点,为养好马,除必须让马有足够的时间采食、咀嚼并选择疏松易消化、品质好、清洁卫生、营养完善的饲料喂马外,更应严格遵守“定时定量,少给勤添,先粗后精,分槽饲养”的原则。即按一定时间喂马,不可忽早忽晚,早了马的食欲不振,晚则马易暴食,造成消化不良。一般每天早、中、晚、夜喂马4次,每次2~3 h,各次的间隔时间大致相等,每次不超过1.8 kg。为了使马多吃草料,夜间饲喂是重要的。俗话说:“马无夜草不肥”,只靠白天饲喂,满足不了马的食量和营养需要。夜间喂马,应以粗饲料为主,饲以优质干草,必须切成2~3 cm长的短草,让马慢慢咀嚼,每次的喂量固定。俗话说:“寸草铡三刀,无料也上膘。”马上槽时,注意环境安静,不要惊动它们,能让马咀嚼充分,食欲旺盛,利于消化,易上膘。喂的方法为先喂干草,而后饮水,饮完水再喂拌好的草料。这样可以使马不挑草料,细嚼慢咽。否则很难充分咀嚼,便会影响消化。每天定量补饲食盐也是必需的,可混合在日料中,或放在饲槽中任马自由采食。

(四)放牧运动

放牧不仅可使马自由采食青绿饲料,降低饲养成本,更利于马享受充足的阳光,呼吸新鲜空气,并得到适当运动,对促进马体新陈代谢,增强体质和健康极有益。运动的方法和运动量因马的个体有所不同。对种公马和后备种公马可按品种类型进行骑乘或挽曳运动,育成驹和繁殖母马可进行驱赶运动,其他马可进行自由运动。运动量不可过大,以轻微出汗为度。在丰富的饲养条件下，运动时间和运动量可适当增加，对营养不良的马则相应降低运动量，增加自由运动的时间。

（五）马体卫生

注意马体卫生可以促进健康，减少疾病。除按期严格免疫外，更应加强平时的卫生护理，俗话说："三刷两扫，好比一饱。"

1. 刷拭

刷拭可保持马体皮肤清洁，加强皮肤代谢机能，促进血液循环，有利于消除疲劳，增进健康，并减少寄生虫病和皮肤病的发生，还可及时发现外伤，尽早治疗。刷拭可简可繁，一般马只用刷子或扫把刷扫马体，干净为止。对种公马，尤其在配种期，必须加强刷拭，每天刷 2 次，每次 20～40 min，在厩外进行为好，以保持厩内清洁。刷拭要注意安全，动作先逆后顺，既刷掉毛根部皮垢，又要起到按摩皮肤、促进血液循环的作用。刷完后用湿布擦拭眼、口、鼻等无毛部位。对鬃、鬣、尾等长毛，用木梳梳理，并定期用肥皂水洗涤及修剪。种马运动后和役马工作完都要进行简单刷拭，卸掉鞍具，用扫把扫一扫，简单刷拭其出汗部位、四肢和四蹄都是必要的。

2. 护蹄

护蹄是保持马蹄机能正常的重要措施，马蹄是否健全，对马的生产能力及健康影响很大。做好护蹄工作，不仅可以预防蹄病发生，保证马匹正常的使役体况和延长使用年限，而且对幼驹发育、蹄形及肢势关系甚大，"无蹄则无马，无铁则无蹄"。不重视修蹄，易长成变形蹄，如狭蹄、平蹄、高蹄和斜蹄等。护蹄至少包括以下几个方面。

①平时护蹄：保持马蹄清洁与健康，注意洗刷蹄底、蹄叉。厩舍清洁干燥，地面平坦，干湿适宜，过于潮湿易使蹄质松软，日久形成广蹄；过于干燥易发生蹄裂和高蹄。应避免马蹄经常浸泡在粪尿污泥中，以防水疵病或引起蹄叉腐烂。注意厩舍清扫，勤换铺草，应及时修蹄挂掌。

②削蹄：削蹄是保持蹄形正常、防止出现变形蹄的重要措施。马蹄角质部每月生长 5～9 mm，青、幼年驹生长速度更快，如不修蹄，必然造成蹄形不正，造成肢势不良，引起蹄病或跛行。通常役马 4～6 周削蹄一次，幼驹每月削蹄一次。削蹄前，先让马站在平坦地方，观察确定要修剪的部位和分量。正确的蹄壁应与地面保持适当的角度，前蹄为 45°～50°，后蹄为 50°～55°，可先剪去过长的蹄壁，再将蹄负面削至露出白线为度，将蹄底、蹄叉的坏死组织削去，至露出新角质即可。把蹄叉的中沟、侧沟削成明显的沟，蹄支则需保留完整，最后铲平蹄底。这种削法，有利于发挥蹄的机能。

③装蹄铁：为防役马蹄过度磨损，应结合削蹄、修蹄，定期换装蹄铁。蹄铁应适合马蹄的形状和大小，适当宽厚，留有剩缘剩尾。冬天防冰雪打滑，最好用防滑蹄铁。配种公马、不使役的繁殖母马、1 岁以前的马驹和育成马以及群牧马都可不装蹄铁。

（六）厩舍卫生

搞好厩舍卫生对保持马体卫生、维护马体健康非常必要。马厩应每天认真清扫，按期起垫，保持地面清洁、平坦、干燥；厩床应铺垫草，经常清除添换，保持清洁、干燥，以利于马卧下休息；应注意关闭和开启门窗，使厩内阳光充足，空气流通；每月消毒一次。饲槽、料缸、水槽要经常刷洗晒干，定期消毒。总之，要为马匹创造卫生、舒适的生活环境。

任务四　种公马饲养管理

加强种公马的饲养管理，旨在提高和充分发挥其配种能力。应使种公马保持健壮的体质、种用体况、充沛的精力、旺盛的性欲，能产生大量品质优良的精液，不断提高受精率。为此必须及早根据种公马的配种特点和生理要求，在不同时期，给以不同的饲养管理。大致可按准备期、配种期、恢复期、增健期分别合理安排。

一、种公马的营养需要

种公马一次的射精量达 50～100 mL，干物质高达 4.3%，而干物质中主要是蛋白质。所以必须保证配种期种公马日粮中的蛋白质水平，特别是配种负担较重的种公马，更应注意饲料的多样化和蛋白质的含量，以提高性欲和精液品质。早春还应补给一些胡萝卜或麦芽，以满足其对维生素的需要。种公马在配种期的代谢机能提高 15%左右，消耗热量很多，所以还应注意碳水化合物饲料的供给。种公马配种期日粮参考配方参见表 2-1。配种期的日粮需要比非配种期提高 10%～20%，以满足种公马的营养需要。

表 2-1　种公马配种期日粮参考配方　　%

饲料种类	占日粮比例	饲料种类	占日粮比例
燕麦（蒸压碾碎）	15.00	脱水苜蓿粉	7.00
玉米高粱（碾压）	10.00	黑糖蜜	7.00
大麦（蒸压碾碎）	25.00	磷酸氢钙	1.25
小麦麸	7.00	石灰石粉	0.75
黄豆粉	13.00	食盐	1.00
亚麻饼	4.00	维生素	1.00
青干草	8.00		

二、种公马的饲养管理

饲养种公马，必须遵循种公马的配种特点及生理要求，在不同的时期内给予不同的饲养管理。

（一）准备期（1—2 月份）

此期应保持强健状况，养精蓄锐，迎接配种期的到来。

1. 饲养

应偏重于蛋白质和维生素饲料，可增加一些豆饼、胡萝卜或麦芽等，并减少粗饲料的比例。配种前 3 周要转入配种期的饲养，动物性饲料也开始供给。

2. 管理

此期要适当减少运动强度，到配种前一个月取消跑步，以贮备体力。为了正确判定种公马的配种能力，应进行精液检查，每周检查 3 次，每次间隔 24～48 h。如发现精液品质不良，要查明原因，及时矫正，隔半个月再检查一次，直到符合标准为止。

(二)配种期(3—7 月份)

此期种公马一直处于性活动的紧张状态，必须保持饲养管理的稳定性，不要随意改变日粮和运动强度，保持马的种用体况。

1. 饲养

日粮应由粗饲料、精饲料组成。青绿多汁饲料和矿物质饲料合理搭配，既要保证营养需要，又要考虑到各种饲料的适口性及种公马的嗜好。粗饲料应是优质的干草，最好是优良的禾本科和豆科的混合干草，豆科干草应占 10%～14%。在配种期及早喂给青绿多汁饲料，如早生的野草、野菜和人工栽培牧草等，有利于精子的生成，能提高精子的活力，而且适口性强。在放牧期，可用青干草代替牧草乃至全部日干草喂量。早春没有青绿饲料，可喂给胡萝卜或大麦芽。精料应因地制宜，产麦类地区以燕麦为主，杂粮地区以谷类为主，再选用一些适口性强、对精液形成有良好作用的饲料，如豆饼、玉米和高粱等混合喂给。在配种期还应喂给食盐、石粉等矿物质饲料和鸡蛋、骨肉粉等动物性饲料。

2. 管理

早、晚应尽量在厩外停留，夏季的中午应多在厩内休息，注意生殖器官的清洁，以免发生炎症。用冷水擦拭睾丸，对促进精子生成和增强精子的活力有良好作用。天热时可给种公马洗浴，对防暑消热和加强机体代谢很有好处。配种期要保持运动的平衡，不可忽轻忽重，更不能跑步。种公马的运动量和速度，可根据日粮、利用情况和个体有所不同，以达到运动后耳根、膀部稍有出汗为宜。实践证明，日粮、运动和采精三者密切结合，对有效利用公马、发挥种公马潜力有良好作用。种马体况就是营养、运动和利用的平衡。要严格规定饲养管理操作规程，遵守采精制度和作息时间。采精做到定时，如 1 d 采精 2 次，其间隔时间应不少于 8 h，连续采精 5～6 d，应休息 1 d。

(三)恢复期(8—9 月份)

此期是配种结束后的一段时间。这段时间的任务是使种公马在配种期的体力消耗得以恢复。一般需 4～8 周时间。

1. 饲养

减少精饲料，如能增加青饲料，精饲料可减至配种期的一半，疲劳较甚的种公马可减少 1/3。少给豆饼之类蛋白质丰富的饲料，多给燕麦、麸皮、青草等易消化的饲料。

2. 管理

应注意防暑，保持舍内通风、干燥和清洁。尽量使马安静，减轻运动量和强度，增加逍遥运动。

(四)增健期(10—12 月份)

此期正是秋末冬初的大好时节，天气凉爽，应加强运动，使种公马的肌肉紧实，体力充沛，精神旺盛，为下一年的配种打下良好基础。有的种马因运动不足，导致体质不紧实，虚胖，应引起注意。

种公马饲养管理工作日程参见表 2-2。

表 2-2 种公马饲养管理工作日程

项目	配种期	非配种期
饮水、饲喂	3:00—4:00	5:00—6:00
清扫、检温、刷拭	4:00—5:00	6:00—7:00
运动	5:00—7:00	7:00—9:00
日光浴	7:00—7:30	9:00—10:00
采精	7:30—8:00	
饮水、饲喂	9:00—11:00	10:00—11:00
午休	11:00—13:00	11:00—13:00
饮水	13:00—13:30	13:00—13:30
清扫、检温、刷拭	13:30—14:30	13:30—14:30
运动	14:30—16:00	14:30—16:00
休息	16:00—16:30	16:00—17:00
采精	16:30—17:00	
饮水、饲喂	18:00—19:00	17:00—18:00
投草	21:00	21:00

任务五 繁殖母马饲养管理

母马除繁殖外，大多数尚兼役用或骑乘用，青年母马自身尚在生长发育。因此，对母马的饲养管理应根据其不同时期的特点，给予妥善的安排，以保证正常的繁殖、使役、骑乘和发育。

一、空怀母马的饲养管理

空怀母马的日粮一般可与役马相同，主要由粗料和含碳水化合物多的饲料组成。在配种季节，应保持七成膘，以保证正常发情和排卵。母马营养不足或饲料品质不良，母马过肥，使役过重或运动不足，均会发生繁殖障碍。因此，使母马担负中等劳役，或在不劳役时有适当运动，都对其健康有利。在放牧季节应尽量进行放牧饲养。到配种开始前 1.5～2 个月，应补给多汁饲料和发芽饲料，有生殖器官疾病的，应抓紧治疗，保证适时参加配种。

配种工作的顺利展开，除应进行周密组织、做好充分准备外，技术性要求亦很严格。在母马繁殖季节，健康适龄的母马一般会正常发情，应注意出现发情时的正常表现。在我国北方，早春三四月间，气温低，光照短，加之部分母马由于使役重或生殖疾病等原因，母马性机能出现异常，卵泡发育缓慢、中断、萎缩，甚至消失，为了母马不误时机地正常发情配种，采取努力改善其饲养管理，减轻使役，及时检查治疗生殖系统疾病，采用激素等药物调整性机能，准确判断卵泡发育与排卵时间，适时输精或本交配种等，都是促使母马正常发情和提高受胎率的有效措施。

二、妊娠母马的饲养管理

母马妊娠后，生理机能发生了很大变化，对环境条件格外敏感。此时要防止意外事故发生，并加强和改善饲养管理条件。母马健康、营养平衡是保护胎儿良好生长发育的前提。对妊娠母马的饲养，除满足其自身营养需要外，还应保证胎儿发育及产后泌乳的营养需要。对初配青年母马，更需满足它自身的生长发育需要。

根据胚胎的发育程度、在细胞分化和器官形成的不同阶段，对妊娠母马的饲养管理上应各有所侧重、调整和补充。

（一）妊娠前期

母马怀孕后，胚胎发育的前 3 个月，处于强烈的细胞分化阶段，经过急剧的分化，形成了各种组织器官的胚形与雏形。胚胎相对生长很强烈，但绝对增重不大。对营养物质的要求较高，而量的要求不多。因此，对妊娠早期的母马，注意饲以优质干草和蛋白质含量较高的饲料，配合营养完全的日粮。妊娠母马日粮参考配方见表 2-3。有条件的地方应尽可能每天放牧，便于摄食生物学价值较高的蛋白质、无机物和维生素，以促进胚胎发育和预防早期流产。

表 2-3 妊娠母马日粮参考配方 %

饲料种类	占日粮比例	饲料种类	占日粮比例
燕麦（蒸压碾碎）	30.00	干苜蓿草	5.00
玉米高粱（碾压）	10.00	黑糖蜜	7.00
大麦（蒸压碾碎）	12.25	磷酸氢钙	2.00
小麦麸	10.00	石灰石粉	0.75
黄豆粉	11.00	食盐	1.00
亚麻饼	4.00	维生素	2.00
青干草	5.00		

（二）妊娠中期

通常是指妊娠第 4～8 个月，胚胎形成所有器官的原基后，种和品种的特征亦相继明显，胎儿生长发育加快，体质量增加近初生质量的 1/3。为了满足胎儿生长发育的营养需要，母马日粮中应增加品质优良的精饲料，如谷子、麸皮、豆饼等。特别是饲以用沸水浸泡过的黄米和盐煮的大豆，对增进妊娠母马的食欲、营养和保胎都有良效。胡萝卜、马铃薯、饲用甜菜等块根、块茎不仅可以提高日粮中维生素含量，促进消化，并有预防流产的良好作用，入冬以后，应尽可能配给。有条件的地区，有良好牧地的应组织放牧，在中等牧地每天放牧 10～12 h，可采食牧草 30～35 kg，基本上能满足母马及其胚胎发育的营养需要。

对妊娠中期母马应精心护理，除注意厩舍卫生，坚持每天刷拭外，日粮可分 3 次喂给，饮水在 4 次以上，不能空腹饮水，更忌热饮。饮用水温在 8～12℃为宜。合理利用妊娠母马担当轻役或中役，利于胎儿发育，亦利于顺利分娩。但应避免重役或长途运输，不可用怀孕母马驾辕、拉碾、套磨或快赶、猛跑、转急弯、走冰道、爬陡坡，更要防止打冷鞭。对不使役的孕马，每天至少应有 2～3 h 运动，对增强母马体质，防止难产有积极意义。

（三）妊娠后期

妊娠后期指妊娠第9～11个月，是胚胎发育的胎儿期。此阶段胚胎发育的最大特点是相对生长逐渐减慢，而绝对生长明显加快。胎儿期胚胎的累积增体质量可占初生体质量的2/3。

国外也有资料说明，在妊娠期的最后3个月，胚胎的总增体质量可以达到母马体质量的12%，加之母马此时还需储备一定营养用于产后泌乳，致使母马对营养的需要量急剧增加，营养不足直接造成胎驹生长发育受阻（胚胎型）的事例屡见不鲜。我国北方广大牧区，冬春天寒草枯，母马又正处于怀孕后期，遇有不测，往往大批流产，说明在妊娠的最后3个月，必须对母马饲以质量好、营养丰富、易消化的饲料，如燕麦、麸皮、玉米、胡萝卜、大麦芽及食盐、骨粉等，精料量应比一般马增加1.5～2 kg。国外在母马妊娠的最后90 d，每天每匹母马喂给精饲料1.6～2.4 kg，否则不能满足母马和胎驹的营养需要。

在妊娠的最后1～2个月内加强饲养，对提高母马产后泌乳量起重要作用。但临近分娩前2～3周粗饲料量要适当减少，豆科干草和含蛋白质丰富的精料量都应减少饲喂，否则不仅可能造成母马消化不良，而且也使产后因母乳分泌量过多而引起幼驹过食下痢，甚至发生母马乳房炎症。

为保证母马顺利分娩，在产前半个月到1个月，应酌情停止使役，每天注意刷拭，并保持适当的运动，在放牧地、运动场逍遥游走2～3 h，对母马和胎儿都有利。为了安全分娩，此时母马应单圈饲养，厩舍多加垫草，圈舍宽大干燥，冬暖夏凉，饲养人员牵马入圈应注意避免碰撞，以防不测。

（四）哺乳母马的饲养管理

幼驹的营养，主要靠母乳。母马奶好，幼驹生长发育就快，体格健壮。对哺乳母马应精心饲养管理，饲料中应有充足的蛋白质、维生素和矿物质。日粮力求搭配合理。混合精料中豆饼应占30%～40%，麸皮占15%～25%，其他为谷物饲料。有条件的地方，还应供给胡萝卜或青贮饲料等。如果母马奶量不足，可加喂炒熟的小糜子500 g，连喂几天，可有显著的催乳效果。

分娩后母马多感口渴和饥饿，需给母马少量温水，然后喂给适量稍加食盐的麸皮粥或小米汤，经过9 h后即可喂给优质干草，并伴有少量豆饼、胡萝卜。产后三四天内不应喂给大量精料，以免引起腹泻。哺乳母马需水量大，每天饮水不应少于5次。

产后头几天应将母马养在圈内，多铺垫草，注意护理，防止贼风。产后7～10 d，如有条件，最好在邻近良好的草地上放牧，开始时每日1～2 h，以后逐渐延长。此时，应注意母马发情，以便及时配血驹。母马产后20 d内应停止使役，20 d后开始使役时应干轻活。使役中要休息，照顾幼驹吃奶。避免出远门干重活，以免泌乳量下降和造成疲劳。

任务六　幼驹饲养管理

幼驹培育是养马业生产和育种工作的重要组成部分。幼驹时期的特点是生长发育快，可塑性大，对外界反应敏感而适应力弱。因此，应根据幼驹的生长发育特点，进行科学的饲养管理与调教，以提高马匹的质量。

一、马驹生长发育的特点

马的发育大约需5年才能基本完成。在这段时间里,马体各部组织器官和机体结构的变化是有阶段性的、不平衡的。

(一)阶段性

总的趋势是随着年龄的增长,生长发育强度由强到弱。哺乳期最快,断乳以后也很快,满1周岁时,体质量能接近成年的64%,第2年也较快,能达到成年体质量的85%,以后就较慢了。饲料的消耗与生长速度正相反,随着年龄的增长而增加,第1年的消耗量为生长期总消耗量的14%,第2年为25%,以后更多。马驹幼龄时期的饲料报酬最高,所以加强幼驹的培育,特别是头一年的培育是非常经济的,应抓好这段时间的饲养管理,使幼驹得以充分发育。如果这段时间培育不佳,马驹发育受阻,即使加强后期饲养管理,马驹也很难发育得好。

(二)不平衡性

生长发育的同一时期里,各个部位的生长发育速度是不平衡的。胎儿时期,四肢生长最旺盛,因此初生驹都是高方形,四肢长,身腰短。生后的头一年,特别是头半年,各项体尺的增长都很快;一年以后体长和胸围的增长速度大大超过体高,向长和粗的方向发展,所以体形多为正方形,2岁以后,体长的增长速度也慢了。而胸围继续增长,所以体型变得高而粗,特别是挽用马更为明显。可见,体躯生长发育的特点为一高(长体高)、二长(长体长)、三放粗(长胸围),即体高先结束,其次是体长,最后是胸围。掌握了马驹生长发育的特点,我们就能有意识地使它们朝着我们所希望的方向发展。在马驹生长发育的关键时刻,加强饲养,用较少的饲料,把它培育成优良的马匹。

二、培育条件对生长发育的影响

幼驹在正常的培育条件下,生长发育比较迅速,但饲养管理条件跟不上时,生长发育就要受到影响。因此,必须把选种选配和幼驹培育结合起来,才会收到良好的效果。

(一)饲养条件的影响

营养是马驹生长发育的物质基础,必须按照马驹生长的发育阶段、经济价值等确定其饲养方案。补料与不补料对马驹的生长发育的影响明显不同,一般半年时间体高差3 cm,体长差5 cm,胸围差8 cm。由于马体各部位生长发育不平衡,饲养条件对生长发育最旺盛的部位影响也最大,利用这一特点,可以培育出不同体型的马。在生长发育的前期,用丰富的饲料,对增加体高有好处;如后期给以丰富饲料,对提高胸围和体长有好处。如果想培育粗大型的马,在胎儿发育的后期到生后6个月,应给予丰富的饲养。6个月至1岁给予一般的饲养水平,防止其向细高的方向发展,1~2.5岁再给予较高水平的饲养使其体躯长而粗重。如欲培育轻型马,在胎儿后期至1.5岁以前,应给予较高水平的饲养,1.5岁以后适当降低标准,控制体型不向粗重发展,这样就可能培育成体型轻便的个体。

(二)管理条件的影响

在舍饲条件下培育幼驹,应尽量让它生活在舍外,接受日光照射,呼吸新鲜空气,马驹如长期被圈在阴暗潮湿、空气污浊的舍内，不但体质虚弱，而且易长成长肢、短躯、狭胸的马匹。

三、初生驹护理

做好初生驹护理，对提高幼驹成活率，保证幼驹出生后良好生长发育有积极意义。

幼驹产下时，护理人员先用干净布将马驹口鼻中的黏液擦去，以免妨碍呼吸。对不能自然断脐的马驹，尽快人工断脐，并严格消毒包扎。擦干幼驹身上的水分，去掉蹄底的软角质，使蹄底成平面，利于站稳。将马驹安置在有干净垫草、温暖干燥处，以防感冒。待马驹能自行立起后，应扶持接近母马，尽快吸吮初乳，利于增强初生驹抵抗力和排出胎粪。在马驹初次吸吮前，应先将母马乳头用温水洗净，并将乳房内积存的乳汁挤出，以防止马驹吸后腹泻。马驹哺乳量应少量多次，切忌一次多食。出生 3 d 的马驹，通常每 20 min 哺乳一次，一昼夜约哺乳 60 次。应注意及时对马驹进行破伤风防疫注射。生后 4～5 d 开始，在天气晴朗时，让马驹随同母马在舍外活动，有益于增强马驹体质和健康。

四、哺乳驹的培育

从马驹的生长发育特点可以看出，哺乳期的生长速度是最快的。从饲养角度看，此时补料也是最经济的。这个时期马驹的营养来源主要是母乳，所以对哺乳驹的培育，首先是提高母马的泌乳能力，其次是做好马驹的补饲和管理。

（一）提高母马泌乳量

母马泌乳力强，马驹就强壮，如果母乳不足，就会影响马驹发育。对哺乳期的孤驹应尽量找保姆马或补喂牛奶。

（二）尽早补料

由于幼驹生长发育很快，体格越来越大，到 1 个月后，只靠母乳已显然不能满足幼驹的营养需要，所以应尽早使幼驹习惯于采食饲料，进行补饲。补料量应根据母马泌乳量来定，泌乳量高可少补点，泌乳量低则多补些。一般是 3 月龄前每天补 1 次，给量为每天 500 g 左右，3 月龄后每天补 2 次，每天 500～1 000 g，5～6 月龄每天 1 500～2 000 g，每天 2 次，良种驹可酌情增加。

五、断乳驹的培育

断乳是幼驹生活上一个很大的转折，如果处理不好，易引起幼驹营养不良，生长发育受阻，甚至患病死亡，此期间不能粗心大意。

（一）断乳时间和方法

断乳一般在出生后 6～8 个月。断乳过早，影响发育，断乳过晚又影响体内胎儿的发育，甚至损坏母马的健康。幼驹发育良好，可在满 6 个月时断乳，幼驹发育较差和准备作为种马的马驹，可适当推迟断乳时间。在断乳前几周，应给幼驹吃断乳后所需的饲料。对幼驹进行健康检查、编号、烙印。烙号一般在 9—10 月份进行。此时马驹被毛短，营养好，有母马带领，可减少痛苦。断乳厩应清扫消毒，铺设垫草，门窗应坚固，围墙要高，防止逃跑造成事故。在做好充分准备之后，选择晴天的中午或下午放牧回来，将母马连同幼驹一同赶入断乳厩，然后将母马牵走。幼驹在断乳厩经 3～5 d 后，不安情绪好转，此时可放入逍遥运动场自由活动，一周后便可到附近草场放牧。

(二)加强越冬期的饲养管理

断乳后很快就进入冬季，生活的改变给马驹越冬带来很大困难，应加强护理，使马驹尽快抓好秋膘，补给充足的优质饲料，每天喂 4～5 次，饲料的供给量可视马驹的品种、个体大小和营养状况及培育目的而定。断乳马驹日粮参考配方见表 2-4。

表 2-4　断乳马驹日粮参考配方　　%

饲料种类	占日粮比例	饲料种类	占日粮比例
燕麦(蒸压碾碎)	25.5	黑糖蜜	7.0
玉米或大麦	30.8	磷酸氢钙	2.0
高粱	15.0	石灰石粉	0.5
干苜蓿草	5.0	食盐	1.0
黄豆粉	12.5	维生素	0.7

六、育成驹的培育

到了来年春天，马驹经过寒冷冬季的锻炼，增强了独立生活的能力。此时年龄已满周岁，要公、母马分开管理，防止早交乱配。在放牧之前应普遍进行一次修蹄，开始放牧时，应由舍饲逐渐过渡到放牧饲养，盛夏天热，蚊蛇多时应实行夜牧。在马驹培育过程中，还要进行带笼头、牵行、举肢等初步训练，为以后的管理、调教和使役打下基础。无种用价值的公驹在 2～2.5 岁时应去势，农区的马多在春天去势，北方草原多在早春去势。去势过早会影响第二性征的充分发育，降低使役能力，过晚则不好管理。

七、马驹的基本调教

马驹的调教是促进马驹发育、增强体质、提高生产性能的重要措施。因此，1.5～2 岁时应根据用途对马驹进行不同的调教。要求调教人员熟悉马性，调教中要沉着稳重，刚柔并举，指挥准确，善于诱导，不可操之过急或粗暴打马。如果调教不当，易造成恶癖，降低使用能力。调教场地在调教初期应在平坦而有弹性的浅草场、沙土地为好，以后逐渐移至野外调教。调教科目由浅入深，循序渐进。调教人员以一人为主，另有助手协助。在调教过程中，要根据调教强度加强饲养水平；要遵守运动卫生，饲喂后 1 h 内不得调教，调教后休息 0.5 h 再喂饮，调教开始和结束前 0.5 h 不要激烈运动，运动强度要逐渐增加或减少，各种用具的选择必须适合马体。

(一)挽用驹的基本调教

首先使马熟悉套具。上套后由一人牵马，一人在马后 3 m 以外拉套绳，轻轻抖动套绳，间以套绳轻击驹的腹、股部，如不惊跳，即开始行走，拿套绳的人在驹后边随行。逐渐拉紧套绳，使驹感到肩部有压力，进行挽曳的慢步训练。以后改拉爬犁，使马习惯于肩部的挽力和肢蹄的动作。

在习惯上述训练后，可以拉车。初上套主要使马驹熟悉口令和音响，不要用力拉挽。以后随着经常练习，再逐渐增加挽力的训练。调教后的马驹，应先做些轻的农业劳役或短途运输，使役过重影响驹的生长发育和以后的使役能力。在农村，一般先将小马套在车的外套或串套上，用性情温顺的马与其并挽，在老马的带动下，很快就会顺套和熟悉口令。

(二)乘用驹的基本调教

乘用驹年龄达 1.5 岁时，开始调教，先反复练习上衔，再习惯肚带。然后可用缰绳牵引做前进、后退、停止、左右转弯的动作，同时配合动作的口令训练。装鞍、加镫易使马驹受惊，应有 2～3 人配合，恰当控制，循序渐进。完成上述调教后，即可进行骑乘训练。先让马驹习惯马衔，再习惯肚带。初次上肚带要松，逐渐勒紧。经 5～6 d 可增加背鞍练习，骑乘训练，开始走慢步，继之快慢结合，每天调教 0.5 h，行走 5～10 km，以后逐渐延长时间，加快速度。

任务七　运动用马饲养管理

一、运动用马的饲养

具有良好遗传性的马匹，发育正常，形成适于发挥能力的类型、体格、气质和外形结构，是在适宜的饲养管理条件下，经过系统调教，再加骑手高超的技艺等诸因素综合作用的结果，使马匹充分表现其遗传潜质，创造某运动项目的最佳成绩。饲养是保证健康的重要因素。正确饲养的作用表现在长远的效应上，它可能使马匹终生竞赛更加经常和有效，并减少疾病和受伤，运动生涯更加长久。四肢病是运动用马的普遍问题，调教和使用不当可能只是其直接诱因，而营养和饲养不良才是根源，良好的饲养管理能减少这些问题的发生。

运动用马饲养原理与其他马相同，但运动用马在共性的基础上又有其特点，本节仅对此加以叙述。

(一)营养需要

1. 水对运动用马极为重要

俗话说："草膘、料力、水精神"，说明水很重要。马因剧烈运动大量出汗且机体过热，对水的需要量可比安静状态增加 1～3 倍。因过度出汗或缺水，马可能出现脱水现象，在竞赛或长途行程后会出现疝痛。成年马日需水量 20～50 L。营养和水供应不足会使马痉挛，并很快疲劳。运动前没有合理饮水，马的竞技能力和恢复能力都会降低，因此赛前、赛后马应补充其需要的水分。

2. 能量对运动用马特别重要

能量供应不足，马能力降低。马匹经受调教或参加竞赛对能量需要成倍增长，赛跑马比非运动马能量消耗高一倍多。马各种运动所需能量：在维持基础上，慢步时每千克活体质量每小时消化能需要量为 2.09 J；缩短快步、慢跑步时为 20.92 J；跑步、飞快步和跳跃时为 52.3 J；跑步、袭步、跳跃为 96.23 J；最大负荷（赛马、马球）时 163.18 J，这些可作为计算马匹能量需要的依据。而实际上可能比这还要大，有报道障碍马需要能量为逍遥运动乘用马的 78 倍。因此运动用马的饲养特点之一是及时供应所需能量和尽可能地在机体内储备充足的能源。

马体能源主要来自脂肪。肌糖原和游离脂肪酸在保障肌肉工作的能量中起主导作用。肌糖原由碳水化合物形成，故应及时供应易消化的碳水化合物。饲料脂肪和肌肉中积蓄的脂肪可变为被肌肉有效利用的游离脂肪酸，来满足能量方面增加的需要，作为调教、竞赛和超越障碍时的能源。

马盲肠微生物能利用纤维素合成不饱和脂肪酸，因此日粮中适当比例的粗饲料不可缺少。过剩的蛋白质氧化燃烧也能产热，但转化不经济，蛋白饲料价格高，不宜作为能源供应。

3. 适量的蛋白质摄入

蛋白质虽然与生命息息相关，但蛋白质饲料过量，会导致出汗增加，使马表现迟钝，竞赛后脱水，脉搏、呼吸频率升高，四肢肿胀，尤其对耐力强的马造成不必要的压力，长期如此会使马匹肾脏受损。轻则引起疲劳，重则会因肌肉力量不足导致意外，甚至引起肌肉疾病，运动能力下降。蛋白质过剩的标志是汗液黏稠、多泡沫。

肌肉做功靠的是能量而非蛋白质。随着运动增强，对能量需要增加，而蛋白质需要提高不多，仍在维持水平，只要保持日粮的能量蛋白比合适即可。对成年马无论休闲还是竞技，日粮中的可消化蛋白质均以 8.5%为宜，调教中的马驹为 10%。马所必需的氨基酸为赖氨酸、色氨酸、蛋氨酸和精氨酸。赖氨酸不足会降低运动成绩，色氨酸可维持高度兴奋，精氨酸可对抗疾病，尤其有压力情况下具有明显的抗病作用。必需氨基酸缺乏时肌肉紧张度差，血红蛋白合成慢，恢复过程长。赖氨酸需要量 2 岁驹为 0.5%，成年马为 0.25%～0.4%（依运动成绩而定）。马虽然也能利用一定数量的非蛋白含氮物，但高能力马最好不用。

4. 维生素

马体内某些维生素不足，却无任何症候，但会对马的工作能力有不良影响。剧烈运动对各种维生素需要普遍提高。

马匹维生素 A 需要量与能力水平有关，但喂量过多又可能引起骨质增生症。维生素 D 缺乏会引起关节强直和肿胀、步态僵硬、易骨折、运动困难和原因不明的四肢病；为防止四肢病应格外关注马日粮中维生素 D 水平。维生素 E 对运动马意义重大，它促进持久力，预防过早疲劳和工作后疲劳推迟出现，调节呼吸，保证骨骼机能；可顺利治疗马驹的肌炎和肌营养不良；维生素 E 缺乏则红细胞和骨骼丧失抗力，表现为跛行和腰肌强直，据称赛马场 2%～5%的马患此症，多在紧张调教后一两天休息时出现，经常运动的马易患，训练课目变换时易表现。添加 2 000～5 000 IU/d 维生素 E 可提高肌肉结实性，缩短伤病恢复时间，延长使用时间。调教中的马，维生素 E 需要量为 50～100 IU/d，竞赛马 1 000～2 000 IU/d，还有人在赛前 5～7 d 每天给马 7 000 IU 含硒维生素 E。维生素 C 治疗马鼻出血有良效，某些情况下还可作为止痛药。马处于应激状态和天气炎热时需添加维生素 C。维生素 C 不足时马易疲劳，工作后关节发病。对调教和竞赛马，肠道合成的 B 族维生素不能满足所需，日粮中缺乏青绿饲料和粗饲料时均需添加。维生素 B_1 与能量代谢有关，缺乏时马协调运动不良（尤其后肢)，心脏肥大，肌肉疲劳。维生素 B_{12} 为血液再生所必需，可保证运动用马健康。乏瘦、虚弱的马，注射维生素 B_{12} 有良好反应，能迅速改善体况。日粮应富含维生素 B_{12}，供应钴可促进维生素 B_{12} 合成；烟酸为生长马驹和调教中的马所必需；日粮中添加5%胆碱老年马肺气肿有治疗作用。

5. 矿物质

马匹剧烈运动大量出汗，许多矿物质随汗排出，运动用马对矿物质需要增加。竞赛马日料中钙、磷和食盐常不足，添加矿物和微量元素十分必要。

首要的是钙和磷，决定着骨骼坚固性和肌肉紧张度。钙、磷不足或比例不当，会引起四肢肌肉扭曲变形，合适的钙、磷比例[(1～2.5)：1]和数量对马驹生长和调教、竞赛马工作能力都有良好作用。调教和竞赛中如四肢出现异常，需调整日粮中的钙、磷水平并至少观察1年。运动出汗和马疲劳虚弱需要补充食盐，缺盐马会脱水，影响能力，经常补给才能满足需要。需要量取决于运动量和强度，出汗越多需盐越多。盐过多在某些情况下会因肌肉挛缩致死。日料应含盐0.5%～1.0%，或精饲料中含0.7%～1.0%，能自由舔食食盐的马可不另给盐。速步马、赛跑马每天应添加盐25～100 g，或每100 kg体质量7～8 g。速步马高负荷期需较高水平的碘。铁与铜不足会导致贫血、呼吸困难，而剧烈运动后表现大量需氧，可见其重要作用；但铁过多会使马变得迟钝冷淡。剧烈运动的马日粮中应含钾0.6%～1.0%。镁为肌肉收缩所必需，缺镁神经系统兴奋性增强，肌肉颤抖，易出汗，四肢肌肉痉挛。早龄调教的幼驹因骨骼正在生长，对氟耐受力低。锌促使被毛光亮，但过多会发生骨骼疾病，四肢强直、跛瘸。硒对维持肌肉韧性有作用，高性能马血中硒含量高，注射硒和维生素E可治疗运动关节僵直。

(二)常用饲料

1. 能量饲料

谷物精料富含易消化的碳水化合物，适于运动用马。玉米含可消化能最高，广泛用作日粮主要成分，经济实用，高粱性质与之近似，可部分代替玉米。燕麦仅次于玉米，适于运动用马，许多养马者认为快速行动的马应喂燕麦，只吃大麦和其他精饲料跑不快。但是对于气质激烈、过于神经质的马，喂燕麦会使马过于兴奋，不必要地消耗体力，还会引发意外，影响运动成绩。给这种类型的马喂燕麦要添加钠，或者改用其他精饲料。燕麦还促进四肢关节软组织正常发育。

2. 蛋白质饲料

蛋白质饲料主要用来平衡日粮中蛋白质的不足。其中黄豆饼(粕)最好；鱼粉氨基酸丰富，添加少量即够；啤酒酵母和饲料酵母也是良好的蛋白质和B族维生素的来源。

3. 粗饲料

马需要优质青干草，其维生素含量较高。青干草一般是天然草地青草或栽培牧草，收割后经天然或人工干燥制成。优质干草呈青绿色，叶片多且柔软，有芳香味。干物质中粗蛋白质含量较高，约8.3%，粗纤维含量约33.7%，含有较多的维生素和矿物质，适口性好，是马匹等草食动物的良好饲料。

4. 青绿多汁饲料

各种禾本科、豆科青草、大麦芽都适用，虽优点很多，但体积大，营养浓度低，喂量不能太多，每匹马日喂2～3 kg即可。国外有一种聚合草对关节炎和消化道疾病有特殊疗效。胡萝卜、马铃薯、甜菜富含易消化的碳水化合物和维生素。马喜食胡萝卜和苹果，常用作美食在调教时奖励马。

5. 其他饲料

(1)糖　人们认为喂糖可以迅速提供能源。有人在赛前早晨饲料中加200～250 g糖，或赛前1 h喂300～500 g糖，但赛前30 min喂效果不好。赛后1 h再喂0.5～1 kg糖有助于补充能量，加快体力恢复。蔗糖对心肌是很好的营养，蜂蜜也较好，还有人用D-甲基甘氨酸的某些产品为赛马供能源。然而，只给参赛马喂糖就够了，其他所有的马每天每次喂料都加糖实无必要。也有不同意见，认为喂糖反使血糖下降。

(2)茶叶和咖啡　二者均有兴奋作用，出赛前适量喂茶叶有效。但也像喂糖一样，仅给参赛马即可。

我国民间赛马早有用茶叶、人参和其他补品喂马的经验，国外还给马喂芝麻和黑啤酒等。

(3)脂肪　作为高能物添加，以食用植物油最好。

(4)大蒜　国外用大蒜喂马，有祛痰止咳的作用，能治疗感冒和慢性阻塞性肺病，也有助于排出黏液。大蒜油效果更好，对血液循环有障碍的马，包括跛瘸、舟骨炎病马有益。

(5)添加剂　为平衡日粮有必要使用各种添加剂。对运动用马特别重要的是维生素、矿物质和微量元素之类的添加剂。国外添加剂中还使用某些代谢产物，如柠檬酸、琥珀酸和反式丁烯二酸等，可以在大运动量训练后减少疲劳，较快恢复。此外，还有使用造血铁剂和电解质制剂作为添加剂的。

(三)日粮配合

必须依据不同马匹饲养标准配合日粮。如我国赛马耐粗饲，消化能力强，配合日粮用国外标准营养值偏高，而营养过剩有损马匹健康，此点应予注意。此外，还应做到以下几点。

1. 全价平衡

首先要遵循饲料多样化、适口性好、适合马消化的特点，变换日粮需设过渡期等原则。

2. 精、粗饲料比例平衡

以高营养浓度精饲料为主要营养来源，再加一定量粗饲料及添加剂达到平衡。精饲料量以占体质量1.0%～1.4%为宜。正在生长的马驹、强化调教、竞赛和越障的马需要较多精饲料。精、粗饲料比例依运动量和项目而异：轻运动时2∶3，中等运动量和强度(短距离赛马、舞步马)1∶1，重负荷(障碍赛)3∶2，重而快速运动(长途赛马、三日赛)3∶1，2岁调教驹2∶3。精饲料比例不宜过高，否则易导致消化破坏和关节炎。粗饲料在日粮中不应低于25%，绝非越少越好，若每100 kg活质量低于0.5 kg，易发生结症，而以0.75～1.0 kg为宜。某赛马场日粮粗饲料曾低于15%，以致消化疾病频繁，死亡率高，应以此为戒。

精饲料可配制成多种形式，如粉料、颗粒化和块状等。如用粉料可采用我国的传统“拌草”的方法饲喂效果好，颗粒料使用便利，国外还制造全价饲料块、精饲料块和蛋白质饲料等。

3. 节律饲养

马场常年只用一个配方、一种混合料不好，一年中应按季节有规律变换2～4次，例如冷、暖季两种，或每季一种。

4. 多种料型

大规模饲养运动马，所有马都喂同一种精饲料不合理。不同生理状况需要不同：调教马与竞赛马不同，竞赛马竞赛期与休闲期不同，正在生长的马与成年马不同，进口马与本国马也不同。

5. 维生素矿物质舔盐

任何日粮都不能满足每匹马和各种情况下对维生素和矿物质的需要。个体的需要有很大差异，马对食盐的消耗个体差异可达12倍。应设计和配制钙、磷、食盐（含碘）和维生素、微量元素舔块，经常放在饲槽里，需要的马自行舔食。

6. 经济原则

使用当地自产草料，少用远地运进，甚至进口饲料。配合日粮不可贪大求洋，本国马耐粗饲性能极佳，不必用进口马标准，更不必给过多精饲料。运动用马需要丰富饲养，但各种营养供给都有限度，并非越多越好。日粮水平过高，会导致能力下降，利用年限缩短，反而不经济。

（四）饲养方法

运动用马实行舍饲，精细管理，严格要求，坚持不懈，注意做到下几点。

1. 定时定量，少喂勤添

每次喂料时，应尽力在短时间内给到每匹马，勿使马急不可耐地烦躁等待。

2. 饲喂次数多

倾向于日喂精饲料2次，但若每次精饲料喂量超过3.5 kg时，则应增为3次。每次喂量不宜过大，各次时间间隔均匀为好。

干草用多种方法喂，若用干草架则位置应与马肩同高，或用大孔网袋装干草吊于厩墙上由马扯着吃。若投于饲槽，则应加长饲槽，每次喂料前应当扫槽。干草投于厩床易遭践踏和粪尿污染，且抛撒浪费。

3. 喂量分配合理

赛前喂精饲料应减量，以日喂3次为例：若上午比赛则清晨喂25%，中午40%，傍晚35%。若下午比赛则清晨40%，中午25%，傍晚35%。赛前那次粗饲料减半，甚至完全不给。

4. 足量的饮水

马每天饮水不少于3次，最好夜间加饮1次（水桶放于单间墙角）。水面低于马胸，水温不低于60℃，勿饮冰水，先饮后喂精饲料。热马不饮水，即紧张剧烈运动后，当马体温升高、喘息未定时勿饮水，否则马易患风湿性蹄叶炎。紧张调教和竞赛期间，饮水中最好每桶水加盐3～4匙，而长途运输时饮水中可加些糖。到新地方参赛，水味不同时，也可加糖或糖浆。赛前保持一段时间供水，剧烈运动前1.5 h内不必停水，允许马饮足。而比赛间歇给马饮水，不宜超过2 kg，若过量，马就不适于继续参赛，用自动供水器最好，其次用桶，便于在必要场合控制饮水，且便于清刷及消毒。单间内不宜固定水槽和保持常有水，因为既不便控制，又不便清洗消毒，更常有灰尘、草垢乃至杂物及粪便落入，还会吸收空气中的氨气，污染水质，难保清新，且占据单间面积。

5. 个体喂养

每匹马在采食量、采食快慢、对日粮成分和某种饲料的偏爱或反感，以及饲喂顺序等许多方面都有自己独特的要求，没有两匹马是完全相同的。当表现最大限度工作能力时，对饲料的要求水平有很大差异。赛马之间精饲料需要量可相差一倍。障碍马采食很挑剔，它们对变化了的日程和饲养员反应敏感。因此，运动用马需要分别对待，实行个体喂养。长期仔细观察，掌握每匹马的不同特点，从各方面投其所好，满足每匹马特别是高性能马的特殊需要。这虽难做到,却应尽力而为。

6. 饲养员的责任心

饲养员必须完成喂养任务,而养马的技能主要来自实践,实践经验是成功饲养马匹不可代替的要素。对于照顾高价值的马,最重要的是有经验的饲养员。诚实可靠、热爱马匹、沉着温和、富有经验、努力工作的人特别可贵。不负责任、不守纪律的人不能养出高性能的马。饲养员的优劣,表现在饲养效果上有明显差别。

二、运动用马的管理

严格、严密的管理制度和工作日程是管理的首要条件。全天遵照工作日程按时、按顺序、按质完成各项操作,严格遵守,不得随意改变。实践中常见按人的工作安排随意改变,例如马匹午饲午休时骑乘或冲洗,不利于马的消化机能和休息。

(一)建立健全交接班制度

饲养员与骑手、值班人每上、下班时均需交接班。交接马匹状况、数量及其他情况,以便各尽其职,分清责任。马厩全昼夜任何时间均应有人,不允许空无一人。

(二)个体管理

马匹除饮食习性外,在气质、性格、生活习性和工作能力等各方面也各不相同。日常管理和护理也各不相同。日常管理和护理也需要根据个体特点分别对待。运动用马不仅要个体饲养,也要个体管理。因此应当实行"分人定马"制度,即把每匹马分配固定到饲养员个人,从饲喂、饮水、清厩、刷拭直到护蹄修饰等,一切饲养管理和护理工作,都固定给个人承担。这种制度有利于做到精细管理。适当减少每个饲养员管理马匹数,有利于饲养员研究马匹个性,完善工作。某些地方实行流水作业法,即一些人饲喂,另一些人除粪等,这样对马匹不利。

后附饲养员管理制度示例,供参考。

附:

饲养员管理制度

一、马房内各种工具用完后,要排放整齐,禁止乱扔乱放。

二、马房走廊应保持清洁,地面不得有马匹粪便和垃圾。

三、按时饲喂,饲喂 1 h 后,马匹才可上课和训练。上课和训练后的马匹依据具体情况延时饲喂。

四、饲喂马匹之前与饲喂完之后都要仔细观察每匹马的状况,看是否正常。

五、勤俭节约,根据每匹马的体质量、运动量及所需要的能量来做合理供给,决不浪费。加草时一定要严格检查草料的质量问题。如果有发霉变质的一定要把它拿掉。及时检查草料的储备量,平时注意维护草料。提前 15 d 由饲养员提交饲料申购单。

六、早上清马房时要检查是否有剩料、草及水,并做记录。

七、根据教练、骑手所反馈回来的意见,对每一匹马进行合理的配料,多做沟通,不准自作主张;各种添加剂及各种调节剂一定要听从兽医意见,按指定的方案去做。

八、马匹的饮水，一定要干净、新鲜。水桶、料槽每天至少清洗两次，要保证马匹有充足的、干净的水。冬天杜绝喝冰水。

九、喂养马匹和清理马厩所用工具要合理使用，不得随意借出。如发现损坏的工具，能修理的及时修理，不能修理的上报马房管理员，如小问题不处理而产生大问题，所产生的费用自行承担。

十、马房卫生，每天清理，每星期进行大清理，由专人负责检查。每周配合兽医进行一次消毒灭蚊、灭蝇、灭鼠。

(三)厩舍管理

每天清晨清厩，清除单间内粪尿，清刷饲槽、水桶。白天随时铲除粪便，保持厩内清洁。现代舍饲实行厚垫草管理，单间内全部厩床铺满15～20 cm厚松散褥草。每天清厩时用木棍或叉将干净褥草挑起集中于墙角，将马粪和湿污褥草清除并打扫厩床。清扫后或晚饲时将褥草摊开铺好，视需要及时补加新褥草。为节约可将湿褥草晒干再用1～2次。应训练马养成在单间内固定地点排粪尿的习惯，既保证清厩便利、马体清洁，又节省褥草。褥草以吸湿性好，少尘土、无霉菌为好，稻草、锯末较好，刨花、麦秸、废报纸条、玉米秸、泥炭均可。

马厩内应保持干燥，以清扫为主，少用水冲洗。有些地方养马缺乏清扫和及时除粪习惯，动辄水冲，甚至在厩内洗马，导致厩内潮湿，违背马生物学特性，危害健康。湿热地区应限于炎热时节，每天铲除马粪后，只用水冲厩床1次。

创造安静舒适的环境，便于马休息。防止厩舍近旁噪声污染，特别在采食和休息期间更要禁止。夜间厩内关灯，夏、秋季安装灭蝇设备，减少蚊蝇、虻骚扰。马厩内禁止人员嬉戏喧哗。

(四)逍遥场和管理用房

运动用马厩也应像种马厩一样，每幢厩旁设一围栏场地(种马场称“逍遥运动场”)，面积最好每匹马平均20 m^2，供马自由活动。白天除训练及饲喂时间外，马匹应在逍遥场散放活动，夜间进厩，既符合马生物学特性，又便于管理；便于清厩等管理操作；利于干燥通风，又减少粪尿污染。仅恶劣天气马留厩内，个别凶恶不合群马不可散放。每幢厩舍应有四个管理用房间：值班室供开会、学习、值班和小休息用，草料仓库供少量储备，鞍具室应通风良好，工具间保管饲养管理用具。每幢厩舍应设电闸、水阀，但无须每单间设一水龙头。及时闭水关电，不允许长流水、长明灯现象发生。单间厩门应能关牢，马匹不便逃出。门的高度应只容马将头伸出，简陋马厩中马能将整个头颈部伸到走廊中，妨碍操作、管理不便，人马均不安全，单间面积不能充分利用，厩门附近厩床损坏加速，马匹形成各种恶癖，这种厩舍应加以改造。任何时间，如果饲养场内或马厩走廊中常有失控的马四处游荡、偷食草料、互相踢咬争斗，都说明设备简陋原始，制度不严，管理水平低下。

(五)用马卫生规则

用马应严格遵守卫生规则：饥饿的马不能进行训练；喂饱后1 h内不能调教；每次训练开始必须先慢步10～15 min，而后加快步伐，训练中慢、快步法交替进行；训练结束时，骑手下马稍松肚带活动鞍具，步行牵遛10 min后才可回厩。热马不饮水不冲洗。训练后30 min内不饲喂。过度疲劳者待生理恢复正常后饮食。参赛马应做准备活动；赛后应牵遛 15～20 min。赛后或袭步调教后，牵遛 20～30 min，次日应休息。有人主张竞赛时马胃应处于空虚状态，因此应在赛前 3～4 h 喂完。

保持良好体况，传统的“膘度”观念对运动用马不适用，必须建立“体况”概念。运动用马应保持调教体况，竞技用马稍好，当自由活动时有“撒欢”表现，说明有适当能量储备。定期称重监督马体况变化，评膘没有意义。

严格执行防疫、检疫和消毒制度。养马区大门和各马厩门口均设消毒池，工作人员和车辆进出均应消毒。行政办公室、仓库及生活设施必须与生产区隔离。严格遵循生产区门卫制度，非工作人员严禁进入。严禁外来车辆、人员等随意进入马厩和接触马匹。集约化养马机构尤需严密卫生防疫制度，每年定期进行主要传染病检疫和预防注射，定期驱虫和进行环境、马厩消毒。购入新马应在场外另设隔离场经例行检疫，查明健康者才转入生产区。预防工作虽然代价较高，但为了安全和马匹健康实有必要。

（六）兽医工作

马术机构的兽医工作不能局限于单纯应付门诊。贯彻“防重于治”的方针，兽医是保健计划的执行者，有大量工作要做，如接种免疫、口腔和牙齿检查、药物试验和生化检测等。需要深入厩舍检查马匹健康和食欲，及时发现伤病及时治疗和处理。每半年做一次马匹口腔和牙齿状况检查。除消化道疾病外，需研究和学习有关呼吸疾病和跛瘸的知识及其治疗方法，采用现代兽医科学新成就，进行热（冷）处理、按摩、被动伸展和磁场疗法，学会使用激光疗法、肌肉刺激仪和超声波治疗马匹伤病。马术机构需要高层次的兽医人员，仅能应付一般疾病治疗已不符合要求。

任务八　马场的设立

由于马场的功能和规模不同，马场的设计、建筑、布局和管理也有很大的不同。只有选择适用发展方向、结构合理、管理科学的马场才能达到预想的效果。

一、马场类型

根据饲养马匹的用途、规模、环境和条件的不同，马场可分为散养马场、规模马场、专业马场、马术俱乐部等多种形式。由于在广大农牧区以户为单位的养马户较多，但不具备“场”的性质，又不是专业户，马也不是主业，其经营管理不在本章论述范畴。

（一）散养马场

散养马场是指传统养马地区，特别是牧区或农牧交错带上一定规模的马场或养马专业户。这些马场基本上是以自繁自育为主。马场空间较大，没有或少有固定建筑。北方牧区一般具备水井、饮水设施和简易圈舍，近年也有建造马厩的趋势。

散养马场管理相对粗放，散放形式较多，有些地区是半舍饲，季节性放牧，在水草丰满季节放牧或轮牧，冬、春季晚间有时进行补饲。

散养马场是传统养马业的主要体现，也是牧区比较现实的牧马方式。但是，由于马匹饲养空间及饲料资源的限制，加上饲养管理技术相对低下，马场的生产效益也非常低。因此，在过去很长时间里，马场的主要任务是解决生产积极性问题和马匹销售问题。现在虽然马的传统功能极大减少，但有些马主饲养马匹完全是一种对马的浓厚情感和民族文化的热爱，特别是北方少数民族地区。

（二）规模马场

规模马场的特点是，马匹数量较多，马场设施比较齐全、配套，管理机构和管理制度完善，一般都有某某马场称号。有些是国有马场沿袭或转制而来；有些是由散养马场发展而来。中国目前的规模马场主要还是以繁育和出售马匹为主要经营目标，大多数的马场对马匹不进行技术驯教。

（三）专业马场

专业马场是以繁育现代马业所需要马匹为主要生产目标的马场。专业马场的特点是"专业"，不但指繁育技术方面，更主要的是以驯教马匹为主要工作内容，即对马匹进行"技术加工"而使其成为体育文化产品出售或展现。有些国家马术队、省马术队或名企所属的马术队一般都是专业马场。

（四）马术俱乐部

马术俱乐部是以提供乘马娱乐功能为主要目标的马场。其主要特点是建设在城郊、旅游区等地，有些俱乐部不但以繁育马匹为目的，驯教马匹也成为其工作的重要内容。俱乐部经营目标是以提供各种娱乐服务、组织和参加赛事等为重点。马术俱乐部是社会进步的体现，是传统马业向现代马业发展的生力军。有些马场兼有一种或多种马场类型特点，如有些马术俱乐部兼有专业马场的特点。

二、马场的场址选择和基本布局

马场选址要根据马场不同的用途来进行，同时也要考虑当时当地的环境条件和政策条件。在当今土地资源日益紧张的情况下，选出理想的场址是比较困难的，可选的余地较小，但可根据场址的情况通过整合、设计来完善。新建场一般要有充分建场的必要条件，选址要向阳、背风，地势相对平坦，水质好，排水方便，周边环境相对安静，无污染，交通方便。考虑马匹防疫安全，一般选址要求与其他马场之间有隔离带或缓冲带。

选址是一个非常重要的问题，场主或投资者一定要多方听取意见，特别是专家的意见，然后再进行决策。

（一）占地面积

根据饲养规模和发展目标来确定场址的占地面积。同时，还要考虑不同性质的马场和不同环境条件许可，其中的项目内容变化很大，有的不是必需项目。

不同性质的马场，占地面积和占地标准有很大的不同，也有很强的专业性，有些外观可以看到，有些与其他项目关联，需要进行专家咨询或设计，切忌简单盲目决断。下面介绍常见运动场地占地面积。

1. 盛装舞步运动场地

比赛场地 60 m×20 m，应平坦、水平，以沙地为主。场内设有计分器和 0.3 m 高的围栏。在赛场四周规定的位置上放置 A 等字母形式的标记，以指示参赛选手在比赛中行进的位置和动作转换。

2. 马球

比赛场地分为两种：一种是四周没有护板的场地，大小为 274 m×183 m(300 码×200 码)。另一种是四周有护板的场地，大小为 274 m×146 m(300 码×160 码)。地面可以是土地、草地或沙地。场地两底线正中各设一个球门，球门的两门柱间距为 7 m(8 码)。门柱至少高 13 m(10 英尺)，并且要用轻质材料制成。在被撞击时不易使人和马受伤。场地两侧各有三条罚球线，分别依次距球门底线 27 m(30 码)，37 m(40 码)和 55 m(60 码)，另外还有一条中线。场地四周还环绕着一片宽度超过 9 m(10 码)的隔离带，只允许裁判或参赛队员进入，或者是换球杆、换马或需要其他协助时要求专人进入。比赛用球的直径为 76～89 mm(3～3.5 英寸)，质量为 120～135 g(4.25～4.75 盎司)，一般为白色，柳木制成。比赛用球杆一般杆长 1.2～1.4 m(48～54 英寸)，通常由白蜡杆、竹子或枫木制成。

3. 体操

马上体操的场地分室内和室外两种。比赛场地大小至少为 20 m×25 m。地面应柔软而有弹性。室内场地空间高度至少 5 m。世界锦标赛的场地要求观众席离打圈者所站圆心至少 13 m 远。裁判席离打圈者所站圆心 13～15 m 远为佳。

4. 其他

马术运动项目场地面积，其他马术运动(如绕桶、西部骑术等)场地面积，有的可参考国际马术联合会(FEI)规则要求，有的则要参考或依照运动行业协会规定或要求。在此不一一列举。

(二)分区布局

马场的布局分为饲养区、运动区、放牧区和办公区。各区要相对独立。一般情况下，办公区设置在出入方便、上风向、环境条件较好的地方。运动区放在办公区和饲养区之间。有些草坪、景观、表演台、室内马场也放在此位置。很多俱乐部的会所也与室内马场结合在一起设计。马场的布局各式各样，有很大的文化成分在内，如雕塑、园林、建筑风格等。由于场地的面积或形状的限制，所以不要简单照搬其他马场的设计模式，必须与本身的环境条件、地理气候、马场性质等结合起来设计。

三、马场建筑

(一)马场建筑的原则

1. 适用的原则

方便训练调教，出入安全，日常工作简便有序等因素。

2. 马匹福利原则

主要考虑马匹的健康和愉快，有利于发挥马匹潜能和运动性能的表现。

3. 安全的原则

一般有防疫安全，与周边同属动物有一定隔离空间，病马和外来马也要有一定的隔离位置；人马安全方面，涉及的主要有地面防滑、防震问题，墙体、路边、建筑物剐蹭，视线视角问题,指示警示标记问题,防火防盗问题,特别是当马匹遇到特殊情况时能够顺利疏散;其他方面的安全问题。

4. 文化、艺术性原则

现代马业是一个文化性非常强的产业,需要注入文化艺术内涵,与满足人们运动娱乐消遣的功能相配合。

5. 标准化原则

马场建设要求有很多是历史形成并为世界公认,也有很多是不同的马业组织规定或规范的,在建筑时要充分考虑。

(二)马厩

马厩是马场建设的主体,建筑设计与材料南北方差异很大。在中国内地,北方要注意防寒保暖,南方则要注意通风隔热问题。

从建筑形式上,南方适宜单列式,北方则适宜双列式。双列式还有利于马匹之间的交流与沟通,减少马匹的寂寞,保温效果也稍好。欧美马厩形式很多,但最常见的是双层、双坡和双列式,近年来我国也有采用以上形式。它们的特点是,下层为马厩,上层(吊篷以上)为储草室,有时也可用于马工宿舍。马厩数量也不一样,一般不宜较多。马厩建设不是一个简单的尺寸问题,有很多的环境卫生技术问题,同时与马的品种、马的育种目标、环境条件都有很大的关系。建筑规模较大的马场,一定要通过专家建议或设计,或正规的资质单位进行设计。

(三)会所建筑

会所相当于传统规模马场的场部,而俱乐部的会所功能则要多些,建筑也相当考究,风格不一。规模可大可小,主要视社会活动大小及多少、会员多少来定。一般的会所建筑包括如下部分。

1. 接待厅

接待厅是会所的门厅,但有休息、洽谈和展示的功能,有时也是会议室。

2. 咖啡厅

咖啡厅有时与餐厅结合起来,主要是满足会员或客人休息聊天所用。

3. 办公室

根据职员多少和马场经营需要设置办公室。办公室一般具备马场的所有档案资料和现代办公设备。

4. 休息室

休息室与会客厅结合,用于接待客人所用。

5. 客房

客房主要用于会员、客人或旅客周末休息或公务所用。

(四)室内马场

现代马场建设的发展趋势是建立室内马场(图 2-1),特别是专业马场,室内马场是非常必要的。室内马场建筑风格、造价和面积也非常大。一般是以舞步训练场为最小面积来建设,视马场的性质和要求来定,最好周边或三边要有走廊或看台。室内马场要求通道好,与马厩距离近,多功能性,屋顶采光。

四、马场建设可行性分析

新建马场从开始酝酿到正式运转使用，一般要有如下阶段和内容。根据规模大小、条件许可，以及承办人的经验和经历不同，下述内容也各有所侧重或精简。

(一)项目立项阶段

项目建议书是由项目承办人或投资人对项目提出的一个轮廓设想，主要从宏观上来考虑项目投资的可行性。项目建议书的主要内容包括项目投资的必要性和依据，投资规模和建设场址的初步想法，现有可用的资源因素条件以及预测的收益情况等。

(二)项目筹划准备

项目建议书批准或董事会通过后，项目准备进行项目可行性研究。其方式有两种：一种是委托给有能力的专门咨询设计单位，双方签订合同由专门咨询设计单位承包可行性研究任务；另一种是由项目单位组织有关专家参加的项目可行性研究工作小组进行此项工作。

图 2-1　室内马场

(三)项目可行性研究阶段

1. 收集资料

收集有关项目的各种资料，如此类项目建设的有关方针政策，所需引进马的品种、生理特点、生产性能、对环境条件的需求条件等，项目地区的历史、文化、风俗习惯，自然资源条件，社会经济状况，国内外市场情况，有关项目技术经济指标和信息，项目直接参加者和受益者心态及对项目的要求，项目开展的周围环境条件等。

2. 分析研究

对项目建设涉及的技术方案、产品方案、组织管理、社会条件、市场条件、实施进度、资金测算、财务效益、经济效益、社会生态效益等各方面的问题进行可行性论证；同时还应设计几套可供选择的方案，进行比较分析，筛选出最优的可行性方案，形成可行性研究的结论性意见。

3. 编写可行性研究报告

对于投资规模不大的马场，投资者或经营者自己可根据项目可行性研究的内容编制可行性研究报告，必要时也可以聘用有关人员参与研究。对于比较大的马场，则要交给承担可行性研究任务的单位或专家组来完成可行性研究报告。根据报告再进一步进行项目评估，最后确定项目实施与否。

(四)项目实施阶段

项目一旦最后确定，要进行相应的实施阶段。这阶段主要过程是由内容和程序编制实施方案、办理相应开工手续、招标项目施工单位、组织监管人员及相应的资金条件等。

(五)项目验收及运行

项目施工完工后要进行验收。验收一段时间里要特别注意，有很多的设施需要进行修整、调试和完善。人马也要有一个适应阶段。马场正式运营时要对马场注册登记。马场要在当地政府部门进行注册，同时也要在当地的行业管理部门进行注册登记，如马业协会、品种协会、动物防疫部门。取得相应的资质和执照，了解相应的政策法律和行业标准。

任务九　马场的生产管理

马场生产管理因地处环境不同而有很大的不同，有些是特有的内容，有些是共性内容。散养马场与专业马场或规模马场有很大的不同，请注意参考和选择，同时也要借鉴同地区环境的其他马场的管理经验和听取专家的意见。这里只介绍以国外专业马场或马术俱乐部为基本的管理，供读者参考。

一、马场例行工作

(一)每天工作

1. 乘马场

乘马场是以驯教赛马为目标或以骑乘为主要目的的马场，其日常工作内容和时间见表2-5。

2. 马术马场

马术马场一般指专业马场，从事马术专业及旅游服务为主要营业目标的马场。马术马场日常工作内容和时间见表2-6。

表 2-5 乘马场日常工作内容和时间

时间	工作内容
6:00	早饲,一般由领班负责
7:00	马工先到达马场,清厩,疏松垫料,刷拭马匹,上水和干草,第一批马备鞍
7:45	第一批马操练
9:15	操练结束回到马厩,卸鞍,刷拭,清蹄,穿马衣,平整垫床,上料
9:30	马工早餐
10:00	马工返回马厩,准备第二批马操练
10:45	第二批马操练
12:00	第二批操练结束,从事如上工作,上料
12:30	一半马工第三批乘马出操,部分马工处理伤病或跛行的马匹,其余的马工清理第三次操练的粪便并准备饲料
13:15	第三批操练结束回厩,履行如上事务,上料
13:30	马工午餐
16:00	马工返回马厩,牵出马匹并梳理
17:00	练马师检查马匹
17:15	检查马衣、干草和水
17:45	上料
18:00	结束下午工作
21:00	晚间检查,第四次上料

表 2-6 马术马场日常工作内容和时间

时间	工作内容
7:00	马工到达马场,上料
7:15	清厩,打扫院落,备马衣
8:00	马工早餐
8:45	马工返回马厩,选择第一批马匹准备训练
9:00	第一批马匹开始训练
10:15	第一批马匹训练后返厩,卸鞍,刷拭和冲洗
10:30	第二批马匹准备训练
10:40	第二批马匹进行训练
11:45	第二批马匹训练返回马厩,卸鞍和穿马衣
12:00	训练其他马匹
13:00	清理马匹,上料,马工午餐
14:00	马工返回马厩,打理马匹,梳辫,清洁马具,兽医治疗和其他杂务,检查马匹健康状态,查找可疑之处
16:30	按照时间清厩,上水,上草,更换马衣,清扫院落
17:00	饲喂
17:30	马工下班
21:00	晚间工作,包括第四次上料

(二)每周工作

马场每周工作参见表 2-7。

表 2-7　马场每周工作表

时间	工作内容
星期一	清洗窗户和清除蜘蛛网，处理周末出现的任何问题，检查场地、食槽和围栏，修理遛马机，检查车辆，平整训练场边缘
星期二	清理排水沟和排水管，检查急救和防火设备，检查灯泡，检查固定设备
星期三	清理马具房，清理多余的马具，清洗梳理工具，清洗马笼头，修理绑腿和马衣，刷马衣
星期四	清理料仓、干草和垫草，检查库存饲料。准备饲料，写出所有料单，擦洗盛水和料的容器。疏松室内训练场地
星期五	清扫卫生间，清洗其他附属设备，如办公室、教室、商品部等。检查马蹄和蹄铁，如有必要请蹄师观察。检查马房日记，记录驱虫、免疫和治疗情况，检查周末值班人员安排

(三)每季工作

1. 马匹工作

相关工作包括：看牙，驱虫；破伤风疫苗注射，流感疫苗注射；剪毛，辫梳，增强体况和适应粗饲；训练，参加赛事，散放马，每月修蹄；马匹配种、接驹、断乳、整群和出售等的准备。

2. 马厩工作

相关工作包括：疏通水道和房屋防水；电路检查、管道检修、马厩维护、喷涂和勾缝、门保养、维护和校直；春天清扫和消毒、防鼠、障碍杆及备存；马厩清扫；防火设备检查。

3. 设施工作

相关工作包括：围栏、路和行道的检修维护；林地、草架、跑道、比赛场或训练场检修维护、警示牌检修更换、水槽检修、围栏和壕沟清理；排水系统疏通；门和门口检修、运输工具、汽车检查等。

4. 草地工作

相关工作包括：划区轮牧；干旱天耙地，适时翻地，搂除杂草，必要时轻耙草地；土壤分析、施肥、割草和化学灭草等。

5. 管理工作

相关工作包括：活动资料登记整理分析、财务管理、营业收入及分配、税后工资发放和编制预算等。

(四)全年工作

相关工作包括：上站配种及繁殖登记，举办或参加赛事，举办或参加马匹拍卖。

二、马场制度与计划管理

(一)规章制度建立

规模马场或专业马场，必须建立硬性的规章制度，以便作为生产管理的依据。规章制度主要包括生产管理制度、技术管理制度、计划管理制度、市场营销制度等。

1. 生产管理制度

(1)饲养管理制度　不同性质的马场有不同饲养管理制度，分为分群饲养(放牧)制度和科学饲喂制度两个方面。按各类马匹不同生长阶段、不同用途、使用强度及健康状况对营养的不同要求，科学配制日粮，选择科学的饲喂方法，使马匹每天得到合理的营养水平。

(2)良种繁育制度　根据期望目标来确立马匹繁殖计划，建立良种繁育体系，健全良种繁育谱系档案和登记制度，定期检查和评选良种；良种繁育制度要最大限度地依照品种协会或行业协会的要求和规则去做。

(3)卫生防疫制度　卫生防疫制度必须深入贯彻“防重于治，防治结合”的方针，建立一整套综合性预防措施和制度。主要包括：建立疫病情报制度，实行专业防治与群防群治相结合；坚持马匹的检疫制度，防止疫病流行，定期进行环境清扫、消毒和卫生检疫工作。

2. 技术管理制度

技术管理制度包括驯教技术规程、繁殖登记技术、鉴定测试技术、兽医诊疗技术、设备使用和维修、技术资料管理等各项工作的制度。

3. 计划管理制度

计划管理制度规定各级、各单位在计划工作中的职责范围、计划工作的程序和方法、计划执行情况的检查与考核、原始记录和统计以及各种计划的制订等内容。其中制订出合理的计划是重点。

4. 其他管理制度

其他管理制度如市场营销制度、人力资源管理制度、物资供应管理制度、财务管理制度等。

小型马场或马术俱乐部，制度可以大大简化，但基本内容都有，也要非常重视，应建立规范管理的风格。

制度实施要结合经济责任制，即责、权、利相结合原则。同时还要注意加强马场文化教养，培养马工敬业精神；注重马工培训工作，提高马工的技术业务素质，使他们能够掌握执行规章制度所必需的技术、知识和能力，正确地按制度要求办事；检查考核与奖罚相结合，不断地改进和完善。对于那些已不能起到推动马场管理工作和提高经济效益的内容和条款，要及时地予以修订，始终保持马场规章制度的先进性是马场经营管理者应遵守的一个重要原则。

(二)马场计划管理

一般来说，按编制计划的期限划分，主要有三种形式：长期计划、年度计划和阶段计划。它们各有不同的作用，但又相互联系、相互补充，共同构成马场的计划体系。

1. 长期计划

长期计划又称长期规划或远景规划，是对马场若干年内的生产经营发展方向和重要经济指标的安排。如马场规模和发展速度计划、品种改良计划、土地(草原)利用规划、基本建设投资规划、马工使用规划等。长期计划通常为期 5 年、10 年或 10 年以上，一些知名马场的长期计划都做到 20 年。

2. 年度计划

年度计划指按一个日历年度编制的计划。所有马场都要根据马场的长期计划，结合当年的实际情况，制订本年度的计划。年度计划的主要内容包括：①土地(草原)及其他生产资料的利用计划。②马匹生产计划。③饲料生产和供应计划。④基本建设计划。⑤劳动力使用计划。⑥产品销售计划。⑦财务计划。⑧新产品开发计划。

马场年度计划要点如下。

(1)土地(草原)及其他生产资料的利用计划　如建立生态保护制度、农业工程措施及生物措施运用、农牧业技术措施、经济措施等。

(2)生产计划　其内容有马场配种分娩计划、马匹周转计划、畜禽疫病防治计划、饲料生产和供应计划等。

(3)饲料生产和供应计划　饲料供应计划包括购入饲料计划和自供饲料计划。自供饲料计划就是根据本马场土地和草原资源情况而安排的饲料生产计划，自供饲料计划与饲料需要计划的差额部分，即是外购饲料供应计划。

(4)其他年度计划　如基本建设计划、劳动力使用计划、产品销售计划、财务计划、新产品开发计划等。

3. 阶段计划

阶段计划指马场在年度计划内一定阶段的工作计划。阶段计划的主要内容包括：本阶段的起止时期、工作项目、工作量、作业方法、质量要求；完成任务拟配备的劳动力、机具和其他物资等。如马场配种工作计划。规定在配种季节中的起止时间、情期受胎率、总受胎率等。阶段计划在较大的马场中，一般由基层管理者制定和实施。编制这种计划应注意上下阶段的衔接，中心要突出，安排应全面，措施应具体。

三、马场人力资源管理

(一)岗位分析与设计

有条件的马场应实行定岗位定人员，根据马场实际工作的需要，有计划地按定员编制马场各类岗位人员，防止人浮于事和劳力过剩。现代马场技术是核心，因此必须充分考虑技术岗位的比例。技术岗位主要有兽医、练马师、教练、骑师及资深马工等。以娱乐为主要目的的马场，还要考虑有一定马学知识的营销人员。

(二)劳动力的招收与录用

根据马场的定员编制和需要。对本马场所需工作人员进行招聘和录用。在招聘之前要做好准备工作，如招聘的条件、招聘的人数、招聘的范围、招聘的程序等。

当雇用马工时，先要了解马工的品质。马工必须了解马的相关知识和如何照料马匹，并根据他的条件选择相应的职位，如见习工、学徒工、正式工，并赋予相应的职责。马工从事马房管理的时间反映其经验和工作能力。优秀的马工脾气温和，自信并有责任感，敬业和富有献身精神，以马和马场为荣。好的马工有“自信、果断、友善”的特点。有这样的马工，马和马场均会有好的发展。

(三)马工的合理使用与培养

一般情况下，最初的工作是饲喂马匹，这通常由资深马工或马主来指导。首先让马工核对按上一次所食入的日粮喂饲，然后向主管报告食入情况和马匹状态。在早饲之前，清理粪便和打扫院落是每天的日常工作，每个马工有责任保证按时照料马匹。学徒工或新手行动迟缓，需要花很长的时间去处理马房杂务，如清理粪便等，但这同时也是积累经验和提高自身的过程。早餐一般在马厩事务处理完以后进行。早餐后就是训练开始。在有些马场更喜欢在早餐前骑乘马匹，则要在清厩时或清厩之前备好马鞍。这就意味着，为了有足够的时间，马工需要起得更早。

有科学合理的用人之道，马工才会发挥最好的工作表现，马场才会取得良好的效果。马场用人的原则有如下几个方面。

1. 用人所长

每一个马工都有自己的优点和缺点，员工使用的基本原则就是用人所长，避其所短。著名的科学管理学家泰罗认为，管理者要为每一个工作岗位挑选“第一流的工人”。他认为，人具有不同的才能和天赋，只要工作对一个人适合而他又愿意去干，他就能成为“第一流的员工”。

2. 关心和使用相结合

马工是特殊的资源，他除了物质方面的需求之外，还有其他方面的需求，如支持和尊重的需要、自我实现的需要等。这些需要如果得到满足，会大大提高马工的劳动热情，促进劳动生产率的提高。因此，马场管理者不应把马工当成会说话的机器，还要关心他们，帮助解决他们的实际困难，最大限度地满足他们的需要，激发他们的劳动热情和首创精神，从而促进马场的发展。

3. 组织优化

每一个马工都是在一定的组织中工作，尽管组织大小不一，工作内容不同，他们都是为了实现一定目标的集体。而目标的实现必须依靠集体的力量，集体力量的大小取决于组织内部马工工作默契配合的程度。一般高级马工选择下一级马工，如练马师选择骑师，教练选择骑手，主要是最大限度地增加合力，提高工作效率。

4. 适当流动

马工岗位相对稳定是对的，岗位变动频繁肯定不利于经营管理。但是，马工不流动，马场也缺乏活力。马工的适当流动有利于丰富马工的知识和技能，提高马工的综合素质，有利于马工寻找更合适的工作岗位，也有利于组织发现和培养人才，可根据马不同的生理阶段来安排马工适合的岗位。

5. 技术培训

员工培训有利于实现马场的经营目标，有利于增强马场的凝聚力和向心力。培训也是马场文化建设的重要内容，能增加马工对马场的信任和忠诚，会进一步提高他们的劳动热情和创新精神。培训是把马场的经营目标和个人的发展目标最有效结合起来的一种方式，不少著名的马场都非常重视马工的培训，并依此来获得巨大的成功。

(四)劳动定员与定额

定员是根据马场岗位分析及劳动定额来完成的。编制定员的原则要遵循因事设岗的原则，用人为贤的原则，相对稳定的原则和因才适用的原则。

劳动定额是产品生产过程中劳动消耗的一种数量界限，通常指一个中等劳动力在一定生产设备和技术组织的条件下，积极劳动 1 d 或一个工作班次，按规定的质量要求所完成的工作量。实践证明，劳动定额是管理企业，组织生产的主要科学方法。

传统规模马场特别是以群牧为主要经营模式的，劳动定额为种马 2 匹/人、繁殖母马 20 匹/人。西方专业马场或马术俱乐部劳动定额 2 匹/人，一般每人不超过 3 匹。

(五)合理报酬与员工福利原则

马场应积极地按照国家的有关政策为马工提供合理的报酬，办理有关保险事宜。马场和马工都要履行相应的义务，并以此来促进马场的发展和保障马工的权益。

四、马匹登记

马匹登记是马匹血统来源的证明，也是马匹育种、交易和管理的依据。因此，登记是马场技术管理的最基本、最重要的工作之一，是马场管理水平、管理理念、发展前景的重要反映。

登记类别包括幼驹登记、命名登记、种用登记和繁殖登记。幼驹登记是血统登记的根本依据。命名登记是为了管理方便而进行的规范命名的登记，在我国马种中还没有规则要求，这是今后登记面临的问题。种用登记是对合格的种马进行繁殖资格的登记，在马业发达国家，没有种用登记不允许参加品种繁殖，其后代不能被品种协会或行业协会所认可。繁殖登记主要记录种公马或种母马每年继而历年繁殖成绩的记载。

(一)幼驹登记

1. 登记内容

幼驹登记是马场登记中最重要的登记之一。登记的主要内容有种公马名、种母马名、产驹的确切时间、幼驹的毛色、幼驹的性别、育马者即产驹时母马马主的姓名、出生的国家。由于国际纯血马管理会规定纯血马的繁育必须是自然交配形式，因此登记时必须有马主或其合法代理人签发幼驹不是人工授精、胚胎移植、克隆等技术操作的结果。

2. 登记时间

纯血马幼驹登记一般分为三次完成。幼驹出生时进行简单描述，在 0.5 周岁时进行初次登记，在 1 周岁时对马匹进行审验确认。核准信息无误后，由权威部门颁发纯血马护照。

3. 登记人员

不同的马种登记要求也不一样，一般由品种登记会专员进行。有些马的品种需要有资质的畜牧兽医技术人员按照品种协会的规则进行登记。

4. 幼驹登记图

幼驹登记时要进行外貌描述，主要标识出马的旋毛、别征的位置及形状。同时还有对应的文字叙述，文字表述要与图识所示相一致。纯血马幼驹登记还需要进行英文对照表述。

5. 幼驹登记申请表

不同的品种幼驹登记申请表模式也不一样。但主要信息是基本相同的，包括种公马名、种母马名、产驹的确切时间、幼驹的毛色、幼驹的性别、育马者即产驹时母马马主的姓名、出生的国家等，有些品种协会或行业协会有特别规定的内容，登记申请表要向品种登记协会或相应的组织递交，并取得合法的品种资质。

(二)命名登记

马名登记如同人名登记，也有相应的规定。马名登记主要为了防止重名登记，另外也进行规范化管理。各个马种登记要求也不一样。如纯血马登记命名规定，由马主提出马名，并由中国马业协会纯血马登记委员会(China Stud Book，CSB)确认。

中国境内出生的幼驹满周岁后可申请命名。申请马匹命名时，马主需向中国马业协会纯血马登记管理委员会提交命名登记申请表，正确书写拟用马名，并依据纯血马登记规定第三十八条支付费用。中文命名最多为6个连续书写的汉字，英文命名最长为18个拼写字母(包括空格在内)。国外出生的马匹命名，原则上由出生国有关机构提供。马匹进口前将马名译成中文，最多为8个汉字(包括空格在内)。未命名马匹进口前命名需事先取得出生国有关机构的认可。马名词尾需加括号“(　)”，将该马出生国籍的缩写填写在括号内。

(三)种用登记

如果马主在幼驹育成后，根据其血统、体型结构、运动性能等育种价值较好，想留作种用，也要取得相应的资质或备案，即种用登记。一般情况下，种用登记后所生产的后代才有登记资格。

种用登记以种用登记表为基本信息。如纯血马种用登记是马匹取得合法繁殖资格的依据。内容包括马匹基本信息，如出生年月、毛色、血统、马主信息等。有时种马登记在幼驹出生前后进行，这时要附上产驹信息，如与配公马、产驹时间、配种证明等。有时不同的品种协会或组织对种马登记有一定的限制或条件，如纯血马种用登记资格如下。

①已进行了幼驹登记的马匹(国外繁育的马已在出生国纯血马登记机构登记)，即已取得了品种资质的马匹才有种用登记的资格。

②满3周岁以上的马匹，这时马主才能根据相关成绩、体型结构来确定是否有种用价值。有的马匹参加比赛后，仍有种用价值或者种用价值更大更明显。种用时马要进行种用登记。

(四)繁殖登记

繁殖登记主要有母马繁殖报告书、配种证书、繁殖统计表等。母马繁殖报告书是基本的登记依据。其内容格式主要包括母马的基本信息、种公马信息、交配次数与时间、产驹情况及时间等。

有些马种登记有一定的要求，包括时间要求。如纯血马登记要求，种公马马主应在当年9月30日前上报种公马所有配种记录，种母马马主应在当年7月31日之前(南半球怀胎的在当年12月31日之前)提交种母马所有繁育记录。种公马登记内容与种马母马登记相同，但种公马马主或配种员要给予配母马马主交付配种证明书，证明是本公马所交配，其中有配种时间、配种方式。配种证书是母马登记的主要依据。把个体的繁殖记录汇总就形成的马场总的繁殖情况。登记资料是马术俱乐部重要的技术资料，特别是育种和身份的依据，要专人保管。有些资料是行业协会或相关组织需要的，要按照要求上报。有些资料上报后需要行业协会或相关组织确认或批准的，要有文字或相当的证明材料，如马匹护照或品种证书，要注意保存管理。马匹登记管理要利用电脑来进行，或用电脑来存储。如果是公开发布的消息，还要利用网站或相关链接进行公开信息，这对马场的经营管理是非常有帮助的，如马匹拍卖、配种、产品销售及赛事活动等。

思考题

1. 试述马匹饲养管理的原则和技术。
2. 如何做好妊娠母马的饲养管理？应注意的事项有哪些？
3. 如何做好哺乳驹的护理和断乳驹的驯教？
4. 马术俱乐部每天例行的工作内容有哪些？
5. 幼驹登记的内容有哪些？

项目三

马匹繁育技术

学习目的

通过学习，读者对马匹性活动规律、各类马匹饲养管理、马匹配种方式及技术要求、马匹预产期计算、妊娠期注意事项、接产技术、马匹繁育新技术建立初步了解。通过对马匹性活动规律、配种技术、繁育技术、妊娠期的马匹饲养管理要求的学习，掌握根据马匹自身情况、马匹年龄或用途制定繁育管理方案。

知识目标

学习马匹性活动规律，主要包括配种年龄、配种季节、发情规律、发情鉴定技术；马匹配种技术主要学习配种前准备事项、提高母马受胎率的措施，使学生对母马繁育过程形成基本认知；学习马匹预产期的计算方法、接产技术、马驹产后技术。

技能目标

通过本任务学习，读者能够正确理解马匹性活动行为特征，能够掌握马匹发情鉴定方法，根据马匹妊娠情况进行正确饲养管理马匹，对马配种之后，预产期的计算、分娩前的各种准备基本熟知。

任务一 马匹性活动规律

一、配种年龄

马驹生后10～18月龄性成熟。因此，应事先将公母驹分开饲养，避免过早地滥交乱配。马的适当配种年龄一般在3岁左右。早熟品种，如重型种马在2.5岁开始配种；晚熟品种如骑乘马，又要比早熟品种晚一年；公马要比母马晚一年等。

马的繁殖年限常受饲养管理、使役、配种制度等因素的影响，出现很大差异。一般情况下役用马平均为12～25年，种马，群牧马平均为15～20年，或更高一些。种马繁殖能力最强的时期是5～15岁，所产后代品质也最好。种用价值特别高的公马，可延续使用到20岁。

二、配种季节

公马的繁殖季节性不如母马明显，适龄公马随时都有性欲，可以配种。但是，母马的发情和配种有季节性。通常把母马这种发情和配种的季节叫繁殖季节。我国马的繁殖季节，农区和南部地区多在3—7月份，北部寒冷地区多在4—8月份。配种的旺盛期为5—6月份。但就是在同一地区，每年由于营养状况、使役轻重和气候变化等不同，配种季节也有迟早和长短之别。因此，在每年的春季须提前做好配种准备，如加强饲养，适当减轻骑乘强度，促使母马早发情等。早配种好处很多，母马受胎早，来年分娩也早。尽早配种，获得较多的配种及受胎机会。

三、发情规律

母马的发情是一系列激素和神经反射作用而发生的复杂的生理过程。这一过程有其固有的规律性并表现出周期性的特征。两次发情一般间隔13～28 d，平均21 d，称为发情周期。从发情开始到终止为5～7 d，此为发情持续期。母马的发情期和发情持续期的长短，基本上是一致的。

产后发情一般开始于分娩后5～12 d。此时进行配种，称为“血配驹”或“热配”，受胎率高，在生产实践中很受重视。但是，此时母马由于恋驹，对试情公马表现冷漠，发情的外部表现不明显，若进行直肠检查，发现卵巢上有卵泡发育，并能正常排卵。所以血配驹应以卵泡发育为依据，做到适时输精，才能提高受胎率。

四、发情鉴定

为了正确掌握母马发情规律，做到适时配种，必须熟悉它的发情时间及其特征。目前发情的鉴定方法主要是试情法、阴道检查法和直肠检查法。以直肠检查卵泡发育准确率最高。

(一)试情法

试情时应选择性情温顺、性欲旺盛的公马。在公、母马的接触中，注意观察母马表现和动态，判断发情的程度，确定是否可以配种。试情工作每天进行一次，宜在清晨进行。空怀母马自配种季节开始之日起进行试情，产驹母马在分娩后第4天开始试情，过晚则易错过产后初次发情机会。按试情母马发情的表现可分为四期。

一期：母马可以接受交配。

二期：母马接受交配，阴门反转不停。

三期：母马很安静地接受交配，后腿岔开频频排尿，并流出滑润性黏液。

四期：主动寻找、亲近公马，并将尾高举，后腿岔开，愿意让公马交配。

一、二期不能配种，三期配种稍早，四期配种最适宜。

(二)阴道检查法

不发情的母马，阴道黏膜一般近苍白色，干涩，子宫颈口紧闭；发情母马，阴道充血，粉红色，滑润，子宫颈口开张或松弛，黏液量多，拔出开张器时，常带出纤缕状黏液丝，扯得很长。怀孕母马的阴道黏膜色泽变淡，干涩，子宫颈口紧闭，常偏向一侧，并有猪油状的黏液将其堵住，形成子宫颈栓塞，防止异物进入，起到保胎作用。

(三)直肠检查法

这是一种简便而准确的方法。马卵巢内卵泡的发育，从其出现、发育到成熟、排卵、形成黄体，是一个统一的并有严格顺序的过程。如果配合阴道分泌物抹片细胞学检查(表3-1)，准确率更高。

表3-1　发情周期与卵巢及阴道分泌物抹片细胞类型

发情周期	卵巢变化	阴道分泌物抹片细胞类型
间情期	有黄体(质地硬、光滑)	有核上皮细胞及白细胞
发情前期	卵泡迅速发育(质地较软)	有核上皮细胞
发情期	近期排卵(有波动感)	上皮细胞角质化
发情后期	黄体形成(质地硬、有破口)	角质化细胞夹杂白细胞

任务二　马匹配种技术

一、配种前的准备

(一)种公马的准备

在配种前1～1.5个月,即应加强对种公马的饲养管理,满足种公马对蛋白质和维生素的要求,进行合理运动,以保证公马生产出品质好的精液,有旺盛的性欲。要进行3次精液检查,劣等精液不能使用。

(二)母马的准备

对参加当年配种的适龄母马,应全部进行登记,并根据其空胎、怀服或已产驹等情况,合理组织试情和配种,对不孕马应及时治疗,营养差的母马要改善饲养管理,提高营养水平。配种前所有母(公)马都要进行检疫和防疫注射。

二、配种方法

(一)人工辅助交配

就是公、母马分开饲养,母马发情时将公、母马牵到一起,由人工辅助交配。这种方法在马数量少或不具备人工授精条件的地区常普遍采用,受胎率高,能做好交配记录,防止杂交乱配。

交配时间最好在早晨或傍晚,因为在夜间和早晨排卵的母马较多。配种前,先将母马保定好,以防踢伤公马。母马保定好后,对后躯和外阴部清洗消毒,然后牵公马绕母马转1～2圈,使公马慢慢接近母马后躯,待公马性欲冲动后,及时放松缠缰,使其爬跨母马。此时辅助人员要迅速轻轻地将阴茎导入阴道,使其交配。当公马尾根上下翘动,臀部肌肉微微抖动时,表明已经射精,待射精完毕后,将公马慢慢牵下来,用温水清洗阴茎,并牵着遛一会儿,再回厩舍。母马如弓腰做排尿姿势,应及时用手捏其腰部,使其平复,防止精液外流。

(二)小群交配

这是牧区或半农半牧区普遍采用的配种方法。即将一定数量的母马与一匹公马组成一个小群,一起放牧。当母马发情时,公马可随时与之交配。

(三)围栏交配

围栏交配即将发情母马赶入围栏运动场内,放入种公马使它们交配。

(四)人工授精

人工授精技术包括母马发情鉴定、采精、精液品质综合评定及处理和输精等。

三、提高母马受胎率的措施

马匹受胎率是反映马匹繁殖水平和增殖效果的主要指标。

(一)提高情期受胎率

我国马的配种季节多在3—8月。在此期间,母马发情正常,容易受胎,是提高受胎率的关键时期。为提高情期受胎率,要在旺季到来之前做好充分准备,要尽量改善母马的饲养管理条件,减轻母马的使役,做好子宫疾病的防治,应用激素等药物调整母马的性机能,重视配种质量等。

(二)提高精液品质

公马的精液品质和母马受胎率直接相关。为提高受胎率,精子的活力不应低于0.7,密度不低于每毫升2亿活精子,抗力系数不低于500,常温能保持48 h以上。

(三)适时输精

母马的排卵时间多在发情终止前24～48 h。卵子排出后5～10 h开始衰老,其受精能力大大降低。精子在母畜生殖道内一般经过36～48 h后会失去和卵子结合的能力,所以输精或交配的时间距离排卵时间越近,受胎率就越高。

在生产实践中,若以试情为主,则当母马表现明显发情症状后,开始配种,此后日或隔日配,直到发情结束为止。若以阴道检查为主,则应以黏液呈灰白色,黏稠性增强,感觉滑腻,并能扯出长丝,子宫颈口开张时配种为宜。若以卵泡发育过程论,则应在卵泡发育成熟期开始输精,隔日再输,直至排卵为止。在一个发情期内切忌配种或输精次数过多,过多配种并不能提高受胎率,反而容易造成子宫疾患,导致不育。实践证明,实行隔日配种即两次配种间隔48 h,并把情期配种次数控制在1～2次,可获得理想的受胎率。

(四)防治子宫疾患

母马不孕或流产,有50%以上是由子宫疾病所致。因此,防治子宫疾病对提高受胎率关系极大。子宫有炎症,表现为子宫角肥厚,触摸时马有痛感,阴道分泌物浓稠混浊。有的母马还表现为长期持续发情。实践证明,长期用人工授精,有近10%的母马患轻重不同的子宫疾病。所以人工授精一定要坚持无菌操作。为预防操作中污染,可在稀释液内加入抑菌剂,每毫升加青、链霉素1 000～1 500 IU。对子宫炎要及时治疗,可用蒸馏水或生理盐水配制1%的食盐水或2%的双氧水洗涤,水温保持在42～45℃,洗后注入青霉素20万～40万IU,每天1次,可连续注射数天。对顽固性子宫炎,可用生理盐水100 mL,加2%的碘酊1～2 mL洗涤,效果较好。在输精后2 h至排卵后3 d内继续洗涤子宫不会影响受胎,在未彻底治愈前不应输精。

任务三　马匹妊娠与分娩

马的妊娠期平均为340 d(307～412 d),由于品种、年龄、营养、胎儿性别以及其他因素的影响,马的妊娠期略有差异,如母马怀孕期营养良好,妊娠期可缩短5～10 d。早期妊娠诊断是提高马匹繁殖率的重要手段之一，可避免失配和做到未妊母马第二情期配种；对已经怀孕母马，可正确安排饲养管理，防止流产。

一、预防流产

对经确诊已怀孕的母马，应注意做好其保胎工作，防止流产。引起流产的原因很多，主要是由于营养不良和管理不当引起，如饲粮品质不良，长期缺乏蛋白质、矿物质和维生素，或饲料发霉、腐败，或使役过度，打冷鞭，受机械性打击，放牧时惊群狂奔，吃霜草，饮冰水，孕马强行配种等都会引起流产。某些个体常会出现内分泌机能紊乱，这也是引起流产的重要原因。由细菌、病毒引起的传染性流产比较少见，而且多与饲养不当有密切关系。

预防流产是护理母马的关键问题。为此要保证孕马的营养需要，实行分槽饲养。劳役要适度，妊娠后应轻役，冬季使役要防滑跌。使役时不打冷鞭，临产前停止使用。加强防疫工作，对流产母马应及时隔离治疗。配种季节，要做好早期妊娠检查，防止误配等。

二、分娩前的准备

做好分娩前的准备工作，是提高马匹成活率的重要一环。在产驹季节开始之前，要做好产房、饲料、垫草、接产药械等物质准备工作。每年母马的配种，要做好记录，并推算出预产期。预产期的推算方法是“减一加一”，也就是最后一次配种的月份减一，日数加一，即为预计分娩日期。如母马最后一次配种是 4 月 10 日，则预产期应为来年的 3 月 11 日。这一预产期与实际产期可能因马的品种、年龄、营养的不同提前或推迟，但一般相差不大。

母马分娩前 1～2 周时，应将其牵入产房内，由专人护理。产房要温暖干燥，安静宽敞，通风良好，光线充足。室温不低于 7～8℃。地面清扫消毒，厩床铺上垫草。对初产母马应经常按摩乳房、乳头，以利于产后幼驹吮吸母乳。对临产母马可适当减少精料，防止母马乳汁过浓而引起初生驹下痢。

三、分娩与接产

母马产前 1～2 d 外阴部因充血而松弛、肿胀，乳房开始胀大，并能挤出乳汁，臀部肌肉松弛下陷。分娩前，母马表现不安，时起时卧，前蹄刨地，回顾腹部，时时举尾弓腰作排尿状。分娩开始时母马卧地，四肢伸开，经 0.5～2 h，幼驹即可顺利产出。正常分娩时胎儿的两前肢和头部先产出，一般不需要助产。幼驹出生后，应立即用毛巾拭去口腔中的黏液，然后处理脐带。若脐带已自行扯断，可在断处涂擦碘酒，进行消毒；若脐带未断，应在脐动脉停止搏动时，进行结扎，并在距脐部 5～6 cm 处剪断，涂以碘酒，并撒上消炎粉，用绷带包扎好。新生幼驹身上的黏液可任母马舔干，这样有利于母子熟识，并能促使母马泌乳反射。马驹产后约 0.5 h，胎衣即行排出，应立即将其清除掉，避免母马异嗜。胎衣超 4 h 仍未排出，应立即进行手术处理。

四、产后护理

(一)初生驹的护理

马驹出生后很容易感冒,要尽快用抹布擦干背毛。生后 1～2 h 就能站立,此时应尽量让马驹早吃初乳。一般幼驹出生后数小时即可排出胎粪,超过 12 h 不排,幼驹表现不安,弓腰作排粪状,若不及时治疗,可能引起死亡。

(二)母马的护理

分娩后,将母马的乳房用清水洗净擦干,再给幼驹哺乳。母马产后,子宫内的恶露约需 3 d 才能排完,超过 3 d 就应治疗,外阴部和后躯部要进行清洗、消毒。产后 6 h 内,可给母马喂稀薄的麸皮粥,再给些优质干草,任其自由采食。

任务四　马匹繁育新技术

一、发情控制

在马匹繁殖方面,发情控制技术是有效地干预马匹繁殖过程、改进繁殖工艺的一种手段。发情控制可分发情期的控制、间情期的控制和乏情期的控制。马业生产中常需要诱导母马发情和排卵,并希望进一步控制母马发情周期的进程,使之在预定的时间内集中发情,人为地造成发情周期化。这种新技术更有利于应用人工授精,有利于组织马群配种和分娩,节省时间和劳力,有效地开展生产。

(一)发情期的控制

控制母马的排卵期,使发育卵泡能够按预定日期排卵,是控制发情期的主要内容。关于控制排卵,我国曾应用多种药物,进行过大量研究和试用,积累了一定的经验。20 世纪 50 年代初期,许多单位应用孕马血清促性腺激素(PMSG)的代用品,孕马全血或血清,促进卵泡的发育和排卵。处理方法是以妊娠 70 d 左右的孕马全血 10～15 mL,相当于 1 000～1 500 IU 皮下注射,对控制排卵有相当好的效果。但应注意的是,供血马应是经过检疫的健康马。也可应用人绒毛膜促性腺激素(HCG)控制排卵期。据多数单位使用的经验,肌内注射 1 500～2 000 IU,能促使成熟卵泡在 24～48 h 排卵,隔日排卵率可达 82.2%。应当指出的是,连续注射绒毛膜激素,可能导致母马体内产生绒毛膜促性腺激素抗体,而降低促排的效果;使用中还应注意剂量过高可能引起母马的过敏反应或形成卵泡囊肿。此外,还可应用促卵泡激素(FSH)和促黄体生成激素(LH)控制母马排卵。这两种药物价格较贵,因此主要用于科学试验。单独使用促卵泡激素或促黄体生成激素,均不如两者按适合的比例复合使用效果好。有些单位亦有使用粗制垂体提取物来代替 FSH 和 LH,效果也不错。近些年,我国亦进行了应用下丘脑产生的促性腺激素释放激素的试验,证明其有促进母马排卵和促进黄体形成的作用。其促进排卵的效果虽不如绒毛膜促性腺激素明显,但也可明显提高受胎率。从国外试验结果来看,有代替绒毛膜促性腺激素的趋势。它的优点是对马的控制排卵效果确实,使用剂量低,经济合算。由于其分子质量小,不会在母马体内产生副作用。

(二)间情期的控制

母马卵巢存在周期性黄体,相应呈现出非发情状态,即为间情期。控制间情期的关键是控制黄体。近年有关消散黄体的研究很多,证明最有效的药物是前列腺素,对于马最有效的是 F 型的前列腺素,如 $PGF_{2\alpha}$及其高效类似物 ICI81008(fluprostenol 或 equimate),可使功能黄体在一定时间内消失,处理后 2~8 d 内大部分母马表现发情。母马发情后的第 2 或第 3 天,结合使用诱导排卵激素,不久即出现排卵。这种方法简单易行,效果也比较好。用药方法有肌内注射或子宫注入。试验证明:前列腺素只有在卵巢具有功能性黄体时才有效,即从排卵后 5~13 d 为有效期,使用剂量为 5~10 mg,最低有效剂量为 1.25 mg。其高效类似物,注射剂量只需 250~500 μg。经前列腺素处理后,卵巢内的黄体消散,血液中的孕酮含量迅速下降,由大于 8 ng/mL 下降到低于 2 ng/mL;继而卵泡开始发育,血液中的雌激素含量增加,母马表现发情,继而进入发情期。由于排卵后 5 d 以内的黄体对前列腺素极不敏感,为了提高同期率,亦有采用两次间隔 10 d 的处理方法。这样使在第一次处理时处于发情期和排卵后 1~4 d 尚不起作用的母马,又获得一次处理机会,提高了母马同期发情率。药物处理后具有正常受胎能力,对下一个发情周期和胎儿生长发育并无影响。由于前列腺素有兴奋平滑肌的特性,因而在注射时有出汗、胃肠蠕动加强、脉搏呼吸加快等副作用,经 2 h 后消失。ICI81008 的副作用很小。

诱导母马子宫产生内源性前列腺素,亦能间接控制间情期。诱导子宫分泌前列腺素的方法很多,如温水洗浴子宫,注入稀的碘溶液,甚至注射雌激素,但这些都仍在试验中,都远不如注入前列腺素效果确实。注入含有少量前列腺的物质(如精液、羊膜液),亦能起到前列腺素的作用,但效果尚不很确实。为了使马同期发情,孕激素也是可以采用的方法,如每天喂给 10 mg 氯地孕酮后,约需 10 d,使马处于人为黄体期,停药后 7~9 d 内有 80%以上的母马发情。马的同期发情,目前还仅仅是试验阶段,很多技术问题尚待解决。

(三)乏情期的控制

非配种季节母马卵巢处于静止状态,没有周期性活动,称为乏情期。使乏情期母马发情,诱发卵巢中卵泡发育,称乏情期的控制。这是较为困难的技术,尤其是在冬季。乏情期的控制主要有两个途径:一为运用管理方法,诱发母马卵巢活动。我国有这方面的经验,主要是在乏情期的末期或发情季节的早期,提早诱导发情。其方法是增加母马营养和延长光照。辽宁省和黑龙江省的一些马场采取冬季喂给母马青贮和多汁饲料,春季喂大麦芽,提高母马膘情,延长人工光照,结果多数母马提早到 1 月和 2 月份开始正常发情并排卵和受胎。二为应用激素处理,亦可诱导乏情期母马发情。国外有不少试验的处理方法很繁琐,主要使用释放激素结合孕酮进行,效果都不是很理想。

二、马的精液冷冻

我国马匹人工授精领域应用干冰或液氮进行马、驴精液冷冻保存已有 30 多年的研究历史,并已获得成功的结果。通过冷冻保存精液可使公马常年采精和生产冻精,便于长期保存精液，充分发挥优良种公马的作用。但是，马的精液冷冻及其在生产上的应用，远不如牛那样普及。现行的冷冻精液操作方法还不够完善，受胎率还不够理想。今后仍需从理论上和实践上深入研究，不断缩小冷冻精液容积，提高精子解冻后活力和受胎能力，降低输精量，完善冷冻方法等。我国马精液冷冻主要采用以下方法。

(一)离心浓缩

因为马精液量多而精子浓度低，故应在冷冻前做离心处理，减少冷冻容积。以 1∶1 比例用 11%蔗糖液稀释原精液，在 20～25℃室温下，以 1 500～2 000 r/min 的速度，离心 5～10 min，除去上清液，基本上达到精清中无精子的要求。离心速度要适宜，以减少对精子活力的影响。

(二)稀释液的选择

精液冷冻稀释液的配方很多，主要成分为糖类、卵黄、盐类和甘油。实践证明：乳糖-卵黄-甘油稀释液效果较好。稀释时倍数要低，一般以 1∶(1～2)为宜。稀释步骤分两步进行：第一次在浓缩后精液中加入原浓缩前精液量的 1/2 不含甘油的稀释液；第二次在 4～5℃低温下，再加入含甘油的另一半稀释液。一般用 11%的乳糖和 5%的卵黄作稀释剂，甘油浓度为 50%。

(三)降温与平衡

一般自然降温 1.5 h 达到 0～5℃温度。在此温度平衡大约 2 h。冻结过程应防止精液温度回升。

(四)冻结方法

有用干冰埋藏法，先在干冰中冻结，再移入液氮中保存。亦有用铝盒或纱网表面以液氮熏蒸冻结。初冻温度约为−80℃。冷冻精液的剂型有颗粒、安瓿、细管和薄膜袋。但不同冷冻方法和剂型的冷冻精液，其解冻后的效果，目前的报道尚不完全一致。

(五)解冻

40～50℃高温快速解冻效果较好。解冻后的精子复活，需要一定的时间。解冻当时有些不活动的精子，并没有死亡。解冻后 0.5～1 h 活力最强。浓缩冷冻的马精液解冻后，应再稀释。所用稀释液，可用不含甘油的原稀释液，也可用消毒牛乳。解冻后应立即输精，如需短时间保存和运输，温度应保持在 0～50℃，时间应不超过 6 h，对受精率(受胎率)影响较小。

(六)输精

输精时精液活力不低于 0.3 级，输精量通常为 10～25 mL，输入有效精子数以 5 亿～6 亿个较为合适。掌握卵泡发育的规律，在卵泡发育到成熟阶段时，采用直肠把握子宫深部输精，有助于提高输精效果。根据国内外试验，冷冻精液情期受胎率达到 30%～50%，最高达 60%。实践证明，公马精子耐冻性存在个体差异。用冷冻精液和常温精液配种所生马驹相比较，其体尺发育、外貌遗传等表现没有区别。

三、品种协会对人工授精的规定

不同的品种协会对待人工授精的态度不同，所以在决定人工授精前必须做好咨询，否则马匹可能不能登记。不同的品种协会有不同的规则，有的完全不允许人工授精，有的只允许使用鲜精进行人工授精，有的则允许使用鲜精和冷藏的精液进行人工授精，有的对人工授精不加限制，即凡是各种储存形式的精液（包括鲜精、冷藏精、冻精）都可以进行人工授精。不同协会的要求如下。

①完全禁止人工授精，比如纯血马登记会。

②严格限制性的人工授精。假如公马因受伤等原因不能自然交配，可以采精，但需要立即并且只能配一匹母马，不能再用本次采集的精液去扩大配种其他母马。

③只要马的父母是登记注册的，甚至父母可以属于不同的国家，通过授精的马驹就会被承认，可以登记。

④有一些品种协会对一匹公马一年内进行人工授精的次数进行限制，比如只可以从某公马采精 50 次，可以人工授精 150 匹母马或更多。

⑤有一些品种协会只承认兽医或人工授精员所进行的采精和人工授精。

⑥有一些品种只有得到协会的认可才能进行人工授精，否则不给予所生产的马驹进行登记。

四、胚胎工程在马匹繁殖方面的应用

随着生殖生理研究的加深和胚胎工程的发展，许多繁殖技术，如母马的胚胎移植、试管马培育等都在马匹的繁殖中加以运用，其目的是易于管理，充分发挥种马的繁殖效率和遗传潜力，同时也有效地进行疾病的预防。具体的繁育技术有以下几种。

（一）胚胎移植

马的胚胎移植（ET）研究较少，虽有成功的报道，但难度不小，最大的问题在于马的超排技术不过关。有的研究直接应用自然发情和自然排卵的母马采集胚胎和进行移植。

（二）超数排卵

尽管马的超数排卵有一定的困难，但也有成功的报道，一般的做法是在情期第 6 天，注射垂体的粗制物或半提取物，连续处理 14 d，可引起超数排卵，但不如牛、羊超排的效果好。

（三）胚胎采集

胚胎采集的方法分为手术和非手术方法：①手术方法：在马腹中线切口，从输卵管中采集 1～6 d 的胚胎；②非手术方法：使用三通式采卵器，按直肠把握输精操作，将采卵器插入排卵侧子宫角，冲洗子宫角，一般冲洗 3 次，分别由排液管吸集胚胎。手术胚胎移植操作方法与牛相同，即将排卵后 1～2 日龄胚胎移植至受体的输卵管内，或将 3～10 日龄的胚胎，用胚胎移植枪移植至排卵同侧子宫角上端。

（四）试管马的研究

2001 年 5 月 19 日由我国学者李喜和博士在英国纽马基特镇首次成功培育出两匹试管马。由于马的生殖机理与牛、羊有较大差别，因此人工繁殖比较困难。李喜和博士利用一根极细的玻璃管将精子注入卵子当中，然后将受精卵置于试管中进行 8 d 培养，最后将受精卵移入母马体内。李喜和博士这次研究的要点是发现了马卵子的“后成熟现象”，首次用单精子注入法和体外培养系统等科技手段，得到可进行非手术移植的囊胚期胚胎。这一研究成果使得马胚的冷冻保存和在实验室内修改马的基因成为可能。

五、克隆马

2005年在加利博士的实验室成功克隆了世界上第一匹耐力赛赛马冠军的克隆体“皮埃拉斯二世”。克隆对于保护濒危的马属动物具有重要意义，比如普氏野马的保护。克隆还可以让不能繁殖的优秀赛马生产更多的后代。这是以前无法实现的。

此外，在马的繁殖不育方面，研究也非常全面，它分为非感染性不育和感染性不育。非感染性不育可能是由于遗传、营养不良、卵巢功能异常等原因造成。感染性不育包括非特异性子宫内膜炎、马传染性子宫炎和马病毒性感染。

思考题

1. 马匹发情鉴定的主要方法有哪些？
2. 根据马匹发情表现，可以将马匹发情分为几期？各期表现如何？
3. 简述如何提高母马受胎率。
4. 简述如何计算孕马的预产期。
5. 马匹品种协会对马匹人工授精有哪些规定？
6. 在马匹繁育方面有哪些胚胎工程新技术？

模块二　运动马匹护理与马术基础

近年来，由于国家的重视，现代马业、马术运动在我国得以恢复与发展，但与欧美马术产业强国相比差距还很大。我国马匹护理与训练水平较低，未能跟上形势发展，以至于运动用马伤、病和死亡事故多发，甚至价值不菲的骏马进口不到一年便患病倒毙。因此，研究和改进马匹护理技术、参加马术运动具有现实意义。马工主要负责运动马匹护理工作，喂马、备马、检查，赛后马的卸鞍清洗，遛马入厩，每一步都十分重要，不能出现分毫差错。在国内很多骑手从马工岗位一步步成长，在学习照顾马，与马相处的过程中，爱上这个行业，成为骑手。但在国外很多马工终身从业，例如，在乌拉圭首都蒙得维的亚举行的 2017 年国际马联年度颁奖盛典上，来自英国的艾伦·戴维斯荣获最佳马工奖，除此之外他还获得过英国马工协会终身成就奖，他还是首个获得英国马术协会荣誉勋章的马工。

马术运动的基础知识，包括骑手装备、马匹装备、马匹驯导、骑乘知识、比赛知识等。在马术运动中要佩戴合适的骑手装备、马匹装备来最大程度保证骑手和马匹在运动中的安全、舒适，降低人、马受伤的概率，还能够令骑手和马匹发挥运动能力，取得良好的成绩。马术是一项绅士运动，参与这项运动在人与马的完美配合中传递出儒雅的绅士气派和高贵气质。马术比赛需要骑师和马匹配合默契，考验马匹技巧、速度、耐力和跨越障碍的能力。奥运会的马术比赛分为盛装舞步赛、障碍赛和三日赛三项，每项均设团体和个人金牌，共产生 6 枚金牌。根据国际马术联合会所管理的七个大项分别是：场地障碍赛、盛装舞步赛、三项赛、马车赛、耐力赛、马背体操、西部骑术赛。值得注意的是，场地障碍赛、盛装舞步赛、三项赛和马车赛等世界锦标赛是逢双年举行，包括上述项目的欧洲锦标赛（逢单年举行），欧洲三项和超越障碍锦标赛是每年举行。

马术运动对于运动员的要求非常高，要求不仅要有学习领悟自身核心肌群的运动状态和细微差别的能力，还要能够充分感知马匹运动中的状态；由于马术运动对于教练的要求极高，要求不仅能够精准辨别运动员和马匹的每一个动作的变化和效果，还要具有很强的理论基础和表达能力来帮助运动员提高。

项目四

马匹护理技术

学习目的

通过学习，读者掌握马匹日常护理基本技能、熟悉马匹护理、饲养工具的使用方法；通过对马场建设的基本了解，能熟知马厩设计的基本要求；熟悉马匹运输的注意事项、进口马匹检疫的基本步骤；熟悉马匹装蹄的基本操作技术。

知识目标

通过学习，能够掌握护理过程中的防护技术；理解对马匹正确护理操作的必要性；对马匹进口检疫过程、马匹蹄部解剖结构等相关知识，形成基本认知。

技能目标

通过本任务学习，能够掌握马匹护理操作步骤，能够根据训练计划对马匹进行抠蹄、刷拭、被毛修剪等基本操作；能够熟悉马匹运输管理注意事项；能够熟悉马厩基本建筑构造，初步掌握根据马匹生理、行为特点建造马厩。

任务一　马匹护理基本操作

一、马匹的接近与防护

(一)接近方法

首先要观察马的表情和行为表现，主要观察耳、眼、口、鼻、躯干和四肢的行为表现。如频频转动，表现注意和惊恐；尾夹于两后腿之间，后躯出现方向性转动，则表现要蹴踢；目光敌视，头高举，表现扑咬；两耳动作频频，向四周探听情况，表示疑惑不安。在接近马之前，应先以轻微的声音给马以招呼，这是简单且非常重要的。

接近马匹时，由马体前侧方接近，不要从正前方或后面去接近。先给以温和的招呼声或呼马名、马号，慢慢地接近，可用手抚摸鼻梁、抚摸或轻拍颈部、肩部和背部表示爱护和安慰。注意不要触碰马的敏感部位及危险性较大的部位，如耳、眼、腹下、肷部、阴囊、肛门及四肢下部等，更不能突然向前或从后面接近，以免引起马匹不安或蹴踢。如果给马喂小食品吃，不要用手指拿着喂，要将小食品放在手掌心喂给，以防误咬伤手指。

无论在什么时候接近马匹，都严禁行为粗暴，人与马应建立相互亲密、友好的感情，相互信任的良好关系，把马当作人们亲密的伙伴、无言的朋友，这是接近马匹的基本原则和出发点，也是饲养管理、调教训练以及一切对待马的基础。

(二)给马戴笼头

马的笼头通常由皮革或合成纤维制成，包括项革、颊革、咽革和鼻革等。在内侧颊革上有一金属扣，鼻革和咽革由一短皮革相连，有些笼头还有额革。在鼻革后面中间有一铁环，用于连接缰绳。

马笼头有不同的大小可供选择。戴笼头前要解开内侧颊革上的金属扣。戴笼头方法如下。

①接近马匹，站在马头颈的左侧，右手将缰绳缠于马的颈部，以防马匹走动。

②双手握住笼头两侧，将鼻革套在马嘴上。

③右手将项革从马头右侧轻轻越过两耳后面的项部，送到左侧，扣于颊革金属扣上，扣紧金属扣。

④最后检查笼头松紧是否合适。笼头戴上后不能太紧或太松，太紧马不舒服，太松则易脱落，不安全，其松紧度以鼻革位于马的口角与眼的中间部位(面脊的前方)，在鼻革下能插入两横指为宜。

(三)拴马

拴马的最好方法是使用笼头和缰绳，在任何时候都必须使用活扣拴马，以便在发生意外时缰绳易于解开。如果马不老实，可拴在马厩内或其他圈起来的地方，不要拴在不安全的墙壁或栏杆上。缰绳拴得不可过长或过短，以马能自由起卧为宜。在刷拭马匹或装蹄等日常护理时拴马，可先在拴马铁环或栏杆上用细绳做一个绳环(图 4-1)，把缰绳系在该绳环上(遇突然情况时容易断开)，而不是直接拴在铁环或栏杆上，这样比较安全。

(四)徒手举肢

举肢主要用于马匹抠蹄、装蹄、检查和治疗肢蹄疾病。经训练的马举肢比较容易,对举肢困难的马匹,要每天利用抠蹄的时间训练举肢,经一段时间训练后,马会养成习惯,这样就容易举肢。因为马是一种非常容易受习惯支配的动物,喜欢每天在同一时间发生相同的事。

图 4-1　安全扣

1. 举前肢

举右前肢时,举肢者站于马体的右前方,面向马体后方,先给马以温和的声音或呼马名,引起马的注意,然后逐渐接近马体;用右手自马的头颈至肩部顺序抚摸,再沿肢的后外侧向下抚摸,到达球节处,握住系部将肢抬起;如果马不抬腿,可用右肩轻推马的肩部,使马体重心移到对侧肢,右手随即将蹄向后方提起,使其腕关节屈曲,蹄底向上保定住,左手则可进行抠蹄操作。

举左前肢时,与举右前肢的方位相反,方法相同。

2. 举后肢

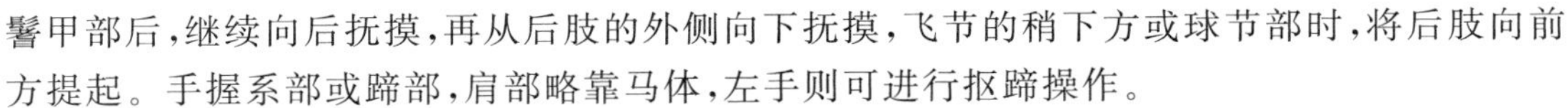

举右后肢时,举肢者按举右前肢的要领,右手摸到鬐甲部后,继续向后抚摸,再从后肢的外侧向下抚摸,飞节的稍下方或球节部时,将后肢向前方提起。手握系部或蹄部,肩部略靠马体,左手则可进行抠蹄操作。

举左后肢时与举右后肢的方位相反,方法相同。

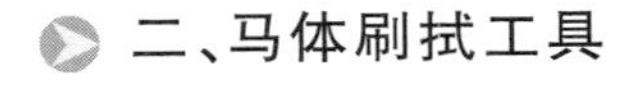

二、马体刷拭工具

马体刷拭与抠蹄是舍饲马的一项非常重要的日常工作,主要是对马匹的被毛、鬃毛、尾毛和蹄部进行刷拭护理。刷拭马体不仅可以保持马体清洁、促进皮肤的血液循环、按摩肌肉筋腱、消除疲劳、预防疾病,而且还可以通过经常刷马使马匹更加与人亲和,并容易早期发现伤病等。主要刷拭用具有以下几种。

体刷:用以除去附在马体表及鬃毛和尾毛上的尘垢。

水刷:用以梳洗鬃毛和尾毛。

长毛刷:用以除去马身上沾污的干泥土、垫料和马粪等污垢,不能用于刷拭马体敏感部位。

汗水刮:用于洗浴后除去马身上的水或刮除多余的汗水。

橡胶刷:用于除去马身上的干泥土污物和脱落的马毛等。

毛刷刨(铁篦子):有胶制和铁制 2 种,用以清除毛刷上的马毛和尘土,不能直接用于马体。

梳子和剪刀:用以修剪鬃毛、鬣毛、距毛和耳边毛等。

蹄钩:用于抠去马蹄底部的粪尿和泥土等污物。

蹄油:抠蹄和清洁蹄壁后涂于蹄壁和蹄底部。

海绵块:用于清洁马的眼部、鼻部、口和肛门周围。

刷拭用具最好装在一个小塑料桶或袋内,用后必须清洗干净,放好。

三、马体刷拭方法

刷拭马匹通常在马厩，或选一安全、干净的地方进行，并给马匹戴上笼头，拴好(图 4-2)。运动用马在调教、训练前和后都要进行刷拭。调教训练前可简单刷拭，目的是除去马匹在马厩内沾污的垫料和粪尿等污物，使马匹外观整洁。方法是用体刷迅速刷净马体，梳理鬃毛和尾毛，用海绵块清洁马的眼部、鼻孔和肛门部，抠去蹄底的污物等。

马匹调教、训练后，对马体要进行全面刷拭，最有效的刷拭时间是训练后马体尚处于温热状态，此时毛孔扩张，而污垢附于马体表面。其方法是，先用长毛刷除去马身上的泥土等污物，再用体刷用力刷拭马的全身。刷拭要按一定的顺序进行，一般是先左后右，由前到后，从上到下，依次刷拭。首先从马头开始，刷完马头后，再刷马的颈部、前肢、躯干、臀部和后肢。刷马的左侧时用左手持刷，右手拿毛刷刨，刷右侧时用右手持刷，左手拿毛刷刨，但刷后肢的后侧时则用相反的手持刷。每刷三、四次将刷子在毛刷刨上刮二三下，去掉刷子上的脱毛和尘土，然后再刷。刷时手臂要伸长，先逆毛刷出，再顺毛拉回。逆毛刷可使马毛蓬松，擦起尘土和皮垢，顺毛刷可以刷掉已经松弛起来的皮垢和尘土。逆毛刷时不要用力太大，顺毛刷时则要用力。对背部和胸肋部可作划弧式刷拭，对腰部要轻刷，不宜用力过重；对肷部、腰角处及颜面部都要顺毛刷，用力要轻；刷拭敏感部位要柔和。每次刷马，都要刷到马体没有尘土为止。

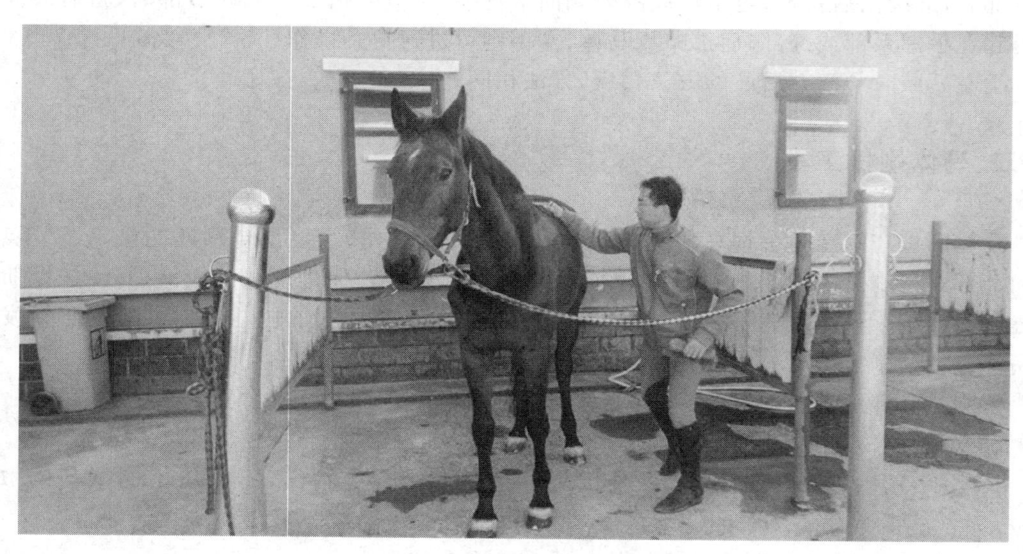

图 4-2　马匹刷拭

刷完马体后，用水刷和梳子梳洗鬃毛、鬣毛和尾毛。用海绵块或干净毛巾清洁面部(包括耳、眼、口、鼻)和肛门等处。清洁面部和肛门不能使用同一块海绵或毛巾，可准备 2 块不同颜色的海绵或毛巾，一块用于清洁面部，另一块用于清洁肛门部。用时拧干海绵或毛巾中的水，使其保持柔软干净和潮湿。清洁面部从眼部开始，眼部清洁后将海绵或毛巾洗净拧干，再清洁口鼻部。清洁肛门处时，如果马匹老实，可站在马的后面；如马不老实，可站在马的一侧，尽可能高地举起马尾轻轻地把肛门周围和尾根下无毛处的皮肤清洁干净，最后再用另一块干净湿毛巾先逆毛再顺毛将全身擦一遍。

四、马匹洗浴

淋浴、水洗或游泳均可视具体条件而定。在天气晴朗无风，水温在15℃以上时才能给马洗浴，洗后先用汗水刮刮去马体上，特别是腹下的水，再用毛巾擦，之后，在阳光下无风处晒干或牵遛，到毛干后方可入厩。气温水温偏低、大风天气、有病马或训练后出汗未干的马不能洗浴，但训练后的热马可用凉水冲洗四肢下部，有良好的冷敷作用。马匹洗浴房见图4-3。

图4-3 马匹洗浴房

五、抠蹄

经常坚持抠蹄，可保持蹄部卫生，防止发生蹄叉腐烂等蹄病，同时通过抠蹄可使马匹养成良好的徒手举肢的习惯。抠蹄可在刷拭马体前或后进行，用蹄钩抠去蹄底脏物或石子(图4-4)，用水洗净马蹄。抠蹄时要用蹄钩尖从蹄踵向蹄尖方向抠，以避免钩尖损伤蹄叉，清洁蹄叉时要检查蹄叉是否腐烂，同时检查蹄铁是否松动。为防止抠出的脏物掉在地上，可在蹄下面放一个筐或其他物体盛放抠出的脏物。在特殊场合为使马蹄好看，可在整个蹄壁外面薄涂一层蹄油，但经常涂蹄油会影响蹄壁吸收水分而导致蹄质干燥。

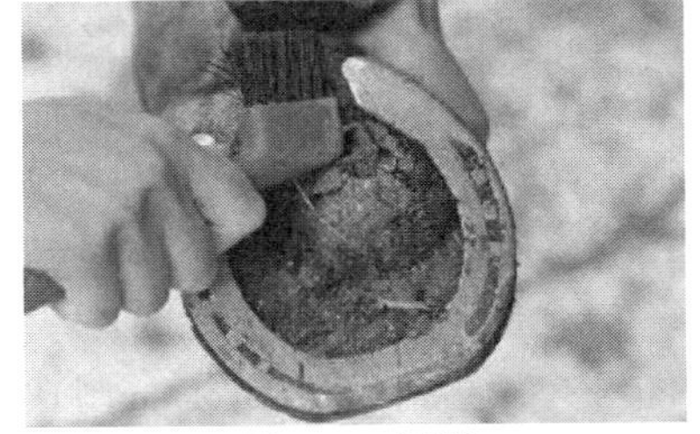

图4-4 抠蹄

六、马匹剪毛与修剪

剪毛是将马体的部分被毛剪短，在国外较多见，国内少见。剪毛可使马匹美观整洁、易于刷拭，并可减少或及时发现皮肤伤病。在南方温暖地区，冬季有马衣保护时，剪毛的马训练出汗后汗液蒸发和身体变干较快，便于体温恢复。剪毛一般在10月左右进行，竞赛马可全年不断剪毛，但具体剪毛时间和次数应视马匹被毛生长状况和训练情况而定。在北方寒冷地区，冬季因天气寒冷马匹一般不剪毛，在其他季节可视需要而定。给马剪毛有专门的毛剪，需要一定的操作技术和方法，马匹剪毛有多种形式，可根据实际需要选择一种形式。

修剪是为了使马匹外表整洁美观，需要对头部的长毛和鬃毛、鬣毛、尾毛、距毛等进行修剪，但必须在马主要求或允许的情况下方可修剪，对下颌部长毛可修剪整齐，但胡须(触毛)不可剪掉；耳廓内和耳外缘的长毛也需修剪，耳廓内的毛剪至与耳廓相齐即可，不可完全剪掉；对鬃、鬣、尾毛要梳理通顺，剪除缠结的毛缕和夹杂物，拔掉个别过长的毛缕，修剪长度可自行决定。一般情况毛的长度以不遮眼为宜，鬣毛5～10 cm长，尾毛长度至跗关节下方10～15 cm为宜，形状似毛笔式或剪齐下端，尾毛也可编辫子；距毛应当剪去，使四肢显得修长而灵活。马的鬐甲毛不需要修剪。

任务二　马匹用具

一、马衣

在国外经常使用马衣(毛毯、马被)保护马体。国内目前较少使用马衣，仅少量引进的良种马和价值很高的比赛用马，有时使用马衣。因国产马适应性较强，耐热抗寒，无须马衣，另外也与经济条件有关，马衣有多种，可用于不同的目的和场合，使用时合理选择。

夜间马衣(马厩内马衣)：通常由棉麻和合成纤维制成，供马匹晚上保暖用。在晚上马匹卧地休息时会弄脏马衣，使用时最好准备2个马衣替换。

日间马衣：用混纺材料制成，通常在特别的活动和场合(如参赛或旅行)使用。

夏季马衣：用棉麻或合成纤维制成，热天时披上可防蚊蝇骚扰、防尘和防日晒。

防汗马衣：用网状毛棉织品或合成材料制成，在马匹剧烈运动后穿上这种网状马衣既可防止马匹因出汗后汗液未干感到寒冷，同时又利于汗液散发恢复体温。

训练马衣：这是一种比较小而呈方形的马衣，在冷天慢步运动时用于马的背腰部和臀部保暖，不能用于快步运动，否则马匹出汗后汗液无法散发。通常放在马鞍下面，在马衣后面有一条绳带，可绕过马的臀部固定马衣，以防止向前翻折。

新西兰马衣：为马匹在寒冷季节进行厩外活动时专用，具有防风防雨的功能，不适合在马厩内穿用。有些是用帆布制成，个别部位有羊毛衬里，适合长时间在厩外活动的马匹使用。

使用马衣时要选择合适的大小,其长度从鬐甲前面到臀部,所有马衣都必须覆盖马的背腰,宽度要盖住马的整个躯体。特别是新西兰马衣,其宽度必须达到腹部下以防风雨。对马体的突出部位(如鬐甲和肩关节顶部等)要经常检查有无皮肤摩擦伤。马衣要经常刷洗,保持柔软干净。长期不使用时,要洗干净,保管好,要防潮防虫等。

二、护腿

护腿的种类较多,主要用于预防马匹四肢下部损伤。在使用时要根据不同的目的选择合适的护腿。

防擦伤护腿:这是最常使用的一类护腿,主要用于保护管部的内侧,防止因交突而受伤,包括球节护垫和橡胶圈。

肌腱护腿:用于保护马四肢下部后侧的肌腱,同时还具有防擦伤护腿的作用。

前开口护腿:这种护腿在管部的前面是开口的,用于保护前肢的肌腱,防止因后肢追突而踩伤,与防擦伤护腿相类似,附有一个特定形状的软垫以保护肌腱和球节,主要在越障比赛中使用。

马球护腿:有多种形状,比一般的护腿大一些,仅用于打马球时保护马腿,防止被马球或球棍击伤、擦伤或踩伤等,这种护腿比较厚重,不适合日常使用。

旅行护腿:比一般护腿长、厚,只在马匹长途运输时使用,用于保护四肢腕关节或跗关节以下部分。

制作好的护腿要与马腿的外形相适合,形状不适合的护腿戴上后会形成皱褶,从而压迫皮肤和肌肉,可能引起永久性损伤。护腿只在短期内起保护作用,如果长期佩戴可引起局部皮肤溃疡,特别是在潮湿环境下更要注意。护腿一般成副,如防擦伤护腿和肌腱护腿通常4个为一副,同一副护腿前、后腿的形状不同。戴护腿时扣带要位于马腿的外侧,先扣中间的扣带,再扣上边的扣带,最后扣下边的扣带,以使护腿上下松紧一致,戴上后扣带的末端向后。取下护腿时先松开下边的扣带再松开上边和中间扣带。护腿要经常刷洗,保持柔软干净,如果长时间不刷洗护腿会变硬,使用时可能会压迫或磨伤皮肤。

三、护蹄碗

护蹄碗呈喇叭状,由橡胶制成,套在蹄冠部,包在蹄的周围,用以保护蹄踵部和蹄冠部,防止因追突而受伤,故又称为防追突护碗。使用时先将护碗向外翻转由马蹄套于系冠部,套上后再向下翻转包裹整个蹄部。

四、护膝

护膝一般用厚毛毡、皮革或合成材料制成,主要在长途运输马匹时使用,也可供马匹在道路上训练时使用。护膝的上端和下端各有一皮带,使用时上端的皮带必须系紧,以防护膝下滑,皮带只是防止护膝上下拍动,不能太紧,下端的较为松弛以免妨碍关节的活动。

五、飞节套

飞节套用于运输马匹时保护跗关节，使用时必须先在马厩内戴好，让马适应，上下端的皮带的使用与护膝皮带的固定方法相同。

六、弹性圈

这种香肠状的弹性圈，使用时套在四肢的系部，以防止马匹躺卧时因蹄铁尾部摩擦其肘部而受伤，也可防止球节部摩擦地面受伤，而且仅在这种损伤经常发生时使用，不能用于日常保护。

七、保护绷带

保护绷带用于防止马匹四肢下部损伤，或包扎外伤，或用于保暖，为保持尾部清洁和防止尾毛被磨掉等可用腿绷带和尾绷带加以保护。用于外伤包扎的腿绷带或在马匹运输中预防腿伤的绷带比较长，用于在训练中保护腿部肌腱的绷带比较短，仅包扎于腕、跗关节以下球节以上部位。

任务三　马厩建造与组成

在国外，马厩设计是一门专业学问。这里我们不敢妄加谈论，但是根据我们对国内外马厩的参观学习，提出如下原则性的建议：实用第一、美观第二、因地制宜、科学设计。

马厩是马匹生活的小环境，应力求适合马匹生活的需要。马厩的建筑、位置及附属设施等对马匹来说是非常重要的。建造马厩时要充分考虑地理位置、地势地形及其周围的环境、风向、水源、排水、防疫和交通等诸多因素，同时具体到马厩和调教训练场地，以及各种附属建筑的设计上也需要在方位、样式和规格等方面慎重考虑。如大门尺寸、单间面积、饲槽尺寸、厩窗高度及大小、采光、面积、排水、排污及通风等一系列问题，都应符合马匹的环境卫生学标准。除此之外，马厩的设计在南方温暖地区还要考虑防暑降温；在北方寒冷地区要考虑防寒保温。马厩及其附属设施的好坏，直接影响马的健康和安全，也影响饲养与管理，储存草料，装蹄和疫病防治等。马厩的设计要因地制宜，以经济实用、坚固为原则，防止因马厩设计不合理或不牢固给人或马带来危险。马厩要干燥，通风、采光良好，管理方便，保持适宜的温度和湿度，有方便的供水与良好的排水。

一、马厩的选址

建造马厩应选择干燥平坦的地方，马厩的方位在寒冷地区要求避风向阳；在热带地区，则要迎向夏季主风向，但又要避免太阳直接辐射。马厩的建造在一定程度上还要充分考虑其附属设施（如草料储存室、饲料调剂室、鞍具室、饲养员休息室、工具室、装蹄室、伤病处置室以及刷拭、洗浴马匹的地方，运动场和休闲场等），而且各种附属设施都要求使用方便，距马厩不能太远，又要安全防火。

二、马厩的类型

马厩的类型有多种，大体上可分成开放式（半开放式）和封闭式 2 种类型。

开放式马厩：是最经济的一种厩舍。从马的生物学特点来说也比较适合这种厩舍。但开放式马厩也有很大缺点，在冬季天气寒冷时无法保暖，寒冷的北方特别不适用，在南方虽保暖无太大的影响，但在夏秋季节易受蚊蝇的干扰。

封闭式马厩：封闭式马厩无论在寒冷地区，还是在热带地区，对马匹来说都是比较好的建筑。它可以给马以最大限度的保护，在北方可抵挡风寒，在南方可防太阳辐射，马厩最适宜的温度是 6～12℃，在冬季如果马厩保温情况良好，马体自身的散热就可以保持温暖。采用封闭式厩舍马的小环境也容易控制，马厩的排列可分单列式和多列式两种。马匹少时可用单列式，马匹多时可采用头对头的双列式或多列式，屋顶可为脊顶或平顶。图 4-5 展示的就是一种封闭式马厩。

图 4-5　封闭式马厩

三、马厩单间

运动用马要求精细的饲养管理，马匹多为单间饲养（图 4-6），单间为马匹提供了一个非常好的休息环境，马匹在里面可自由地活动或卧下休息。单间的面积因马匹种类不同可大可小，但太大会造成不必要的浪费，太小又不利于马的安全和管理。一般情况体高 150 cm 以下的马，单间面积应有 8～9 m^2，体格大的马则应有 12 m^2。

马厩单间的门应开于单间一侧，中间通道两侧相对单间的门最好左右错开，门的高度至少 2.1 m，门宽至少 1.1 m，但不是绝对的，应根据马的大小而定，门的形式可视具体情况而定，如果采用对头式双列马厩，其中间通道一般为 2.5～3.0 m 宽。如果是开放式单列马厩，其前挡墙为 1.4～1.5 m，隔墙为 1.8～2.0 m 即可。

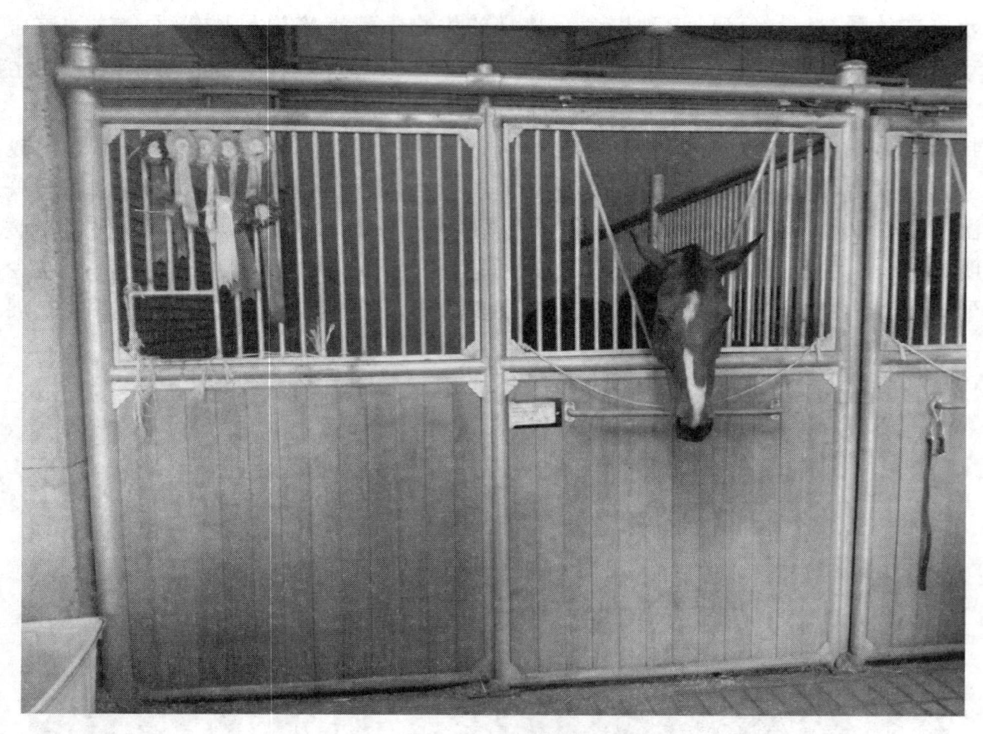

图 4-6　马厩单间

四、马厩地面

马厩的地面非常重要，要求防滑、防潮、耐用。一般有沙地、土地、三合土、砖、水泥和木板等，通常采用水泥地面，既坚固耐用、经济方便，又便于冲洗和卫生消毒、防疫等；但缺点是地面潮湿、光滑、保温性差而且太硬，马匹容易滑倒而受伤，为此常需铺垫锯末或刨花等（图 4-7）。木板是最理想的地面，但投资太大又不便于冲洗。马厩地面必须有一定的坡度以便于排水，但坡度也不能太大，一般前高后低，设置 10～15 cm 的坡度。排水道可位于远离马槽、喂草架（网）和门的一个角，或设在单间外面。在马厩中间通道的两侧应设排水沟，最好是浅的明沟，尽量不设暗沟。

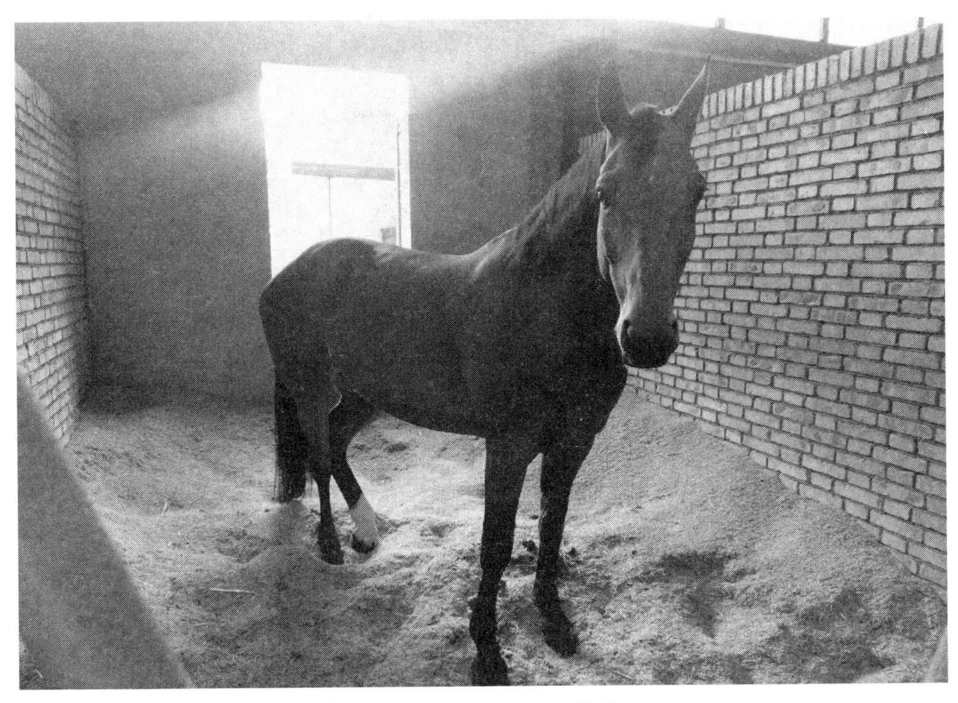

图 4-7　马厩地面多用锯末铺平

五、马厩门窗

门窗的大小、高低与马厩的通风采光有直接关系。新鲜空气可通过门窗进入厩内而流通，臭气可通过马厩顶部的排气窗或排气孔排出。排气窗(孔)的设计只能让空气进出，不能进雨水。窗(图 4-8)的大小应与地面面积成一定的比例，一般以 1∶10 为好，窗高为 1.5～1.8 m。在北方寒冷地区，马厩的大门主要抵抗风寒，关门后要严密，最好用滑动门，门高约 2.5 m，宽约 1.2 m。

六、供水与电源

每栋马厩都要有水阀、电闸，根据具体情况可每 2 个单间设 1 个水龙头。所有电源设备必须使马触及不到，照明灯要能给予最大的光亮度，灯外面要装防护装置，开关应采用防触电开关，安装于厩外。在日常工作中要注意及时关水闭电，及时检修水电设备，防止长明灯、长流水及存在的事故隐患。

七、固定装置

马厩内的固定装置不宜太多，以免影响马厩整洁。

拴马环：每个单间内设 1 个拴马环，但必须固定牢固。

图 4-8　马厩的窗户

饲槽:饲槽应位于单间内门旁的夹角处,最好用水泥制作,优点是坚固耐用,外沿要呈圆形以避免突出或有棱角的地方伤害马匹,槽的内角要做成圆角以便于清洗;饲槽的高度约与马的前胸同高,80～120 cm;槽的深度要适当,不能太深或太浅,若太深采食时槽边会磨马的下颌部,太浅草料会外掉,槽的大小视需要而定,如果用喂草架喂干草,饲槽仅用于喂精料则不需要太大,若用饲槽喂干草可适当大一些。一般其长度为 75～80 cm,上宽 40～50 cm,底宽 30～40 cm,深 30～40 cm。饲槽与水槽(图 4-9)应分开,水槽也可用水桶代替,但要固定好以防被马碰倒。

图 4-9　马匹自动饮水器

喂草架:用喂草架给马喂草,可减少草的浪费,是一种比较好的饲喂方法。喂草架用铁条制成,固定在单间的一角或墙壁旁,其高度应根据马的体高而定,一般以不碰马体稍抬头即可采食为宜。不可太高，否则马仰头吃草时草中的草籽和灰尘会伤害马的眼睛。

八、附属建筑与设施

草料室：草料室应与马厩分隔开，以防止灰尘进入马厩或发生火灾时伤及马匹。草料室要通风良好，地面干燥、防潮，可用木板或石条等垫在地面上，将草整齐垛在木板和石条上，与地面隔开。应配备消防设施，在马厩和草料室都要有足够的灭火器具，其数量应依据马厩和草料室面积，在专业消防人员指导下设定。在醒目位置要设禁烟禁火标志。

鞍具室：鞍具室要干燥防潮，大小应能装下所有需要的马具等物品，要设置固定的鞍具架或落地鞍具柜等(图 4-10)。

图 4-10　鞍具室

马粪存放池：存放池要远离马厩，但要方便运送，最好位于马厩下风处，离草料室也不能太近，更不能离周围居民或人行道太近，池内马粪要经常清理，以防污染周围环境。

此外，相关设施还有饲料调剂室、饲养员休息室、工具室、装蹄室、伤病处置室以及刷拭和洗浴马匹场所等，可根据实际条件和需要尽可能考虑修建。

九、运动场或休闲场

马匹生性好动，特别是运动用马，每天都需要有适当的活动，正常调教或训练之外也不应限制其自由活动，轻微的活动比呆立不动更有利于消除疲劳。如果马匹整天待在厩内不活动，长此以往会使马匹养成各种恶癖，如啃物、晃头、刨地等。此外，长期不活动的马也容易造成胃肠功能减弱、四肢病和蹄病等，为此在建造马厩时要充分考虑马匹的运动场地，最好有大、小 2 个运动场。小运动场(即小沙圈，图 4-11)呈圆形，半径 5～10 m，围栏(或围墙)要坚固，高 1.8 m 左右，以防马跳出。马匹的初期调教可在小沙圈内进行，有条件可建造一

图 4-11　小沙圈

个带电动行马机的练马圈，在圈内每匹马之间由隔板隔开，圈的大小可根据需要而定，一般以最多容纳 4～6 匹马为宜，可用于马匹的辅助训练或进行某种目的的训练，对于经常不活动的马每天要放到大沙圈或休闲运动场（又称逍遥运动场，图 4-12）去自由活动。休闲运动场的面积可大些，具体根据马匹数量和实际条件而定，每匹马不能少于 20 m^2 的面积，用沙子作地面。马匹可自由活动、沙浴、晒太阳等。运动场的地面在干旱季节时要经常洒水，雨季要注意排水。有条件的也可以建造室内运动场（图 4-13）。

图 4-12　休闲运动场

图 4-13　室内运动场

任务四　马匹运输与检疫

马匹补充，远离驻地执行任务或参加比赛等，都需要进行运输。在运输途中，由于环境急变，运输工具的颠簸，马匹长时间地站立比较疲劳，容易引起胃肠疾病和肢蹄病等的发生。因此，在运输途中要加强马匹的饲养管理，及时饲喂，注意运输安全。根据实际需要可给马匹装尾绷带或尾保护装置，装旅行绷带或旅行护腿、戴护膝、飞节护套及头部保护装置等以防止马匹受伤。运输工具有火车、汽车和飞机等，可根据马匹数量、运输距离和具体条件选择。

一、火车运输

马匹数量多，路途比较远，用火车运输比较安全可靠，一般 30 t 车厢装 12～14 匹，50 t 车厢装 16～18 匹，60 t 车厢装 18～20 匹，散装或短途运输时可略多装一些。车厢除装载马匹外，还应留有放置草料的水桶和清扫饲喂用具，以及随车饲养人员休息的地方。通常是在车厢的两头装马，中间装草料及清洁用具等。装车前要检查车辆有无安全隐患，车厢内不能有尖锐的金属物体，马匹上车用的跳板与车厢连接要牢固，车厢对面的车门要关牢。马匹上车前不宜喂饱，但要饮足水。上车时牵马要短握缰绳，先牵老实温顺的马上车，诱导其他马随之而上。马匹上车后要立即固定好隔离栏杆(马可不拴)。给草使其安静之后再给足草料和水。为防止马匹在运输途中滑倒,可在车上撒一些干草或沙子等。车厢内应有若干人看管,马匹在行车途中要多给草和饮水,少给精料,及时清除粪尿,注意通风换气。到达目的地后放好跳板,按顺序缓慢下车,下车后要找安全地方遛马、刷马和饮水。

二、汽车运输

马匹数量少,短途运输,用汽车比较方便,装车前要检查车厢栏板、车厢底板是否牢固,清除尖锐物体,加高车厢栏板,构筑装卸台。车厢最前面应留出 50～60 cm 的空位,用圆木与后面隔开作为堆放草料和饲养员的座位等。一般解放牌汽车可装马 5～7 匹,最好前 3 匹马头向一侧,后 3 匹马头向另一侧,中间用圆木隔开,缰绳要拴牢固,长短以互不相咬为宜。汽车运行要稳,避免急启急停或急刹车。在上下坡、险路、不平道路、转弯和会车时,均应缓行,以避免发生意外。此外,如有条件,可用专用运马车(图 4-14、图 4-15)或飞机运输(图 4-16),更为方便快捷和安全。

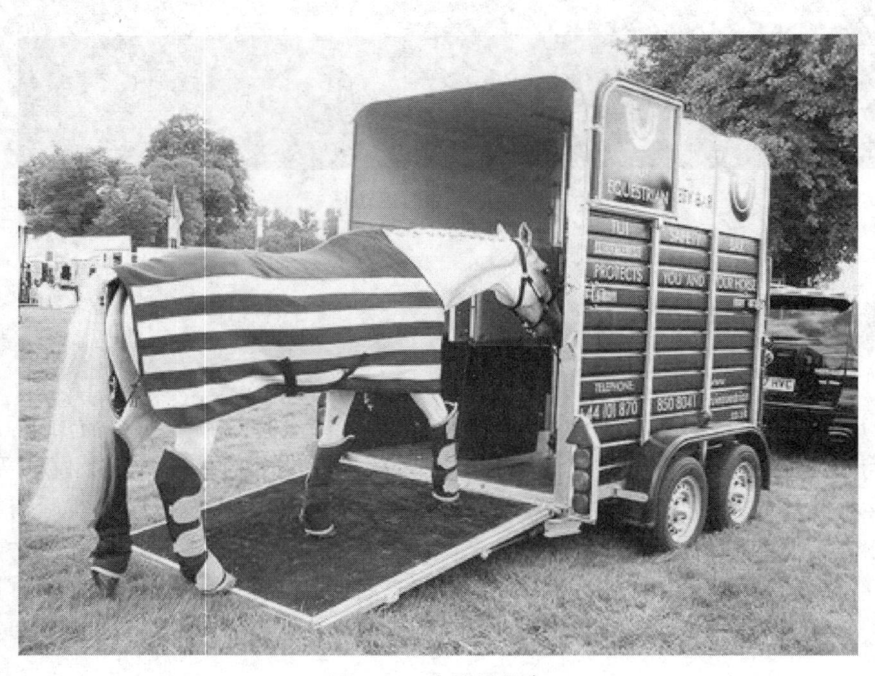

图 4-14　小型运马车

三、飞机运输

尽管马匹的进出口运输在空运界里不是最热门的业务,但在国际上每年还是有成千上万的马匹飞梭在空际之中。赛马出境除了需要有人类一般的持国际通用护照外,起程前也需要办理移民申请,经过层层审核文件,办理各种严谨的手续,才能顺利地取得居留、移居至另一个国家的权力。

图 4-15　大型运马车

图 4-16　马匹飞机运输

现在，远赴重洋选购良驹再也不是专业马术队的专利。近年来，随着国人对马术的热爱有加，对马品种的认知加深，加上出国的便利，许多私人马主纷纷跨洋过海挑选购买心仪的马。然而，面对繁琐的马匹进出口手续和繁多、生疏的文件条例，许多准伯乐们头痛不已，从以下几方面着手准备很有必要。

（一）运输手续

马匹进入国内，在工作上分为两大步骤：第一为国内的进口申请，第二为出发国的出口手续。将到中国的马匹在原产国时必定要先通过两国农业部动检条款的出口检疫项目。在国内和国外的申请工作中，都需要找一个经过有当地政府单位核准的检疫场所。而这些烦琐的进口文件工作更要委托一个对马匹进出口有实际经验，可以加以信任的进出口代理公司来代为办理，以免代办者经验不足或在抵达通关时准备的文件不齐全，导致领取延迟，马匹在机场等待等烦恼。

(二)检疫与隔离

初期的检疫非常重要，只要是有生命的动物，就可能携带病原。某些病原入侵后在动物体内处于潜伏状态。对出口的马匹动物而言，当要离开自己的国度时，在体内的某些病菌或抗原往往是许多国家在进口接纳上的审核关键。每个国家对马匹进口的疫病接受要求都不一，对于由欧洲出口至中国的马匹，马鼻肺炎、马病毒性动脉炎等疾病都是基本要求的检疫项目。这些病原或者抗体的阳性反应也是许多马匹过不了初期检验或正式检疫门槛的主要原因。只有在马匹还未进入正式检疫隔离期前，安排初步的抽血送验，同时了解马匹的疫苗免疫历史记录才能保障新马主的基本权益。

在通过初期的化验后，欧洲的马匹可以进入正式的官方 30 d 隔离与检疫。每个能作为隔离所的地点都必须经由出口国的官方批准，在这里，将出口的马匹在隔离期间需要抽血验检六至八个项目，以作为官方在签署健康证明文件时的出口放行依据。在隔离期间，成批出口的马匹若有一匹在化验报告上显示规定项目中所不允许的阳性反应，可再次复验，但一并同行的马匹也需要再次抽血重审陪验。复审不仅仅增加费用，通常也会影响到预定的出发期。通常在隔离的马匹中若有特定的阳性反应，马匹则会被淘汰，那么，因此损失一个集装箱空位是必然的。所以马匹在进入官方检疫期前，初期的化验非常重要。

(三)旅途注意事项

马匹在离开检疫场前的 24 h 需官方到场检查。除了确认正式的化验报告符合出口标准外，还会为每一匹马做外观检察。看看马匹是否有病态的表现，或有不宜飞行的症状。当一切都确认无误后，官方签署可放行的健康证明书。无论是空运或内路运输的马匹，身份证明或护照都是必须同行携带的文件。进出口的双国准许证书是最重要的文件。

动物报关的登机手续并不像人类般的简便，大部分的航空公司会要求马匹至少在起飞航程时间前 5 h 运达机场报到。一般至国内的马匹专用空运柜(图 4-17)，是一个活动型总载重不超过 6 800 kg 由镁铝合金制成的集装箱。空间里大约可容纳三匹成年马，有时可一同运输 5～6 匹的轻小幼驹。无论让两马匹享受公务仓，或只装载一匹的头等仓位，航空公司都以一个集装箱单位来收取租费。有时属袖珍型的马匹也会使用大型的狗箱来单匹装载，价格当然会比集装箱便宜许多。

由于空间上与质量的限制，航空公司对马匹的随身物品也有许多规定，每匹马所允许的随身行李为一副笼头及马衣一件。为了飞行安全，在运输的过程中随护人员无法进入集装箱内，所以，禁止给马穿上马衣与打绑腿。机舱内通常会保持 18℃ 的平均温度，在集装箱内会高几度，所以马儿并不会感到寒冷。部分马受高空影响会有脚部肿胀的现象，所以尽量不要空运带伤口的马匹，以免伤口受到飞行气压影响而导致马匹的伤口肿胀、疼痛与不适。如果载运的飞机是与乘客合并的改装商用客机，航空公司会等至一般旅客开始登机时，才最后将马匹的集装箱运入机尾端的货舱处，以免航班误点造成马匹在机上因闷热导致烦躁。

除了在起飞与降落时或受耳压的影响，感到些少许的紧张，一般来说马匹在起飞后很快就会适应飞行状态，多数接着会开始睡眠。随行的专业看护人员会在一旁对紧张的马匹加

图 4-17　马匹的飞机运输

以安抚。为了避免肠胃的不适所带来的危险，在飞行途中只供应草料与干净的饮水作为马匹的飞机餐点。随机的专业看护人员会定时检查马匹的状态，喂补饮水。马匹在 24 h 运送期间内不进食草料也是无大碍的，旅途中尽量不要打扰马匹休息。某些易紧张的马匹在飞行中会拒绝摄取水分，一部分马匹会在抵港回到平地上后开始恢复饮水或进食。这时马匹如依然拒绝饮水应该加以注意，以免造成脱水的现象。

(四)抵达目的地注意事项

当航机抵达后，如果官方文件和报告齐全，马匹即可通关，领回。但是在报关途中应及时敞开集装箱的部分窗口，驱散马匹箱内热气，保持空气的流通，在夏季还应该及时为马匹补充水分。当完成通关的手续后，在航空公司或相关人员的允许下最好要求带回同行剩余的马匹饮水和草料，协助马儿适应新国度的水土。另外马匹也会因地区时间的不同而有时差。不过，一般都很快就可适应新时区。还有就是某些马在落地后会有轻微发烧的现象，大至来说会在数小时内恢复正常的体温，如高烧不退则要加以注意。

四、马匹检疫制度

严格防检疫制度“预防为主、防重于治”。每年定期进行重要传染病的检疫和防疫注射。检出病畜及时妥善处理。定期进行环境和工具、设备消毒。场外另设隔离厩，新马需经隔离检疫后，确认健康才能进入生产区。及时给新马驱虫。行政办公、仓库和生活设施(宿舍和食堂等)应与生产区隔离。生产区设门卫，严格制度，非工作人员未经批准严禁入内。禁止外来车辆进入生产区。生产区大门及各马厩门口均应设消毒池，工作人员及车辆进出均需消毒。防疫工作可能代价较高，但从马匹安全和健康的角度考虑实为必要。

任务五　装蹄

蹄是马匹运动器官的重要组成部分，是四肢负重的基础。蹄的健康与否直接影响马匹的运动能力和各种任务的完成。俗话说："远看一张皮，近看四个蹄""无蹄则无马"，这也说明了蹄对马匹的重要性及护蹄的重要意义。装蹄的好坏，与马蹄的健康和马匹的运动能力有着直接关系。合理的装蹄可防止蹄角质过度磨灭或延长，预防蹄变形和肢蹄病，保持马匹肢势和蹄形正常。若装蹄不良，如蹄的倾斜角度不正或蹄内外侧不同高等，蹄负重不平衡，破坏了肢蹄肌腱和韧带的正常状态，引起四肢运动异常，并容易疲劳，长期可诱发蹄变形或肢蹄疾病，严重影响或降低马匹的运动能力。因此，要全面正确地掌握装蹄知识，做到合理的装蹄，避免因装蹄失误造成不良后果，保证马匹的肢蹄健康，提高马匹的运动能力。

一、蹄的解剖构造

蹄的解剖构造比较复杂，是由角质（表皮）、真皮、皮下组织、蹄软骨、骨骼及关节、肌腱、韧带、血管和神经等构成。

（一）蹄的外部构造

蹄的外部是一种没有血管和神经分布的无知觉、坚硬而有一定弹性的角质化组织。它形成了蹄的一个角质外壳，称为蹄匣。蹄匣保护着蹄的内部组织免受外界的各种损伤，同时又是马匹四肢负重的基础。蹄的外部主要由蹄冠、蹄壁、蹄底和蹄叉等构成。

蹄冠：位于皮肤下端无毛部分的蹄缘下方与蹄壁之间，从外表看蹄冠与蹄缘共同呈一条灰白色稍隆起的带，围绕在蹄匣的上方，前面稍窄，向后逐渐变宽。

蹄壁：蹄壁是蹄放在地面上可看到的部分，是蹄冠角质向下的延续，直至蹄壁底缘，环绕在蹄的前面和两侧。蹄壁按其部位又分为蹄尖壁、蹄侧壁和蹄踵壁3部分。蹄尖的前方叫蹄尖壁，约占蹄壁的3/9；蹄壁的两侧方叫蹄侧壁，每侧各占蹄壁的2/9；蹄壁两侧的后方叫蹄踵壁，每侧各占蹄壁的1/9。两侧蹄踵壁向蹄底前方折转形成蹄支，其折转角叫蹄支角。蹄壁由3层组成，其外层薄而有光泽叫蹄漆层，覆盖在蹄壁的表面，在蹄壁的下部因受外部摩擦而逐渐消失。蹄漆层有防止蹄内部水分向外散发和蹄过度吸收外部水分的作用。在蹄壁的表面有许多横向的细沟和隆起，此隆起为蹄轮，它是随着蹄壁的生长和受身体质量压力而产生的，正常蹄轮间距均匀，在同一水平线上。如果出现蹄轮间距不均匀或不在同一水平线上等异常蹄轮，表明马匹营养不良或蹄部有病，前者多表现为4个蹄，后者仅发生于1个蹄或某个蹄的局部。

蹄底：位于蹄的下面，白线内方和蹄叉的前方与侧方之间，外形呈半月状。其后面为一个尖端向前的蹄叉。蹄底中部向内凹陷，形成一定的弯隆度。由于蹄底的这种结构，在蹄着地时不是以全蹄底着地负重，而是以蹄底外围部分与白线、蹄壁底缘共同构成的蹄负面（也是蹄铁附着的部位）着地承担体质量，这样可以避免地面突起物冲击蹄内部组织，同时还有缓冲地面对肢蹄的震荡作用。

在蹄壁底缘与蹄底角质外缘之间有一淡黄色的带状软角质，称为白线或淡黄线。沿整个蹄壁底缘内侧，环绕在蹄底角质外围，至蹄支的末端而消失。白线是蹄壁角质与蹄底角质的结合部，是装蹄下钉的标志。如果发生白线裂时，蹄壁角质与蹄底角质的结合受到破坏，可引起蹄底下沉或与蹄壁角质相分离。

(二)蹄的内部构造

蹄的内部主要由骨骼及关节、真皮、皮下组织和蹄软骨等构成。这些组织被尖锐物体通过蹄底或蹄叉刺入都可能受到损伤。

蹄叉：位于蹄底后方和两蹄支之间的三角区内，呈三角形的楔状体。在蹄叉中间和两侧有三条明显的沟，两侧的沟叫蹄叉侧沟，中间的沟叫蹄叉中沟；蹄叉中沟两侧的隆起部分叫蹄叉支；在中沟前端两蹄叉支的联合部叫蹄叉体；蹄叉的前端称为蹄叉尖。蹄叉角质软而富有弹性，有缓解地面的反冲力、防滑和促进蹄开闭机能的作用。由于蹄叉侧沟比较深，粪尿和污物等容易在沟内存积，长期可引起蹄叉腐烂分解。因此，要求每天给马匹抠蹄，以预防蹄叉腐烂。

二、装蹄准备

(一)蹄铁与蹄钉

蹄铁是依据马匹蹄部的构造、生理机能及蹄的形状、大小等特点而制造的。根据蹄铁的不同用途，又分为普通蹄铁、防滑蹄铁和变形蹄铁等。普通蹄铁是马匹平时经常使用的一种蹄铁，它主要起保护蹄部、防止蹄角质过度磨灭的作用；防滑蹄铁是马匹在冰雪路面上运动时使用的一种蹄铁，又叫冰上蹄铁。变形蹄铁是用于矫正变形蹄、异常步及配合治疗某些肢蹄病的一种特殊蹄铁，又叫矫形蹄铁。

根据马匹前后蹄的形状特点，将蹄铁分为前蹄铁和后蹄铁，其形状与蹄的形状相符合。前蹄铁的形状为钝卵圆形，横径最广部在蹄铁的中部；后蹄铁的形状为尖卵圆形，横径最广部在蹄铁的中 1/3 与后 1/3 的交界处。根据马蹄的大小不同，蹄铁也分为大小不同的号码，一般是号码小蹄铁也小，号码大蹄铁则大，如 1 号蹄铁最小，2 号蹄铁较 1 号大，依此类推。蹄铁依其部位分为铁头、铁侧、铁尾、上面(接蹄面)下面(接地面)、钉沟、钉眼、铁唇内面和外面等部分。

蹄钉在装蹄时用于固定蹄铁，其质量的好坏直接影响装蹄的质量。蹄钉要求有一定的硬度和韧性，其表面应光滑平坦，无裂隙、毛刺、钝尖和生锈等。蹄钉也分大小不同的号码，通常使用 4 号。蹄钉依其部位分为钉头、钉身和钉尖。

(二)装蹄工具

由于各地方给马装蹄的操作方法不同，所使用的工具也不完全相同。但经常使用的工具有装蹄锤、剪蹄钳、剪钉钳、削蹄刀或铲刀、蹄锉、钉节刀、弯钉钳等。如果使用铲刀削蹄还需要蹄凳，修配蹄铁时需要铁砧和手锤等附属工具。

三、装蹄步骤及方法

(一)取除旧蹄铁

左手把钉节刀的刃部抵于蹄壁与蹄钉钉节之间,右手用装蹄锤锤打钉节刀背部,将弯曲的钉节展开或切断。

把剪钉钳在铁尾与蹄负面之间夹入,将铁尾部夹住向内或前掰压剪钉钳,待蹄铁松动后,剪钉钳逐渐向前夹直至蹄铁离开蹄负面,之后,用同样的方法将蹄铁的另一侧取下。如果旧蹄铁装钉得比较牢固,用上述方法取除困难时,也可用剪钉钳夹住蹄铁使其松动后,再把蹄铁打复原位,用剪钉钳将突出的蹄钉逐个拔出,旧蹄铁即可取掉。

取除蹄铁的另一侧时,剪钉钳仍向内掰压,不可向蹄的外侧掰压,以防损害蹄壁。旧蹄铁取掉后,应检查蹄壁内有无残钉,以防损坏削蹄刀或发生钉伤。取下的旧蹄铁和蹄钉不要随意丢在地上,以防人、马误踩而受伤。

(二)削蹄

蹄与系的方向(即趾骨轴)是确定削蹄正确与否,以及削蹄后的蹄形是否适应肢势的标准。因此,削蹄时要求蹄与系的方向一致。其判定标准:从肢前望,由系的前上方中央向蹄设一垂直线,将系部内外等分,垂线落于蹄尖中央,侧望时,系部的倾斜方向与蹄的倾斜方向成直线。若蹄与系方向前倾,说明蹄踵削切不足而偏高,蹄与系方向后倾是蹄踵偏低或蹄尖壁过长;蹄与系方向外倾,说明蹄的外侧低内侧高,蹄与系方向内倾则蹄的内侧低外侧高。上述现象都会造成体质量偏压于蹄的低侧,破坏蹄的平衡负重,久之会诱发变形蹄或肢蹄疾病。因此,在削蹄时应力求做到蹄与系的方向一致,不一致应及时给予修整或矫正。

正常左右蹄的大小应相同,蹄的长度也应一致。蹄的大小通常是以该蹄所装用的蹄铁的号数来表示,例如,装 1 号蹄铁的蹄子即为 1 号蹄,以此类推。马 1 号蹄蹄尖壁的长度约为 76 mm,每大 1 号,蹄尖壁长度增加 2 mm。但在实践中不可能逐蹄测量,因此在削蹄时为了做到心中有数,常以手指基部测量蹄尖壁的长度。一般蹄尖壁的长度为 78～80 mm,稍小的蹄 72～76 mm,较大的蹄 84～88 mm。

马正常的蹄形,蹄尖壁与蹄踵壁的长度比例,前蹄约为 2.5∶1,后蹄约 2∶1;蹄尖壁与地面的角度,前蹄为 50°～55°,后蹄为 55°～60°。

蹄负面削切必须平坦,并与蹄铁能紧密相接,不留空隙,蹄底应削出一定的穹隆度;蹄叉要削出固有的形状,其高度应略高出蹄负面;蹄支一定要削出横断面,保持与蹄叉基本同高,蹄支与蹄叉支后端相连接的部位要彻底削开,以促进蹄的开闭机能,预防发生蹄踵狭窄等变形蹄。

(三)蹄形要求

左右蹄的大小、长度要相同。可在蹄底下面,通过测量由蹄尖至一侧蹄支角的斜直线(A 线)和蹄底面最宽部位的横线(B 线)来判定蹄尖壁的长度,正常蹄这两条线的长度应相等,如果斜直线比横线长,表明蹄尖壁长,应修削。蹄的内外侧要同高,保持蹄的负重平衡。否则身体质量偏压于蹄的低侧,破坏蹄的负面平衡,久之会诱发蹄病。

(四)修配蹄铁

蹄铁的大小必须按照蹄形的大小选配，即蹄铁必须适合蹄形。蹄铁过大容易落铁或运步异常，过小容易发生钉伤。如果蹄铁局部与蹄形不完全相符合时，应适当修整蹄铁，绝不能"削足适履"而用蹄形将就蹄铁，否则会招致蹄变形等。正常蹄形装上蹄铁后，在蹄尖和蹄侧部，蹄铁外缘与蹄壁外缘大小一致，或略大于蹄壁外缘(不超过 1 mm)，由蹄踵部向后蹄铁外缘应逐渐大于蹄壁外缘，留有 1～3 mm 的剩缘，蹄铁的铁尾应比蹄踵角长出 3～5 mm 的剩尾。

修整后的蹄铁上面(接蹄面)要平坦，外缘要平整，并保持钉沟和钉孔的完整，蹄铁装上后，防止留出三角剩尾，特别是内侧铁支，以防发生交突等。

(五)装钉蹄铁

蹄铁经修配与蹄形相适合后，用蹄钉将其固定在蹄负面上。一般马的蹄子每侧下 3 个钉，每蹄 6 个钉，较大的蹄每侧可下 4 个钉，不要把所有钉孔都钉满。下钉太多不但不能保持蹄铁的牢固，反而会破坏蹄壁，发生落铁或蹄病。最后方的蹄钉负荷量较大，应注意装钉牢固。

蹄钉要由白线外缘钉进，在蹄侧壁长度的下 1/3 与中 1/3 的交界线处出钉，每钉间隔距离应力求均等，避免两个钉相距太近。若下钉过深易发生钉伤，下钉太浅易发生落铁或崩蹄。蹄钉钉出蹄壁后，用剪钳剪断钉身并将其断端向上弯曲一部分。一般要求钉节的长度应与钉身的宽度相同或略小于钉身的宽度，近似四方形。防止钉节过长或过短，并且要弯曲确实，紧贴在蹄壁面上，特别是蹄的内侧，以防引起肢蹄外伤。

以上所述是马匹正常装蹄的最基本要求，是保证装蹄质量，消除或减少因马匹肢势不正和装蹄不当造成不良影响的关键。但是在实践中由于每匹马的肢势和蹄形不同，装蹄时需依据各自特点采取不同的装蹄方法。

思考题

1. 马匹刷拭工具有哪些？简述之。
2. 简述马衣的分类及使用时机。
3. 简述马厩的基本设计要求。
4. 装蹄的工具有哪些？简述之。
5. 简述装蹄的基本操作步骤。

项目五

马匹驯导与骑乘基本技术

学习目的

通过学习，读者可以了解运动用马的培育过程，熟悉骑手骑乘穿戴的各种装备、马匹骑乘所需的各类装备；掌握生马调教的基本要求、过程、技巧；学会标准上马、下马动作要领；在学会基本骑乘技术的基础上更深层次地学习马的基本步法。

知识目标

学习运动马匹培育知识，包括选择培养、运动用马繁育技术；学习运动马匹调教训练基本原则；马鞍选择以及马鞍保养基本技术；学习马衔铁种类以及使用范围、方法；学习马匹基本步法理论及训练方法。

技能目标

通过本任务学习，能够正确理解马术运动骑手装备的正确选择与穿戴；能够掌握运动马匹骑乘装备的选择与使用；能够正确理解马匹驯导基本原则及驯导方法；能够根据教练指导学会上马、下马方法。

任务一　运动用马的培育

马术运动的开展，必先有合格赛马，否则无从谈起。我国马术运动的普及和提高，必须立足于本国马的基础上，我国已育成自古号称“天马”的伊犁马和内蒙古自治区呼伦贝尔市产的三河马，都是堪与外国品种相媲美的优秀轻型马种。国外运动用马品种很多，发达国家都有自己育成的品种，其中最具世界意义者为纯血马。该种马不但有重要的种用价值，而且有极大的实用价值，世界许多地方商业赛马都使用纯血马，凡属竞速性的马术项目均以纯血马最好。

一、运动用马的选择

（一）品种

任何轻型品种马都可作马术运动之用，关键在于个体本身是否适用。在适用的品种中挑选适用的个体，是简便有效的做法。

（二）类型

骑乘型和兼用型均可，乘挽或挽乘兼用咸宜，甚至个别挽型个体也可用。这主要因举行何种竞赛而定。

（三）体格

体高 100 cm，直至 170 cm 以上的马都可用。不必追求高大，尤其商业经营性者，更是如此。

（四）体质外形

供乘用运动项目者，按骑乘马要求选择。供轻挽用者按兼用马标准择优选用。

（五）年龄

2～18 岁，视个体早熟程度及发育状况而定。发育充分、接近成熟者即可使用，当骑乘能力开始下降时，即结束使用。

（六）性别

赛马中骟马最合适。公马也可使用，凭借其精力和体力创造好成绩。但公马多因雄性特征干扰违抗人意，且管理不便。少用母马，虽许多母马能力非凡，但从长远计，终非上策。

（七）毛色

原则上不限，任何毛色都出骏马。每一品种具代表性毛色中好马多。罕见毛色中也常有良骥。

二、运动用马的繁育

我国老一辈养马专家们对运动用马育种论断如下:“我国自古从无专用的轻乘马品种,以致今天很难寻得优秀的骑乘赛跑马。购用外国马参加国际比赛,他们绝不会把最优秀的马卖给我们,我们买到劣马能有何用?故必须用自己培育的良种马,方能为国争光,与我国之声誉地位相称。”

近年来我国各马术队从国外购进运动用马和淘汰赛马,只应作为权宜之计。为长远考虑,还必须培育自己的运动用马。在此方向上,我国现已具备良好基础的马品种有伊犁马、三河马、浩门马和山丹马。这些品种都应认真进行繁育改良,严格选择,进一步完善,以适应未来的需要。运动用马的具体繁育措施如下。

(一)提纯复壮

近年因种种原因,马匹育种工作陷于停顿,甚至倒退,著名的三河马、伊犁马退化严重,质量明显下降。优良母马失散、公马品质低劣,饲养管理粗放,系统有计划的选育工作完全废止。只重繁殖不问品质,甚至三河马混入蒙古马血液,而伊犁马、哈萨克马混淆难分,这都无法满足当前和今后马术运动发展的需要。育种工作首要任务应当是,恢复系统严密的育种工作,将品种提纯复壮,恢复到原有的乃至更高的质量水平。

(二)专门化选育

为满足马术运动和使役需要,三河马和伊犁马应向三个专门化方向分化选育:为轻驾车赛选育速步马型品系、为四轮马车赛和交通运输用选育轻挽型、为骑乘赛跑选育骑乘型的三河马和伊犁马。而山丹马则分化为两个方向:强化对侧步能力选育速步马型品种和交通运输用轻挽型品系。这些品种已具备了各专门化品质的遗传基础,进行严密、高技艺水平的选育工作,将能在本品种中分化出不同类型,使品种进化,适应社会发展的需要。

(三)导入外血

尽管三河马、伊犁马等品种已是堪称与外种相比的优秀轻型马种,具备许多优良性状,但速力仍与世界名马差距很大。为了改良提高,可以在繁育中再行导入外血。在保留本品种优良特性的前提下,改进速力品质。为提高快步速力和对侧步能力,可导入美国标准马和奥尔洛夫马血液;为提高跑步速力可导入纯血马血液。本品种含外血的程度应严格限于25%以下,对作育种用的杂种马应严格选择,注意保持本品种固有类型、体质和生物学特性。

我国运动用马要在极其多样、复杂的地理、气候和经济条件下生活和工作。因此,适应性强,耐粗饲,耐劳苦,抗病强是运动用马的第一品质,然后才是能力,这是育种的首要原则。只有群牧马业方式才能造就这些优良特性。因此,中国的运动用马只有在北方牧工最好的草原牧地上才能培育出来。为了进行这一创举,应在上级有关部门的支持下,由国家下达重点科研课题,组织马业界后起之秀,集中攻关。我国青年一代育马者需要具有超前意识,现在就着手研究筹划,为将来中国马术运动及竞技(赛马)用马的繁育、供应打下基础。

三、马的学习和记忆

行为可以分为两大类：一类是反射行为；一类是后效行为。反射行为完全是自动的，是对某一刺激引起定型化的反映，如哺乳行为、母性行为、性行为等都是动物不经学习，亦不需要经验，天生就会，因此亦称本能。后效行为是一种与反射行为无关的刺激所引起的行为。例如，经常采精的公马见到采精员的白色工作服，这种视觉刺激代替了母马外激素对公马的嗅觉刺激，引起同样效果的勃起反射行为。这种后效行为的驱力是公马的性欲，酬赏是公马的性满足，刺激物是白色工作服。可见，后效行为必须有几个条件才能巩固建立：①要有它本身的驱力才能建立，如食欲、性欲、活动的欲望；②必须有酬赏（包括惩处）；③必须不断强化、重复，使传入中枢神经的通路和反射行为建立稳固的联系。建立后效行为的全过程是学习，也就是调教过程。马学习的快慢、行为的准确程度和调教关系极大。调教技术取决于能否正确运用以下的原则。

（一）正确运用马的驱力

诱导马的感受器把后效行为联系起来，使学习项目和后效行为之间有时间上、空间上的连续性。例如，强制牵动一侧缰绳的头位平衡感和口角的压觉感，使马建立卧倒行为。当马卧倒时（可能最初是强制性的），立即给予食物酬赏。注意做到头的平衡感和口角的压觉感刺激，可以明显感受的程度，卧倒行为和酬赏在时间上紧密相连。

（二）必须运用反复性

使马建立稳定的中枢神经通路。诱导中枢有正确的正合过程（特别是复杂的动作），通过不断强化使马中枢神经有稳固的信息储存，即记忆。马的记忆虽不如 6 岁以上的儿童，但比其他家畜要好得多。

（三）运用正确调教技术

让马产生准确而迅速的后效行为。调教过程中要减少其他动因刺激，不使中枢产生记忆的遮盖或封锁。

马的记忆和学习素质很好。马除视觉外，有多种锐敏的感受器，而且能够牢记所感受到的刺激。嗅觉感受一两次即可有很深的印象，经强化可建立稳定的后效行为。例如，马认路、认人的记忆能力是惊人的，过路 1 次，厩舍、厩位经 1～2 次调教即可记忆。不正确的打马或伤害，可使马记仇。

早期社群经验的记忆，对行为的发展有密切关系。亲代的行为，即使在幼驹的早期阶段，亦可影响后期行为。如偷食行为、母马行为、私走行为、咽气癖等都和马的早期经验有关，马可以一生记忆。缺乏社群经验的舍饲马，就可能出现群体行为的异常。

由于马有很好的定向系统和记忆力，因而识途能力很强，即使离开数月，甚至数年，仍能返回原产地的识途能力，称返巢行为。赶运马时，要注明其产地来源，以备寻找。马也有很强的时间定向能力。马“生物钟”的准确程度亦很惊人。长期进行转圈工作的公马，可以按记忆的时间准时停止或做反转运动。定时饲喂和管理对马很有必要，马有定时的生理反射，可以减少消化道疾病。

马有很好的模仿能力，调教复杂的动作更有必要运用马的模仿能力。错误的行为，马亦能模仿，如咽气、攻击人畜等行为，应当注意隔离那些行为不良的个体。

任务二　骑乘装备

每位骑手除了娴熟的驾驭技巧和纯粹的爱马之心，都需要配备从头盔到马鞭的一整套专业骑乘装备。选择骑乘装备注意事项：第一是必须安全，如头盔、马靴和防护背心是最重要的安全保障；第二要耐磨，如为马术特制的马靴、马裤、马术护腿（恰卜斯）、马术手套，凡所有与马匹或马具接触的部位，都作特别处理，避免摩擦可能带来的伤害；第三应不妨碍运动，如上衣的肘部应活动自如，袖口紧口设计，而马裤的胯部要求有弹性或宽松，还要合乎健康原则，夏季服装面料要利于吸汗、排汗，冬季则要保暖、防风、防水。骑乘装备主要包括头盔、骑手服、防护背心、马裤、马靴、手套、马鞭等。

一、马术比赛中骑手服装要求

（一）盛装舞步骑手着装要求

盛装舞步比赛中要求骑手着燕尾服、白色衬衣、白色手套、白色紧身马裤、高筒马靴、礼帽。在比赛中，骑手和马匹都需要装扮得非常漂亮，马的皮毛需被洗刷得像缎子般闪亮，马鬃还梳起别致的小辫子，骑手则身着燕尾服、白色衬衣、白色紧身裤和高筒马靴，并佩戴白色手套和黑色阔檐礼帽，举止间尽显优雅。

（二）障碍赛骑手着装要求

障碍赛中要求骑手着骑士服、衬衣、深色手套、马靴、马裤、头盔。障碍赛的骑士服有点像紧身的休闲西服，由猎装演化而来，穿起来特别有绅士风度。男士一般内着浅色衬衣，白色领带或领结，女士一般着高领衬衣，无领带。一般情况下，骑士服的上衣以深色最常见。至于红色的骑士服，有的国家的马术组织规定必须获得过全国性大赛个人冠军的才可以穿着。值得注意的是，参加障碍赛的骑手，必须佩戴保护头盔。

（三）越野赛骑手着装要求

越野赛中要求骑手着 polo 衫、马靴、马裤、防护背心、头盔。越野赛最惊险刺激，也最危险。其服装除 polo 衫、马靴、马裤和头盔外，必不可少的就是防护背心。这种背心在肩部和腰部有搭扣，后腰有一块背板保护腰椎，可以对腰背起到保护作用。

二、骑乘装备

（一）头盔

头盔是初次骑行者必不可少的装备，它能够在骑手意外坠马时对头部起到保护作用，一些国家规定骑马必须戴头盔，否则保险公司不予理赔。虽然目前许多马场提供头盔出租，但是公用的头盔一方面不一定符合自己的头型尺寸，另一方面可能有卫生隐患。

马术头盔要求在一定的冲击力下，要能裂开，以分散撞击力，减少对头部的损伤。头盔的用材通常是化工塑料和玻璃钢,质量轻。头盔摔过后,要注意更换,因为可能有看不到的裂缝,影响防护效果。保护好头部还是很重要的,尤其是青少年。头盔一般分为障碍头盔和速度赛盔,障碍头盔适用于日常骑乘。

源自瑞士的世界顶级马术头盔品牌 GPA,凭借 44 年的不懈努力,已成为全球骑士头盔领域的领导者。在马术运动领域,GPA 为几乎所有世界顶级骑士和冠军提供马术头盔,同时 GPA 也是许多国家官方指定的军用品,包括法国军方和警察单位,英国、挪威和意大利骑警,爱尔兰和意大利军队等。HERMES 和 CHANEL 等品牌的骑士头盔也是委托 GPA 研发生产的。

(二)防护背心

马术防护衣(防护背心)外形酷似防弹衣,一般由特种塑料泡沫制作。为了防止骑手坠马时受伤,主要保护腰背脊椎、肩、肋及内脏等部位。骑手在初学骑马和野外骑乘时,一定要挑选一款合适的防护背心。

现代防护衣都使用比较轻的吸震材料制作。这种材料俗称发泡橡胶,非常轻,但是有非常好的防震吸震效果。防护衣一般有两种款式,一类是减震材料做成一小块一小块的,根据人体形状一块块缝合起来,形如龟背,这样的防护衣穿着舒服,透气性好,但比较贵。另外一种是用整张的减震材料做成后背和前胸,形如盔甲。这种防护衣比较便宜。防护衣的肩部和身体两侧都应该是可以调节的,在一定范围内使用者可以自己调节尺寸。

防护衣在国外的价格一般合人民币 700～1 500 元/件,在国内则要便宜得多,通常 350～800 元/件。中国国内目前没有关于这个产品的国家安全标准。一般商家卖的防护衣一般也都没有欧洲 CE 或者美国 SEI 安全标志,有认证标志的,价格就要贵得多。防护衣当然也有名牌产品,比如著名马术运动装备制造商 Corich 就有防护衣产品。相对其他马术产品,防护衣是一个小项,其款式也比较单一,但是对初学者来讲,却是一件必不可少的产品。

(三)手套

真皮的手套舒适感和实用性都很好,而化纤手套大多数掌面带有胶粒,能够增加摩擦以便抓紧缰绳。选购时注意手套的虎口以及小指和无名指之间是否增加一层皮垫,该垫能增强与缰绳的摩擦。

(四)马裤

骑行过程中后很快就能感受到腿部发热,所以需要穿着非常合身的马裤。这样可以避免因为马裤上过多的褶皱而加剧与皮肤之间的摩擦力。为了减小腿部与马鞍之间的摩擦,马裤在膝盖内侧也做了加固。传统马裤通常以莱卡和棉质材料制成,具有很好的弹性。胯部宽松、下腿收紧,骑乘时不妨碍动作。腿的内侧至臀部采用化纤皮加层处理,提高马裤的耐磨性能。好的马裤设计时尚,做工考究,穿着贴身,亦风度潇洒。

休闲骑乘也可以穿牛仔裤,面料最好有弹性,否则就采用臀部宽松的款式。传统马裤款式就是胯部宽松,下腿收紧,骑乘时不妨碍动作,亦风度潇洒,2005 年以后忽然流行起来。便装马裤也有用条绒、帆布材质,也有一些马裤是皮制的,穿上去野性十足。

正式马术运动员的礼仪装束为白色紧身裤子,深色上衣。由于马术运动功能的需要,现代马裤多用四向弹力面料制作。马裤有半皮和全皮之分。所谓半皮是指马裤的膝盖及小腿内侧有补丁,所谓全皮是指臀部和膝盖处都有皮料加厚。现在的皮料都是人造的,称为超细纤维,具有和皮革一样的外观和更加优异的物理性能。

(五)马靴

马靴分胶靴和皮靴两种(即使靴底也是光滑的皮革),市面上的胶靴以进口品牌为主,外层为胶质,透气良好,内层为吸汗材料。目前国内还没有厂家能够解决胶靴的透气问题。穿马靴的作用主要为避免磨坏腿脚,而且一旦坠马不至于出现危险。另外就是防止被马的汗水弄脏。一般来说,皮靴通常需定做,其档次以手工制作的为高。因为马靴结构与通常的皮靴不同,需要具体测量穿着者的一系列数据。定做的马靴,因皮革的质量不同而价格各异。马靴外皮以牛的头层皮为最好,且以水牛皮的档次为最高,价格较贵。市场上马靴的制作皮革一般都是黄牛皮。靴筒内衬的皮革以羊的头层皮为最好。

马靴是骑士的重要标志之一,按照长短分为长靴和短靴。在正规的马术运动比赛中必须要穿高筒长靴,而普通的骑乘与训练用长靴、短靴(配上护腿)就可以了。高筒马靴靴筒的高度应该达到膝盖处,可以保护小腿不和马鞍发生摩擦;靴跟为方形,能够防止脚全部卡进马镫里,这个特殊的跟部设计,是为了发生意外坠马时,保证脚不因卡在马镫里而发生更加严重的事故,有利于在落马的时候人脚与马镫脱离;靴头尖、有硬度是为了保护人脚在被马蹄踩着时不会受伤。

部分骑手穿马靴会配套选购马术袜。在国内目前穿马术袜的人很少,一是国内骑马人士目前男性居多;二是马术袜子的功用不像其他装备那么明显。穿马术袜除了时尚外,还可以再次抱紧小腿部,减少骑行中的摩擦;当骑士骑马出汗后,小腿容易粘着在靴部,马术袜配马裤的穿着会让马护腿和长靴的穿脱都变得非常容易,尤其是穿脱长筒马靴。

(六)马鞭

对高手而言,马鞭是一件看似多余的工具。然而,对于马术礼仪和文化而言,它又是一件必备的工具。根据不同的马术项目,马鞭可以分为赛鞭、障碍鞭和盛装舞步鞭等。通常,马术爱好者们喜欢选择更长一些的障碍鞭。马鞭的制作也有技术含量方面的讲究,通常鞭竿用碳素纤维材料制成,鞭梢则用牛皮。德国 Fleek 马鞭代表了当今欧洲的最高水平。为了体现马主个人风格与品位,Fleck 的一款马鞭,手柄上镶嵌了大颗的 Swarowsky 水晶,尊贵品位在刹那间无言传递。一根好马鞭和骑手配备的其他马具一起,共同体现着骑手的个人风格和品位:在马术礼仪中,马鞭是不可或缺的一项。马鞭还可以按长短分为长鞭和短鞭两类。普通骑乘和速度赛马均使用短鞭。赛马用的短鞭杆粗头宽质重结实,长度为 60～70 cm,中国马协规定长度不超过 70 cm。休闲骑乘用的短鞭带手腕套防止掉落。

(七)马刺

马刺是一种较短的尖状物或者带刺的轮,连在骑马者的靴后根上,用来刺激马快跑。马刺是中世纪在欧洲和中亚出现的,骑士在骑马时用皮带系在脚踝上(图 5-1),金属制尖端有小尖刺。尽管名声不是特别好,但马刺确实能起到一定的积极作用。如果能够正确使用马刺,便不会对马匹造成任何损害。在要求马匹听从指令做出相应的动作时,马刺作为非必备的马术装备,充当了一种人工辅助的角色。在大多数情况下,马刺通常是在进行向前和侧向运动时使用,其他使用和不同的骑马项目有关。例如,有些西部骑乘运动中已经将"马刺拉停”列为正式动作之一，具体指使用马刺，而不是用缰绳让马匹停止。当然，马刺在骑马运动中的运用是一个颇有争议的话题，如果不能正确使用，很容易让马匹受伤。学习如何正确地使用马刺需要一个很长的过程。

马刺通常要配上皮或尼龙马刺带，但也有些马刺是直接固定在马靴上的。比赛时，使用马刺带，会更安全些，因为马刺带可以固定住马刺。目前市场上有上百种不同的马刺，每种马刺的作用也有所不同。选择马刺具体要针对不同的马匹以及希望达到的效果。例如，英式马刺相比西部马刺会更轻薄些，刺柄也会钝些，而且没有西部马刺常见的可旋转式尖头；刺柄的长度决定了骑手需要转动踝关节的程度，以便与马匹接触，但较长的刺柄需要骑手方面有更好的控制能力。

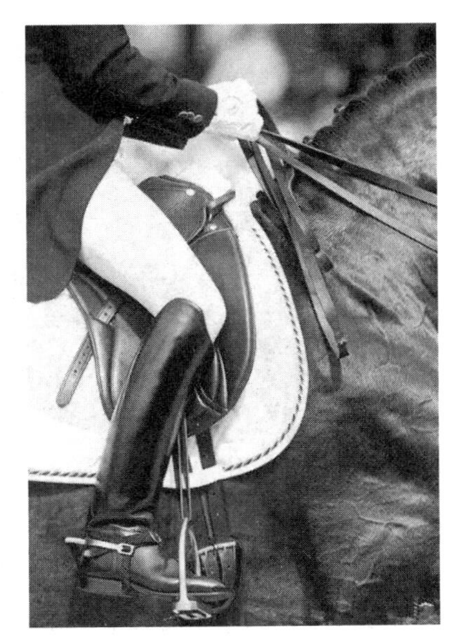

图 5-1　马刺佩戴

任务三　马匹装备

马术是一项比较专业，对装备要求比较高和多的运动，并且是很优雅的一项运动，西方称其为第一贵族运动。马术运动中马匹需要装配专业的装备，主要包括马鞍、水勒、衔铁、马镫、肚带等。

一、马鞍

在所有的马具中，马鞍是最重要的马术用品，也是学习马术时最重要的装备。一盘工艺精良、大小合适的鞍子是人与马在运动中和谐与舒适的重要保证，也最能体现主人的身份、地位和爱好。现代的马鞍，充分考虑到人与马的人机工学，采用一体成形且具有弹性的鞍架，考究的皮质，质量轻，广泛适用于马场马术和普通的休闲骑马运动。

(一)马鞍的种类

1. 英式鞍

舞步鞍：鞍子(图 5-2)的特点是鞍翼长，鞍座深，有利于舞步骑手伸展腿部以便骑姿正直，同时使骑座和内侧双腿能更全面地与马体接触。

障碍鞍：障碍鞍(图 5-3)的设计可以使骑手骑座轻微地向前离开马背，以便更容易去跳跃。鞍翼较短，且形状被设计为向斜前下方伸展，在鞍翼下面一般都有前后鞍包，利于骑手在超越障碍时对腿部的控制。

综合鞍：介于舞步鞍和障碍鞍之间，由于骑乘姿势的缘故，综合鞍(图 5-4)的鞍冀比舞步鞍的鞍翼短，比障碍鞍的鞍翼长，通常用于日常练习和新骑手训练。

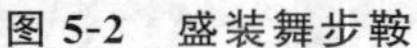

图 5-2　盛装舞步鞍

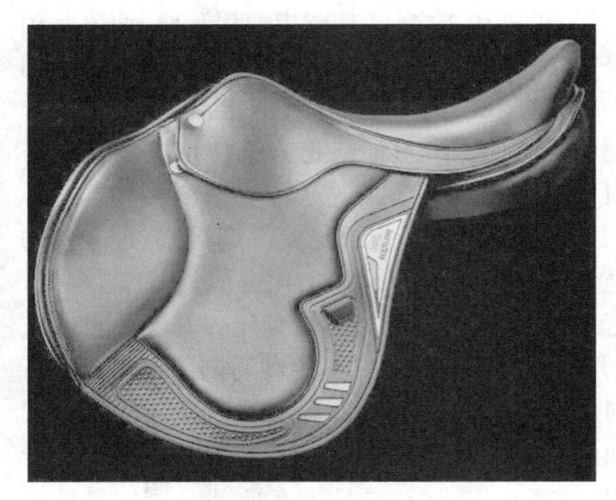

图 5-3　障碍鞍

2. 西部鞍

绕桶鞍：绕桶鞍（图 5-5）是适用于绕桶赛的专用鞍具。急冲、急停、急转是绕桶赛的主要技术动作，因此，绕桶鞍整体结构轻巧灵便、线条简洁，可减轻马在急速运动中的负重，并便于骑手在比赛中快速移动身体；桩头细长，便于骑手急转时手握桩头，支撑身体平衡；后鞍桥饱满高翘，在急转时给予骑手更好的承托；座位与镫片部位通常采用翻毛皮材质，增加胯下与腿内侧的摩擦力。

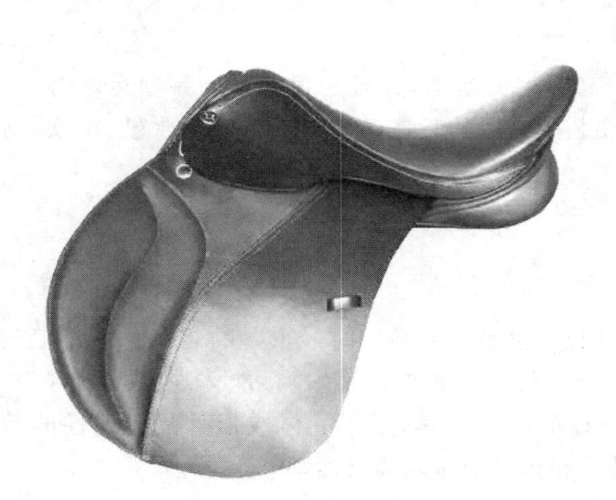

图 5-4　综合鞍

图 5-5　绕桶鞍

长途鞍：长途鞍（图 5-6）适用于长途户外骑乘。为减轻马的负重，长途鞍轻巧实用、简洁素净；前后鞍桥附近有很多圆环或皮条，便于携带长途所需的生活物品；座位平坦，紧实又柔软，增强长途骑乘的舒适性。

奖品鞍：奖品鞍（图 5-7）浓缩了西部鞍文化的精华，是竞技牛仔的荣誉象征和西部迷追求的顶级收藏物品。其上好的牛皮、精美的刻花、耀眼的银饰、奖项及年代烙印，无不体现着西部历史的沧桑与深沉，体现着西部牛仔的坚韧与乐观，一个线条、一处连接，点点滴滴都散发着耐人寻味的魅力。

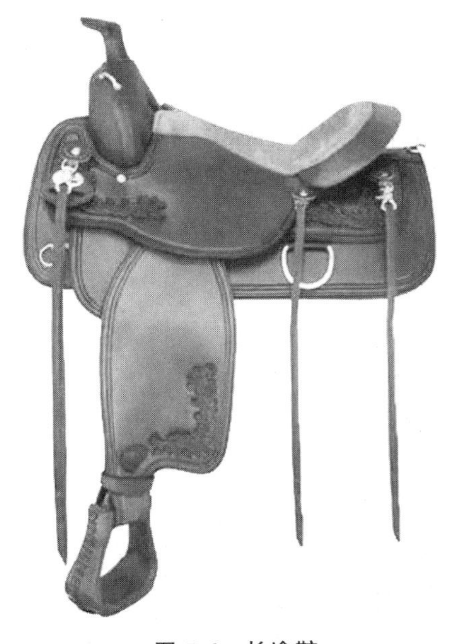

图 5-6 长途鞍

图 5-7 奖品鞍

3. 蒙古鞍

蒙古族马鞍的基本形制，可分为方脑(前桥)鞍和尖脑鞍两种，其中也有大尾(后桥)式和小尾式的区别。如今草原上的匠人能制造出十分合体的马鞍，不但主人骑着舒适，连马也会感到舒服。有些上讲究的马鞍，要做各种装饰，刻制各种花纹图案，镶嵌骨雕或贝雕，也有用景泰蓝装饰的马鞍。马鞍其他部位也都加以美化，如软垫、鞍桥、鞍韂、鞍花等，还有辔头上的鼻花和腮花等银饰件，更显得华丽夺目。其制作工艺精美，是罕见的艺术品(图 5-8)。

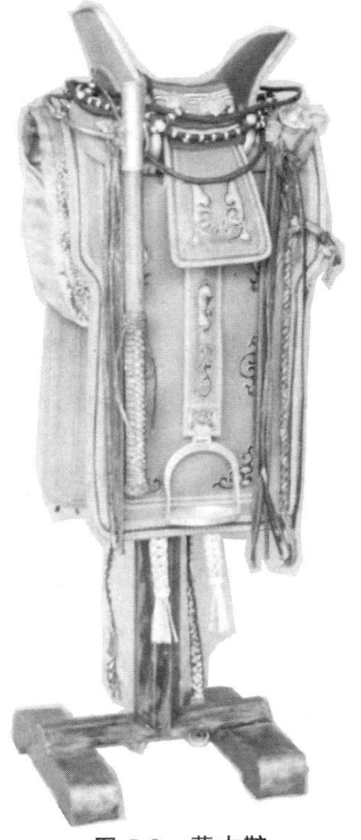
图 5-8 蒙古鞍

4. 军鞍

军鞍(图 5-9)一般指解放军制式 95 式马鞍，其结构前高后低，前鞍桥尖峻而方，后鞍桥与鞍座无缝连接，过度平滑无痕，后桥起扬角度较低，两端伸展大，方便长时间骑乘的压马，减缓骑乘者的疲劳。两侧为皮质鞍翼，鞍翼前段有皮质带状突起，鞍翼上有方口穿出镫带以悬挂马镫。鞍体整体骨架为钢制结构，外包裹以牛皮。钢架于前鞍桥处有一个空心的突头，构成方而尖的前鞍桥。马鞍以双肚带固定于马背上，不同于英式马鞍的双肚带，军鞍的双肚带之间间隔较宽，前肚带缚于马肩窝后，后肚带则缚于马肚子的正中部。

军鞍的设计目的从一开始就并不是从骑乘舒适性上出发的，而是从便于骑马作业上的工作需求来设计的。前鞍桥高而硬的结构注定它在舒适性上会有很大的劣势。中国骑兵的骑法，在很大程度上是我们俗称大腿抱鞍的骑法，这种骑法要求骑手臀部缝际骑在鞍脊上。两脚纫蹬，两腿微曲站在马镫上，身体要随着马体起伏运动的节奏以前起坐动作臀部离鞍。当乘马全速跑起来时，骑手要双腿微曲站在马镫上，臀部完全离鞍，用两腿内侧夹住马体，身体保持平衡。在这样的情况下，坚实的前鞍桥便于骑手以膝盖支撑发力，上身直立或前倾，做出射击、劈刺等技术动作。这个前鞍桥就是骑兵在马背上的支撑点。同理，鞍翼上的皮质带状突起，同样是为了骑手双腿的支撑而考虑的。至于双肚带间隔较宽，这个则是由于我国在军马培育上一直是朝乘挽兼用马的方向进行的。乘挽兼用马较之于乘骑马，身体较长，较宽的肚带间隔则可以更好地把马鞍固定于该类马背上。

图 5-9　军鞍

(二)马鞍的选择

对马鞍的选择，既要适合人，也要适合马。每一匹马的高低和骨骼结构都不完全相同，所以严格地说每一匹马都应该有相匹配的马鞍。这样既可以避免马匹出现鞍伤，也可以有效地防止因互换鞍具而导致的相互之间的疾病传染。

1. 适合马

选择马鞍，首先要知道马的鬐甲高度和肩隆的宽度。一般原则，鞍枕要平，两边大小、厚薄要对称，鞍槽的宽度要符合马匹的骨骼特点。试鞍时不要放汗垫，把鞍子直接放在马背上，从马的正后方顺着鞍槽要能看到前方透过的光亮。马鞍的前桥最高点应该略低于鞍尾的最高点。前鞍桥拱槽和鬐甲之间的间隔要能放进 3 个手指，坐下时臀部与后鞍桥的边缘有 4 个手指的距离。选择舞步鞍时，后鞍桥要比前鞍前高出两个手指。马背的长度也影响到马鞍的尺寸选择，正确的选择对于避免马鞍对马背的任何可能的伤害都很重要。如果马鞍过长，骑手就会坐得太靠后，也就是重心压在马的腰部，则会让马感觉不舒服，并且也会影响马的运动。

2. 适合人

通常来说17英寸(1英寸=2.54 cm)以下的马鞍适合青少年骑手,或者体型较小的成年骑手。17~17.5英寸的马鞍是常用尺寸。18英寸及以上的马鞍则比较适合体型较大的骑手。欧洲生产的马鞍的宽度尺寸分别由字母N(窄)、M(中号)、W(宽)、XW(超宽)表示,也可以用2、3、4、5分别代表以上宽度。有些英式鞍制造商也会用MW(中偏宽)、NM(中偏窄)表示马鞍的宽度。有些欧洲制造商也会用"cm"表示宽度。价格昂贵的法国Close-Contact马鞍通常以"regular"(普通尺寸)表示马鞍宽度,也有Narrow(窄)或Width(宽)的选择。对于大多数障碍马鞍,骑手可以根据身高和腿长选择不同的鞍翼尺寸。法国马鞍制造商通常以1、2、3表示鞍翼尺寸。很多英式马鞍制造商则简单以regular(普通)、short(短)、forward(向前)、long(长)来表示。大多数高级舞步鞍也会以short(短翼)、regular(普通翼)、long(长翼)来表示鞍翼尺寸。

(三)马鞍的保养

好鞍必须使用顶级的好牛皮,对于价值不菲的马鞍正确的保养是绝对必要的。首先,在不骑乘时,马鞍必须放置在阴凉通风处(如鞍具房,图5-10),不可太阳直射,暴露在阳光下皮革油脂容易蒸发,而使皮革产生龟裂;亦不可放置在太潮湿的地方,太潮皮会因吸湿而发霉,发霉会使皮被腐蚀而烂掉。在北方,过低的气温,干燥的空气也会使皮干裂;而南方雨季较长,慎防淋雨。骑乘过后,必有汗渍。不论人或马,汗属碱性,对皮革及金属扣具都会有腐蚀性,因此必须用护理皮件专用微酸肥皂用来清洁,且必须彻底,除表面外,里层也必须清洁干净,以免留下污垢,而损坏马鞍。

马鞍保养一般可分为4步:第一步用温水沾湿的毛巾擦洗污垢;第二步用干布擦干马鞍;第三步上鞍皂,使用一块专用的海绵蘸鞍皂划圈擦拭马鞍,皮革绝对不能使用肥皂、清洗剂等碱性清洗剂清洗,鞍皂含大量的油脂,而肥皂含碱性物质。鞍皂会保持皮革内的油性而不伤皮革,肥皂容易去掉皮革内的油性使皮革干、硬、发柴;第四步上鞍油,鞍油能渗入深层的皮革,补充皮革中失去的油分,保持皮革的柔软。等自然晾干后,用一块海绵把鞍油涂抹在鞍具上,待渗透后,用干布擦亮以保持皮革之亮丽弹性,马鞍上油不要太多,否则会进入填充料中导致填充料变形,鞍翼和鞍座上油应适当,否则骑马时会污染马裤,上油后至少需要24 h让其吸收,之后才能再用鞍油,精心、合理地保养鞍具能延长它的使用寿命达5~10年。

二、衔铁

衔铁是水勒的组成部分,放置在马舌之上,与水勒配合用于掌控马的运动。骑手牵拉手缰使衔铁上的压力以恰当的方式作用在马的嘴上,使马明白骑手所传递信息,发挥扶助作用,同时衔铁的压力必须明确,也要符合马的认知逻辑。衔铁可以通过对马头的1~7个部位施加压力,来控制马匹。这七个部位分别是嘴角、牙间隙、舌头、项部、马勒凹槽、鼻子和上腭。例如,优质合适的口衔虽然无法代替训练的作用,无法代替骑手的经验,却能让骑手的骑行过程更加顺畅。不合适的口衔铁则会让马匹感到不适,并且搞不清骑手的要求,从而造成心情低落,影响骑乘的舒适度,以及反应能力。摇头晃脑、翻转舌头去弹衔铁、不断抬头等动作都是马匹压力大的信号。相对地,马匹若能轻松地做出反应,口部没有什么动作,头部稳定,那么这就表示这匹马处于自信与放松的状态。因此选择合适的口衔铁无疑能够增加

图 5-10　鞍具房

马匹的舒适度与反应能力。

衔铁的挑选与马嘴巴尺寸、运动项目均有关系。一般可用光滑面的马鞭或吸管来实际测量出马嘴较为精确的宽度。将马鞭或吸管放到马嘴里的中间位置，就像佩戴衔铁一样。然后，在嘴唇两侧外的马鞭或吸管上做标记，一量便知。这便是将要选购衔铁的最小宽度。通常情况下，如果是单节小环衔铁，应长出所测量宽度 0.5～1 cm，而双节小环衔铁，佩勒姆衔铁，或杠杆大勒，则只应长出 2 mm 左右。衔铁的宽度是要看中间横杆的宽度。一般来讲，大多数高 1.49～1.62 m 的小型到中型马匹应选购 12.5～13 cm 宽的衔铁，而头比较大的大型马则需佩戴 13.5 cm 或甚至更宽的衔铁。较厚的衔铁相对较轻的衔铁，力度更柔和些，但是矮马、阿拉伯马和一些纯血马通常会喜欢薄一些的衔铁，佩戴起来会舒服很多。厚度超过 18 mm 的衔铁就会太厚，阿拉伯马和速度赛马一般都限制在 16 mm 厚。一些温血马大脑袋，口鼻突出，嘴巴相当大，衔铁可能会达到 21 mm 厚。大多数的衔铁是金属做的。不锈钢最常用，另外还有硬橡胶、尼龙、软塑胶、印度橡胶等比较软的材料。衔铁分为五类。

(一)普通小环衔铁

普通小环衔铁(图 5-11)可以是单节或双节的，两侧用来连接水勒的环也可以是不同形状的。最常见且最简单的便是可活动的圆环衔铁，由两个可活动的圆环和一个横杆组成，横杆中间是单节连接。当骑

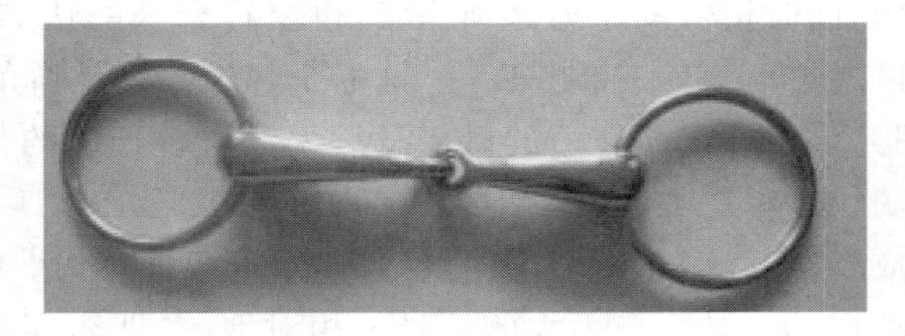

图 5-11　普通小环衔铁

手用力拉缰绳的时候，这种衔铁会对马嘴角施加压力。相对双节结构，单节的小环衔铁对马嘴和舌头的挤压作用更强。

(二)杠杆大勒或威茅斯水勒

杠杆大勒(图 5-12)或威茅斯水勒，通常和较薄的小衔铁配套使用，作为双缰的衔铁。杠杆大勒是衔铁家族中最先进且最复杂的款式，其中一些款式可对马匹头部的七个部位都起到作用。

图 5-12　杠杆大勒

(三)佩勒姆衔铁

佩勒姆衔铁(图 5-13)是将双缰中的两个衔铁合二为一，力争达到同样的效果。佩勒姆衔铁外观与杠杆大勒相似，但颊杆下侧有两个环可以连接缰绳，杠杆大勒却只有一个。中间的横杆可直可弯，突起可有可无，也可以像普通小环衔铁一样，中间有一个或两个连接点。佩勒姆衔铁有两个连接缰绳的圆环，应尽可能使用两个圆环，从而充分发挥这种衔铁的特殊作用。不过，实际上，通常两个环之间会有皮革连接，因此只有一个环是直接与缰绳连接在一起的。

(四)圆孔高强力衔铁

圆孔高强力衔铁(图 5-14)用于喜欢低头并将鼻子夹在两腿之间的马匹，帮助它们抬头。通常，圆孔高强力衔铁很像普通小环衔铁，只是圆环更大些，并且在圆环的上下两端，各有一个圆孔。上下两个圆孔之间，会有一根圆形的皮革或光滑的绳索穿过，然后两侧的皮革或绳索分别连接到水勒上，绳索的末端有与缰绳连接的小圆环。当用缰时，绳索会在衔铁的圆孔内滑动，对马匹嘴角的作用力便会加强，因此强迫马匹抬起头来。

(五)无衔铁水勒

无衔铁水勒依靠马鼻子去控制马匹。对马嘴巴不会起到任何作用，力量和性能是最关键的因素。因此，当马匹牙齿出现问题的时候，便可以使用这种无衔铁水勒来骑乘。最简单的无衔铁水勒，就是由一个简单的鼻革和两个用来连接缰绳的圆环组成。因为简单，所以在控制力方面是有限的。最常见的无衔铁水勒有一条皮革制成的鼻革，或直接用金属制成，外包皮革或羊毛，后者较强硬。鼻革的两侧接有金属，金属与大勒链相连。佩戴时，不应过低，以免压迫软骨，最佳的位置是在鼻孔和突出的颊骨之间。

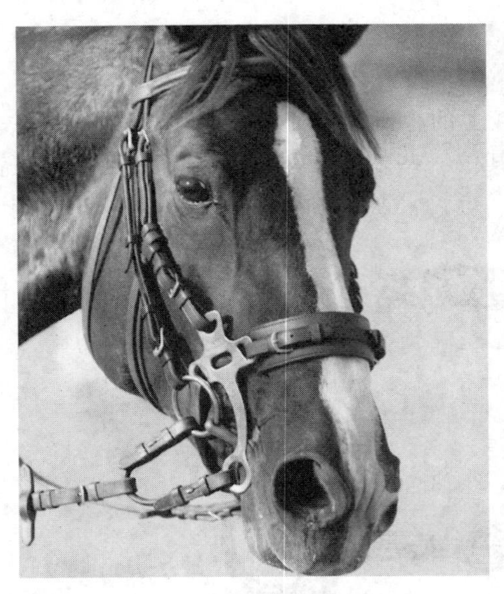

图 5-13　佩勒姆衔铁

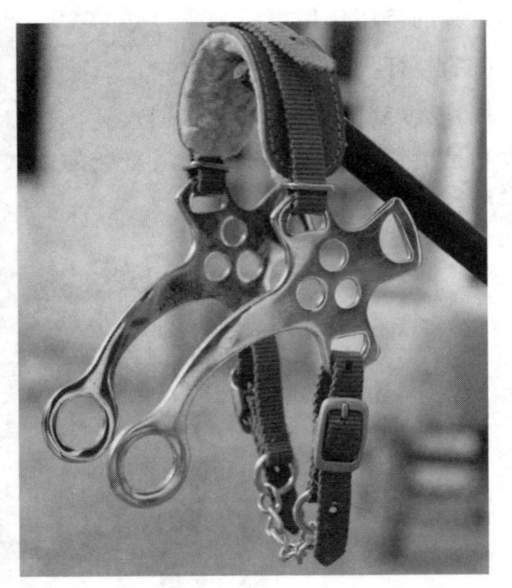

图 5-14　圆孔高强力衔铁

三、水勒和缰绳

水勒缰，中国古称马辔，是骑手驾驭马匹的主要工具，马的运动行止主要依靠骑手通过水勒缰发出的指令得到控制，就好像是汽车上的方向盘和速度排挡，因此一套好的水勒缰对于骑手非常重要。水勒缰由水勒、口衔和缰绳三部分构成。好的水勒缰一般是用优质牛皮制作的，但赛马水勒缰一般用人造革材料制作。好的水勒和缰绳有很好的柔韧性能，在骑乘运动中更能准确地传递动作信息，实现人与马的默契配合。口衔则为不锈钢或其他材料制作。水勒缰的款式和花饰通常要和马鞍相配套。水勒可以在购买马鞍时将价格包括在里面，也可以单独选购。选购水勒时必须考虑马鞍的款式、颜色，水勒本身的皮质以及所用的五金件的质量。一套好的水勒缰的价格可以达到好几千元人民币。水勒的好品牌通常和马鞍是统一的，好的马鞍制造商同时也会制作好水勒。

水勒有很多种类，从功能用途来分，有障碍水勒、盛装舞步水勒、马球水勒和速度赛水勒等。还可分为英式和西部款式。英式的水勒英语叫作 Bridle，缰绳的英文叫作 Rein，美国人称他们的西部水勒叫 Headstall。它们两者之间最明显的区别是英式的有鼻革，西部水勒没有鼻革。水勒一般挂在墙上存放(图 5-15)。

(一)水勒的结构与组装

水勒由项革、额革、鼻革、咽喉革、衔铁、缰绳组成。组装时，先将水勒拿直，用左手将衔铁靠近马嘴，用手指自口角打开马嘴，将其放入口中，将相应结构套好即可。

(二)水勒的佩戴

当骑手需要骑乘时必须为马匹佩戴水勒，常见的方法是把额革挂在左手胳膊上，靠近肘部，缰绳扣放在项革上，双手腾出来，解开马的缰绳。将缰绳放在马的颈上和头上，如果马比

图 5-15 水勒的存放

较兴奋，在解开笼头时可用缰绳拢在马颈上，以便于控制它。站在左侧靠近马的肩部，右手拿起水勒的项革；左手置于马口的下面，衔铁放在食指和拇指上；站在马的左侧用拇指在马口唇之间的切齿与臼齿空隙处平稳施压，这有助于马张开口；右手贴紧马的前额，放下水勒，用左手引导衔铁送入马口。还有的骑手在解开马的缰绳后，右手从马颌下穿过绕到马脸前面的鼻孔上方。把两颊革拿在手中，并贴近马的面部。用左手拇指如上述方法介绍那样打开马嘴并将衔铁送入马口中，同时右手将水勒顺势提起。双手把项革转送到马耳后。这种方法由于靠近马，右手能稳住马头而控制马走动，控制性更好。这样给马戴衔铁也比较安全。图 5-16 示水勒的佩戴。

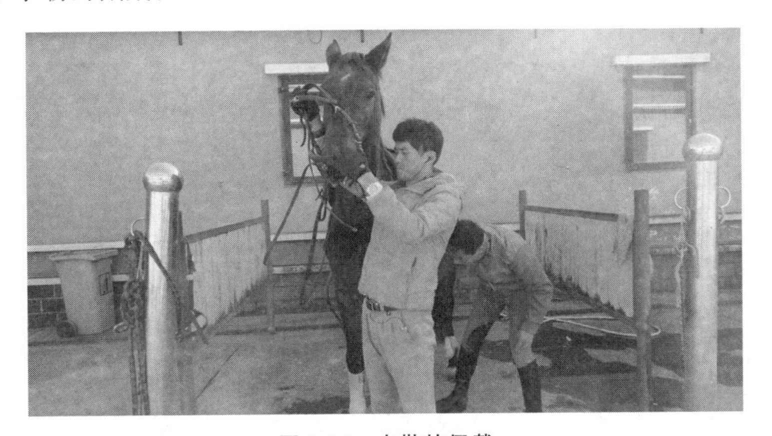

图 5-16 水勒的佩戴

四、马镫

马镫是指供骑马者在上马时和骑乘时用来踏脚的马具。马镫的作用不仅是帮助人上马，更主要的是在骑行时支撑骑马者的双脚，以便最大限度地发挥骑马的优势，同时又能有效地保护骑马人的安全。最早的马镫是单边的,随着时间的推移逐渐演化成双边,进一步解放骑乘者的双手,它的出现从某种程度上改变了历史。马镫分为标准镫和安全镫,选择大小适宜的马镫能够提高骑乘的安全和舒适。马镫的材质主要有铁、铜、不锈钢、铝合金、木头等。马镫依靠镫带连接在马鞍上,镫带一般由牛皮、涤纶、合成革制成,要求结实耐用。

五、护腿

马腿的皮下有大量的肌腱和韧带,肌腱的最大伸展长度只能达到原长的 4%,弹性远弱于肌肉;同时马腿皮下没有脂肪保护,因此在运动中的紧张状态下更容易受伤。肌腱和韧带一旦损伤很难恢复。为了降低马腿在运动中受伤的风险,因此运动马匹必须佩戴护腿。护腿有很多种类,每种护腿都有明确的目标功能,主要包括场地障碍护腿、马场马术护腿、越野障碍护腿、旅行护腿、护理护腿等。图 5-17 展示了护腿的样式。护腿不用时应清洗干净,妥善放置(图 5-18)。

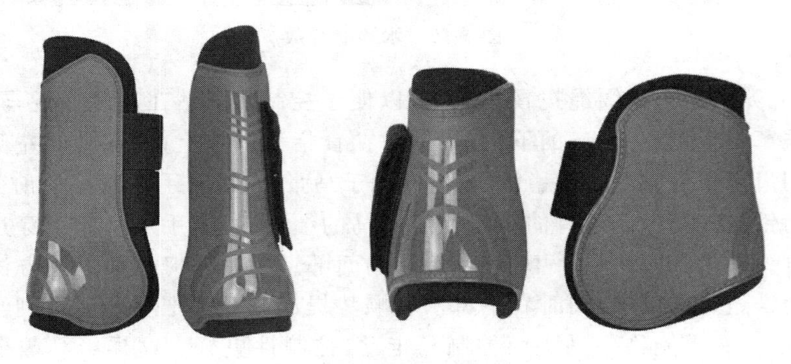

图 5-17　护腿(前腿、后腿分左右)

图 5-18　护腿刷洗与放置

六、调教背包

可以把侧缰系在调教背包不同高度的环上。调教背包(图 5-19)可以使一匹没有备过鞍子的马更容易接受鞍子,也可使背部有伤的马得到康复训练。

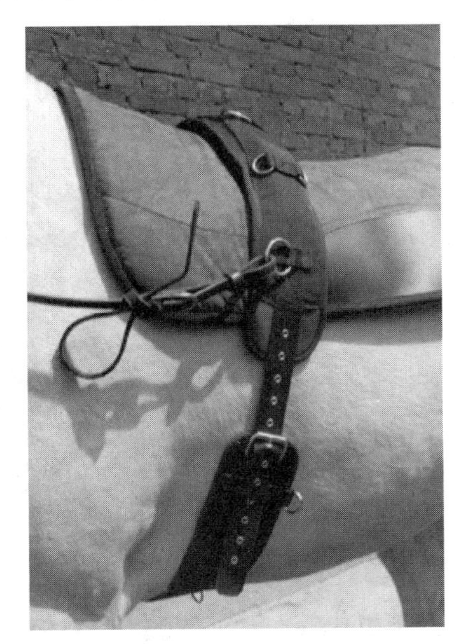

图 5-19 调教背包

七、调教笼头

调教笼头(图 5-20)的鼻革比较厚,附件由金属制成固定在前面,调教索就挂在下面的金属环上。调教笼头不能太松,以免因被拉而来回滑动,会挡住马的眼睛和摩擦马的鼻子。特别强壮的马也可以加一个三个片的下鼻革。此外,美国牛仔还发明一种美式调教简易笼头。这种简易笼头和国内使用的有很大的不同,而且适用于各种马匹。这种笼头一般使用高密度编织尼龙作为制作材料,使用这种材质的优点首先是绳子本身具有一定的延展性,这样在平时发生拖拽的时候,可以起到缓冲的作用,更好地保护马匹的健康和安全(国内一般使用的那种笼头,材质的延展性基本为零,在有突发情况下,所产生的力度就会完全由马匹的头、鼻、下颚等部位承受,这样就极大地增加了马匹的受伤概率);其次是美式简易笼头相对于传统普通笼头来讲,绳索强度(也就是拉力值)得到了很大增强,这种绳

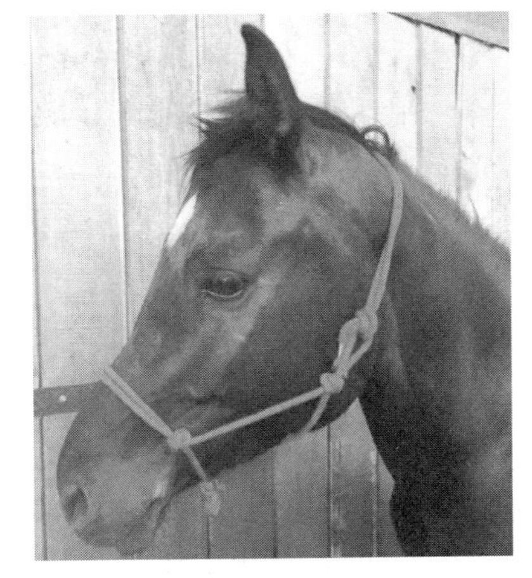

图 5-20 调教笼头

索可以承受不小于 300 kg 的拉力。普通笼头强度最弱的点，就是在金属配件和布艺材质的结合部，这个结合点，基本上都是用线来缝合的，所承受的力也要靠这些缝线来承担，这样，笼头使用强度比制作材料本身所能提供就降低很多；而且金属配件在使用过程中，会不断地和布艺材质摩擦，也缩短了笼头的使用寿命，这些都是普通传统笼头所不可避免的先天弊病。而美式简易笼头使用的是完整的一条绳索(图 5-21)，中间没有任何拼接部位，这样就完好地保证了绳索所能提供的最大使用强度。而结节部位，使用了传统的牛仔结方式，这种盘结的最大优点就是承受的力越大，结节越紧，不会松脱。再有，因为省掉了金属配件的使用，从而质量减轻了 60%。减重后马匹佩戴会更舒适，平时野外骑乘，携带也更加方便，也便于清洗打理。在美国，绝大多数的牧场主和驯马人都会选择使用美式简易调教笼头，像著名驯马大师雷·亨特、巴克·布兰纳曼等在平时调训马匹的时候，也都会把简易笼头作为首选。

图 5-21　西部马术调教

八、沙邦

使用“沙邦”的作用是使马匹低头、放松，发展腰背部的肌肉及使后躯完美。挂钩的一端通过项部的金属环挂在衔铁的环上，另一端穿过马匹两前腿之间穿在肚带里，当马抬高头时，衔铁就会通过马的嘴角给颈部施加压力。当马头低下来，压力就会释放。图 5-22 示沙邦的使用。每次使用沙邦 20 min，每隔 2 d 进行一次打圈，使用沙邦的马肌肉发展良好，通过颈背部肌肉韧带的正规系统训练，可使马匹的动作变得行动自如而且有节奏，可使骑手感觉坐得更深、更轻松。

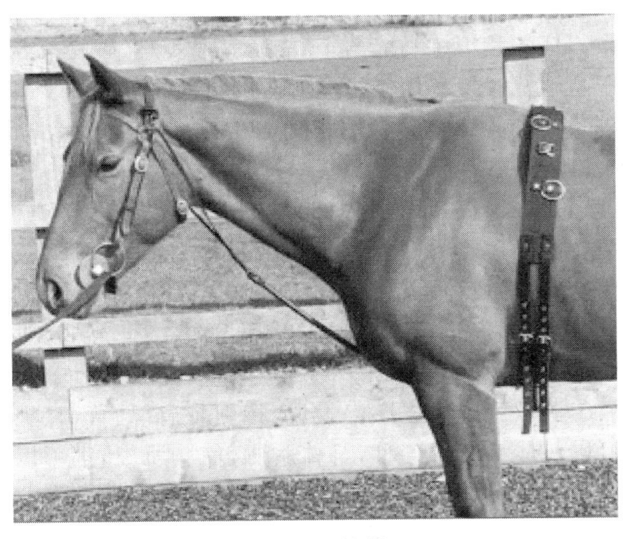

图 5-22　沙邦

九、侧缰

侧缰(图 5-23)是比较传统的辅助训练工具,正确的使用可以鼓励马更早地接受衔铁,下颚放松,项部弯曲下来,使马保持好正确的外形姿态和使后躯收缩有活力。同时让马对衔铁注意,不能反抗。侧缰不能系太紧,如果太紧容易使马惊慌,掉头向后跑等。使用方法:一端系在鞍子的肚带革上,带挂钩的一头挂在衔铁的环上。马头在自然状态下未挂上之前的距离 30 cm 左右。当马匹管理员做得很好,接受衔铁后,在圈线上马体形成正确的弯曲,马匹内侧的缰有一些松下来,马匹很清楚地用外方缰工作,马的项部也放松了,嘴里也接受了衔铁,马的内方后腿积极地向身下的前方踏进。马也自然就发展了正确的肌肉群。侧缰一般质地为皮革结合小橡胶环或强力的松紧带。

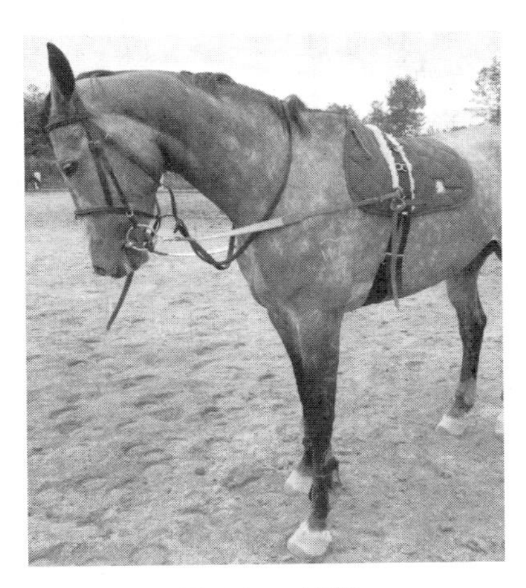

图 5-23　侧缰

任务四　马下调教

马匹在供各种马术项目使用之前,应进行必要的驯服,接受系统的技能教练和锻炼。目的在于使马习惯接触人以及日常管理和护理操作,教马学会担负骑乘和轻挽工作或某些特殊的工作技能,服从驾驭和操作,获得专门方向或综合全面的速度、力量和耐力锻炼,从而改善生理功能,提高工作效率,充分发挥其遗传潜力,创造优异的运动成绩。运动用马的系统、正规调教按一定制度，分阶段进行。首先要驯服马，称为驯致，哺乳期内进行，到断乳时完成。从断乳到预备调教(1～1.5岁)之间进行成群调教，促进生长发育，增强体力。接着进行预备调教(基本调教)，任务是训练马能驾车、能骑。速步马、轻挽马从1岁开始，先学会挽车，而后教马理解和服从驾驭。挽车用慢、快步行进，骑乘马从1.5岁开始训练马能骑，并懂得和服从骑者的正、副扶助。能背负骑者用正确的慢、快和跑步运动，预备调教将为各专门运动项目的调教打下基础。

对马进行性能调教，是在预备调教的基础上，进一步按各运动项目进行专门方向的调教，使马学会某种专门技能。速步马锻炼快步速度和耐力；赛跑马调教袭步速力及耐力；障碍马锻炼弹跳力和超越障碍的技巧。各马术项目都有各自独特的性能调教内容和方法。速步马和赛跑马2岁可上赛场，竞技马调教时间较长，需3～4年，满6周岁才能参加正式比赛。

调教的好处很多：①调教可以促进肌肉发达，特别是肩部、背部、尻部、四肢部锻炼可使之更为粗壮有力；②可以使体型变得匀称，马体胸围，前胸肌肉，都可以增大，从而出现匀称的体型；③经调教马心脏可更好发育；④马的许多行为，是调教得来的。一匹冠军快马，三分靠调教，七分靠先天遗传，可见调教重要性。由于国内调教水平限制，往往引入国外有记录的马，在国内难以发挥出来。

调教，也是对马的一次选择，真正速力出众的马，在其马驹时便与众不同。这种马十分灵敏，反应及时，训练中接受指令快。笔者曾见过一匹马驹，用手指触马皮肤，以接触点为中心，皮肤出现跳动。有经验的人看马驹便可预测其未来的发展。及早重点培育，调教才能出现“名马”。

赛马和现代马术的马匹调教和培训分几个阶段，分为热身、肌肉强度和速度训练、耐力训练。赛马调教人员的要求也非常严格，根据其相应的能力和经验也分为操马员，见习骑师、三级骑师、二级骑师、一级骑师五个等级。

现代马业马匹的调教和训练的手段也已经相当规范和科学，例如：在马匹的训练中应用生理测试和生化测试的数据及其分析的结果，来决定马匹的训练强度、训练时间以及训练方式。在有些国家还专门设计了标准化的训练测试来分析马匹的健康和运动状况。科学的训练手段减少了马匹的药物依赖。赛马的最大问题是肌肉疲劳，赛马的训练和调教就是要解决赛马在比赛结束后不至于完全疲劳，以及快速恢复。

此外，在改善马的生理功能，提高工作效率的同时，马的心理素质锻炼也不可忽视。现代世界万物日趋新奇复杂，马的本能却对任何初次接触都持猜疑、恐惧心态。因此，逐步对马进行心理素质锻炼，不仅有益，而且大有必要。心理素质锻炼可按以下步骤进行：①让马消除对人的恐惧或戒备心理。②让马接触并逐渐熟悉周围环境。③让马以平静的心态接受突然出现的意外事物或动物，如巨大声响、飞鸟、从耳边飞驰而过的汽车等。④让马熟悉并登上运输车船，可通过悬空摇晃的木板、铁板、桥梁等。⑤让马能够安静地待在狭小的封闭空间内，如运输仓、汽车闸箱等。

牧区和民间马匹调教，因条件所限，马驹幼龄不驯致，待3～4岁时进行速成调教，集驯致和预备调教为一体，短期突击进行，多使用粗暴强制压服手段使马就范，常导致形成恶癖及人、马发生伤亡事故。多数马直到出售时仍是生马，得由马术机构从头做起。今后产马区应做到凡出售的马均要经过预备调教，不出售生马。至于各马术项目的专门性能调教，例如障碍马、舞步马，则由马术机构施行。我国马匹调教工作还处于落后水平，有待于今后继续努力学习、改进和提高。

一、调教的基础是人马亲和

人与马建立亲密友好的感情，相互信任的关系，人理解马、配合马、支配马，是接触马匹的首要原则和目的，是进行饲养管理、护理、调教训练以及一切对马进行操作的基础。把马匹当作人类的亲密伙伴、无言战友，爱护它，才能赢得它的信任，马会完全服从人的意志，忠实执行人的要求，甚至奋不顾身，发挥它自身最大潜能，能为操作带来安全与便利。违背此原则粗暴对待马，导致马疑虑、恐惧、恐避，甚至敌意、攻击，将引起一系列严重后果，不仅妨碍其能力发挥，更可能引发伤亡事故。国际马术规则中有专门条款明确规定，凡粗暴对待马者，将被处以罚款，直至取消参赛资格。在我国，粗暴待马的行为也有发生，应禁止。

以高等骑士"宪章"为例简单介绍人与马的亲和关系。

①马是人类的朋友，我们应善待马匹，因为它与人类一样，是上帝所创造生物中的一种。

②我们必须明白控制不等于暴力。有规律的控制可使我们的生活变得更有效率及有建设性。教导马匹犹如教导儿童一样，要循循善诱。

③若想成为既有才能又富感性的骑士就必须明白控制的重要性。此控制不单是指身体，更包括对意识上的规定。在骑马时要马匹有好的表现，骑士必须保持最好的平衡及控制。

④对马匹造成虐待不一定是故意的，这常发生于缺乏与马匹的沟通或向马匹提出一些还未意识到的要求。要知道马匹与我们一样不可能在短期内学会一切事物，但必须具有不断吸收新事物的能力。

⑤我们必须力求正面思想及追求最好的事物。我们的责任是令所骑的马匹有最佳的精神状态。当我们感到发怒、厌烦、沮丧、压抑时，我们应放松自己并停止任何训练或学习。

⑥我们不要认为因自己做错而向马匹道歉是非常荒唐的事情。我们也要抱着宽容的态度接受马匹犯错，因为这很可能是马匹不明白骑士的指令而出错的。

⑦对马匹的处罚应在它对骑士及他人构成威胁时才施行。若马匹用腿踢人或咬人应立即处罚。马匹不肯做某些动作的原因可能是它害怕，不胜任或根本不明白指令而拒绝做动作时，这种情况不应惩罚，而应耐心教导。

⑧要谨记唯一可令马匹知道它做对了某些工作就是要奖赏它。轻抚马颈及细语赞颂对马匹是很有意义的。尤其在训练期间多给它一些鼓励特别见效。要知道历史上最有名的君皇、将领都是以奖赏来保持将士的优质训练的，但绝不应对马匹盲目宠爱。

⑨训练马匹必须一步一步有组织、有系统、有逻辑地进行。渐进式的训练不但可令马匹的肌肉及活动关节有良好的发展，而且给马匹多一点时间发展身体及精神上的需要。同时也建立起马匹与我们之间的依赖关系。

⑩马匹能否用高级方法训练，涉及它能否成长得越来越漂亮。骑士也会因此而越来越精神。高级骑术不单是艺术，也是一种哲学及文化修养的完善体现。

二、马匹调教的基本原则

马术运动是一项人马配合共同完成比赛的竞技项目，驯马师要让马在人的控制下完成各种动作，马匹学习听从命令的过程就是调教。调教的过程就是驯马师挖掘马匹的能力，这个过程需要驯马师掌握马匹的基本调教原则，才能掌握马匹习性，取得理想的效果和成绩。

（一）循序渐进的基本原则

马是有个体差异的，不同的年龄，不同品种的马匹接受调教的适应能力是不同的。调教时必须考虑马的品种、血统、年龄以及曾经接受过什么程度的训练，给予正确的评估后，制定循序渐进的调教计划。

例如，调教奥运竞技项目的马匹时，通常是从四岁开始的，调教的内容应该是由易开始，从简单规整的慢步开始，到快步，再到跑步，马匹获得了简单的信号，知晓如何服从骑手的指令动作，如何转换步度，马匹在简单的平地训练过程中，逐渐学会伸长、中间、收缩等步幅，从中获得良好的平衡能力后，就可深化一些调教内容，如增加一定的低栏训练、地杆训练等，然后再评估马匹适应后，就可增加障碍的高度，增加连续栏的关联跳跃训练。不同血统的马匹也有差异，例如：纯血马比较敏感，比较神经质，对它的调教更要细心、安静，动作和缓，由简到难，一个训练内容巩固后才可进入下一个训练内容。那种超越年龄、急功近利、拔苗助长的调教方法，只会使马匹失去信心，注意力下降，技术动作走样，从而使有潜质的马匹失去上升的空间，失去成才的机会。

（二）耐心与执着的原则

马匹调教需要参照人类幼儿教育的方法，即采用“连哄带骗加耐心，分门别类加执着，有趣成长加爱心”的调教方法，就能使不同类型、不同性格、不同能力的马匹都获得恰当的教育，能为不同需求的人类服务，获得各自的快乐。有的马匹聪明机灵，接受能力强；有的则接受能力差一些；有的注意力相对集中，有的东张西望不专一；有的对周围的事物、声音特别敏感；有的过于沉闷、懒惰懈怠不努力；有的胆大不小心，有的胆小不进取。

调教时，驯马师要学会观察马匹，属于什么性格的马匹，给予恰如其分的训练内容。有的马匹一次次失误，驯马师要有足够的耐心，调整训练的难易程度，并对马匹多一些包容；同时要掌握好训练间歇时间，一个内容不可训练时间太长，5～8 min 可考虑休息一下，然后再进行下一个内容。对不够用心，不思进取，胆子较小的马匹，驯马师要执着引导，方法要科学，手段要有效，使马匹逐渐改掉一些毛病，让其成长为有修养的、注意力集中的、有良好习惯的马，顺从人类对它的指令，勇敢自信地完成各项人类的要求，人马愉悦，达到和谐。

（三）奖励与惩罚的原则

人与马匹通过彼此的相互沟通，共同愉悦地体验彼此带给对方的快乐，提高彼此的生活乐趣和质量。对于人类最佳伙伴之一的马匹，应对它有更多的包容和爱意，多一些鼓励和奖励。人与马无法用语言沟通，重视和学会用肢体语言和声音与马沟通，既反映人类的文明素养、绅士风度，又能使马理解人类的意图、用意、要求，从而愉悦地接受人类的调教，逐渐成长为一匹有能力、有修养、有大气、有规矩的成熟马。

在调教过程中，骑手要对马匹的好的表现及时给予奖励，可以通过轻拍马脖颈部位，马体臀部，用和缓温柔的声音，或给予马匹爱吃的食物，让马匹精力集中地及时了解骑手的意图，使它愉悦地接受调教，积极地配合骑手完成训练内容。建立一个良好的条件反射过程对马尤为重要。相反，对马匹的任性，不服从，精力不集中，懈怠等行为，尽可能不可采取粗暴的鞭打，而是要在第一时间终止它的错误行为，然后重新再尝试。要有耐心地一遍遍教，不断地用肢体语言和声音鼓励它尝试，简单的鞭打和使用马刺，只会造成马匹的抵触和反抗，使调教的计划无法实施。

应该树立这样一个观念：鞭子和马刺在调教过程中主要是起到威慑作用，而不是惩罚工具。只有确认马匹是懈怠、偷懒的时候，在诱导不起作用的情况下，才采取短暂的、温和的处罚方法。调教过程中遵循诱导、鼓励、奖励为主的原则，将使马匹获得良好的健康性格和技术积累，使调教工作事半功倍；而不恰当的惩罚只会造成马匹抵触、反抗、不配合，从而使调教工作事倍功半，甚至毁掉马匹的成长前途。

（四）合理掌控运动量的原则

马匹如人类的幼儿，精力不可能长时间集中，相对容易分散。马匹的腰背和四肢是相对薄弱和容易受伤的地方，因此我们在调教过程中要特别注意训练量、强度的掌控，训练时间尽可能控制在 1 h 之内，可分成三阶段执行。

①准备活动 10～15 min，让马匹头部向前下方伸展，让马匹的背部充分伸展，让马匹的四肢通过直行的伸、缩和侧向的交叉，使马体柔软，使肌肉预热起来，为训练内容做好准备。

②正式的训练内容一般在 40 min 以内，分成三到五个部分，每个部分的练习内容尽可能不重复，每个部分的训练要尽可能有趣味，每个部分结束有 2～3 min 的间歇。每个部分中要有不同步度、步幅、节奏、强度和难度的训练，使马得到全面、平衡的发展。那种一味地收缩训练，一味地局部负担较重的训练都容易造成马匹疲劳和受伤，影响整个训练计划的执行，影响整体的训练效果。

③最后的整理活动需要 5 min 以上的时间，让马伸长的慢步放松，有利马匹的正常恢复。要遵循个体差异、分别对待的原则，注意年龄差异、训练年限和水平的差异、马匹品种的不同，这些都是运动量掌控的考虑因素。

马匹的生理结构可想象为一台手风琴，要想拉出美妙动听的音乐，就必须有风箱上下彻底地拉开和压缩才能做到，马匹调教训练过程中也应遵循这一原理，有伸有缩，有放也有收，有直也有侧，这样的训练才能使马有一个良好柔韧身体，稳定的平衡机能，顺从配合的性格，才能便于人的驾驭和取得优异的成绩。

驯马师在马匹调教过程中所起的作用是至关重要的。驯马师不仅要懂得骑马，更应懂得调教马，懂得调马的基本原理，懂得马匹的生理机能，懂得马匹的心理学和行为学，自身有很好的修养，有很宽的知识面，才有可能成为一名优秀的驯马师，才有可能获得成功。调马是一项难度大、周期长、较为复杂的工作，必须倾注驯马师的心血和爱心，必须要有学无止境的态度，才会逐渐成长为一名懂马的马语者。

三、马匹调教步骤

(一)幼驹调教

一匹刚断奶的小马经过驯马师的调教成为一匹好的骑乘马和专业赛马需要一个循序渐进的过程。马匹从小开始调驯,会比马成年后再训练要顺利得多。

小马驹出生后,就可以制定较为完整的训练计划,越早越好,让小马驹长时间与人接触,使其熟悉与人相处。小马驹断奶后,进行“规矩化”生活训练,断奶的时间里对小马驹来说可能会很难熬,所以给它点时间来适应。

1. 接触动态物品

接触动态物品和产生嘈杂声音的环境,减轻因好奇心产生的惧怕,可采用以下方法。

①可以拿一块编织袋,让小马驹闻一闻,然后再铺地上让马从上面走过去。将编织袋在小马驹面前晃动,当它渐渐适应编织袋的时候,不再逃避害怕时试着将编织袋放在马背上,观察反应,让其感知背上有物品的感觉。

②在地上放一块装修用的大的三合板或者铁皮板,让小马驹在上面站立一会或者从上面走过去,甚至在上面跑一跑、蹦一蹦弄出些声音来,让其适应这种嘈杂的声音环境。

③如果有时间可以带小马驹到处遛一遛,过一下水坑,让它学会蹚水,为适应以后下雨、场地或者野外有水坑等情景做准备。

④在训练场内放一个圆锥路障、塑料滚筒或木头杆等障碍物品,让小马驹从不同方向跨过、越过、经过这些障碍,这个训练能让马的头脑活跃起来。

⑤在气温合适的季节,可将小马驹牵到洗马的地方,往小马驹身上慢慢喷水,让马适应洗澡的感觉。

2. 进行规范化生活的训练

让小马驹适应马场常规护理、调驯过程。

①如果马对人的要求表示服从和尊重时,一定要鼓励;不能够接受和鼓励马踩人、挤人和咬人的习惯,比如:挤你、踩你、慢慢地咬你的衣服,甚至要把你给震住。当给马投喂食物时,有的马会很靠近人,以为人这样做是表扬它让它接近人;甚至如果小马驹会在人的周围转圈,让人喂食,这时最好把食物放到料槽里,任其自己采食。

②让小马驹适应笼头和缰绳,教给它接受笼头和缰绳。不服从时用缰绳施加压力让马过来,当马服从的时候要放松缰绳。一定要有耐心,切记不要和马打架,因为马再小也比人的力气大。要让马适应和学会轻压的情况下走向你,为佩戴水勒打基础。

③让小马驹熟悉马衣、喂草架、饮水器、运马车等物品;让其习惯于各项护理操作,尤其是让马抬腿抠蹄;让马认识和熟悉修蹄师傅,并让它适应一些腿部伸展动作;刷拭全身,从头到尾,从背到腿,要有耐心,使其享受这个过程。

④教会小马与人并肩前进,能听从指令停止和前行,慢慢地教会打圈;当它被拴在木桩或者洗马打理马的地方时,它需要学会老实地待在那里,并知道怎样根据你的口令移动身体。

3. 做好小马驹的骑乘前教育

①用一块编织袋触摸马的全身,然后将编织袋搭在它的背上,再让它“披着”编织袋到处

走动，让马接受和适应一些东西在其背上。小马驹运动时编织袋会掉，可用绳子结成环状经过马肚子把编织袋固定在马身上。

②让马认识水勒和衔铁，开始要让它逐渐熟悉嘴里放衔铁，可以用一根绳子通过它的嘴，并来回轻轻抽动。

③让马熟悉马鞍。先把马鞍放到小马驹面前，在好奇心的趋势下，小马驹会嗅闻马鞍，然后慢慢把马鞍放在它的背上并缓缓地来回移动，直到小马驹由紧张到放松下来为止。马鞍放置几分钟后，开始收紧肚带。

(二)育成马的调教

群牧马的调教时间要比个体饲养的马调教时间晚得多。一般马术俱乐部去赛马繁育基地引入马匹，挑中的往往是2岁左右的育成马。这些马身体发育良好，但未经调驯，价格较为低廉，有很好的利润和发展空间。育成马购回后由马术俱乐部的驯马师或者骑手负责调驯。驯服一匹未训过的育成马是一段漫长的、非常值得的经历。通过调驯将建立骑手与马之间强烈的情感纽带，这是一个漫长的过程，内心要足够强大。人与马之间没有足够的语言沟通，如何让马对驯马师或骑手产生畏惧、依赖、服从、接受的情绪？驯马师对马做出的动作、发出的声音就是信号，所以要确保你给出的信号清晰、明显，而且不要有攻击性或者侮辱性。

1. 建立完整的训练计划和持续的奖惩系统

驯马师的脑海中要有一个训练计划，有的马术俱乐部会把马匹调驯落实到纸质文件，构建一个按部就班的训练日程，将大的任务分成小目标，一步步地去实现。驯马是个循序渐进的过程，日程里的训练，每个任务都应当建立在已经训练过的基础上，这样马才会配合。坚持训练计划，不要在两次训练之间隔太长的时间，比预想的训练时间多或者少一点，这都没问题。

建立一个持续的奖惩系统，和所有动物一样，奖励比惩罚好用。当马完成了命令之后，立即给予奖励，一般包括立即停止对马施压并声音温和地给予口头上的表扬，如说："好孩子，不错"。不要用食物奖励马，这会让马期待过多，并且会让马产生咬人的倾向。虽然偶尔用食物奖励也可以，但是在户外训练中不要一次又一次地给食物。

当马重复地忽视驯马师的信号，才要给予惩罚。马做出的行为都是有自己原因的，更多的时候是没有理解驯马师要让它做什么，这就需要耐心不断地去发出信号。惩罚的形式应当让马能够适应。比如，用手捏它的胸部，或者使劲用掌心推马。拳打脚踢反倒会让马更为抗拒，不要鞭打马。驯马师需要在不摧毁马的精神和身体健康的前提下展示权威。

2. 基础训练

对马的调教从关怀开始，让马对驯马师有信任感，关怀体现在身体接触上，训练马接受触摸。训练马接受抚摸，从背部开始，向前触碰到脸部和头部；向后触碰到臀部和尾部；向下触碰到腹部和四肢。马讨厌快速的动作，触摸的动作应该缓慢，尤其是脖子和头部，马需要轻轻的抚摸。

训练马让马适应被牵引。马可以被两侧牵引，但通常要求从左侧牵引。要求马向前走时，一匹经训练的马会很乐意与你并肩前进。如果牵马者对视着马的脸牵马，大多数马会拒绝前进。如果马畏缩不前，不要强拉缰绳，另一手可拿一个鞭子，在背后轻拍马的肋腹部，或者让一助手在马的后面驱赶；也可将马头向外侧推动，待其前肢移动时再引马前进或用右手轻抖动缰绳慢慢引导前进。牵马行进时人和马的步伐应一致，以免人脚被马踩。“停止”命令是在马行进时把缰绳向下按，让马头部稍低，同时可以配合语言(英语：STOP；汉语：吁)命令让马停止。如果马不停止，可以用鞭子挡在它的胸前。如果马不和你一起停下，重复上述的动作，再下一次停下时面对它，这会阻止它前进的动作。需要注意的是无论怎样，一旦你决定停下，不要做任何多余的动作。如果你的马继续前行，而你又重新向前，马会觉得它能控制你，不会服从你的“停”的信号。

后退是经过良好训练的马需要掌握的基本动作之一。首先，将马带到一个宽阔、平坦的区域，给它戴上缰绳和笼头。这个过程需要使用调教鞭。驯马师抓着引导绳站在马的正前方，离笼头大概 1.2 m 远。然后让马注意到驯马师；它应当正视着驯马师时，用调教鞭去拍拍引导绳，然后坚定地说“退”'(不是攻击性的语气)。如果马不后退，重复上述的过程，但是要更猛烈地去拍引导绳。继续增加拍的压力；如果马仍然没反应，那么去拍打它的鼻子或者胸部，同时坚定地说‘后退’。当马至少退后两步时，驯马师才可以退后几步，停止施加压力，停止盯着马看。然后，走上前去抚摸并表扬它。重复上述的动作来训练马，使之养成习惯。

3. 调教索训练

马是喜欢活动的动物，每天要保证有足够的运动量，尤其是运动用马，每天都要锻炼保持竞赛能力，调教索训练就是通过给马做圆圈运动，使马匹达到一定目的锻炼，也是调教和训练马的一种方法。可采取用调教索和电动行马机两种方法进行训练。

用调教索活动马：这种方法是人不骑在马背上，骑手用一条长的调教索连在马的调教笼头上，一手握调教索控制着马，一手持调教鞭，站在场地中间让马在骑手的周围作圆圈运动，此方法可用于训练年轻马和预备训练，比如一匹非常兴奋的马在骑乘前可使其稳定下来，马背疼痛或有伤不能骑乘时这种活动可达到锻炼目的。一匹马长期休息后要重新备鞍骑乘时可通过打圈来逐渐适应。调教索训练可各种步法交替进行，并定时变换方向以使马身躯两侧肌肉达到均匀锻炼。调教索训练比较单调乏味，也很累，尤其是不顺从的马。调教索训练的时间不宜太长，只要达到所需目的，马匹比较稳定，能容易骑乘就行了。在一匹新马的训练和日常练习中，打圈是一种非常有益的训练方法；同时也是一个非常好的新骑手教学的方法。安全和有效的打圈是需要练习的，如果使用的方法不正确，对于马匹和牵马的人都是有危险的。一匹已经经过打圈训练的马匹使你更容易掌握打圈的技术。

在新马初期调教的过程中，打圈是不可缺少的一部分。它使马匹驯服和发展有节奏的步伐，发展正确的肌肉，使马接受衔铁，是一种控制马的辅助法。如果一匹马已经养成了一个坏毛病，打圈也是一种重新训练的方法，它可以使马练出正确的外形姿态，和处理因骑手的体质量、平衡引起的问题。如果时间比较短，打圈还是一种训练之前的辅助练习。如马匹太兴奋，骑手上马之前打圈可以消耗马匹过盛的精力，使马安静。早期的障碍训练，打圈可以有效地评估一匹马的能力和培养它的技能。有经验的打圈，可以辅助物理疗法来减轻马匹后背和后肢等肌肉的问题。

4. 脱敏训练

让马对不熟悉的东西在其身上移动时不敏感的过程，被称作脱敏训练。

第一阶段：用一个长长的调教鞭或者柳条，末端拴一个塑料袋。在马周围的空气中挥舞它。马可能变得焦躁不安。当马恐惧时，继续挥舞的动作，直到马意识到这并不危险，安静下来。然后扔掉袋子和柳条，抚摸并赞扬它。继续这个过程，直到能用塑料袋去摩擦马的身体。当马惊恐时不要拿掉塑料袋，在它们冷静下来时再拿开。还用其他能够引发噪声、看起来可怕的东西换掉塑料袋，比如一个黑色的防风马衣。

第二阶段：将马带到宽阔、平整的地方，让马静止站立。拿着缰绳，和笼头保持几厘米的距离，然后把缰绳扔到马背上，摇晃缰绳，使之在马脖子上下移动。用缰绳去模仿勒紧手缰的情形，让马熟悉脖子上的马绳被勒紧的感觉。如果马变得焦躁不安，不要撤离绳子让它逃避；相反地，继续在马背上移动绳子直到它们能够冷静并停止移动。要在马的两侧这样去做，把绳子拉过它的脸。这种方法会让马对绳子或者缰绳不再敏感，能够允许绳子或者缰绳在身上频繁地移动。

第三阶段：降低马对骑手的动作的敏感度。当马对于有东西来触碰其身体已经习以为常，就可以让骑手靠近马匹，挥动手臂，做一些看起来奇怪、能引发马恐惧的动作。和其他降低敏感的方法一样，当马惊恐的时候，不要停止动作。只有在它意识到你不危险冷静下来的时候，才可以停止动作。快速地摩擦马的身体，在马的四周走来走去，让它们适应并不再厌烦这种快速的动作。

5. 给马戴水勒和马鞍

(1)给马佩戴水勒　水勒与普通笼头不同，马接受笼头是从小服从管理时的习惯，但是接受水勒仍需要一个过程。重点是马佩戴衔铁需要一些时间，不要急切和粗暴，在马熟悉衔铁的过程中，耐心是很重要的，而且这也是最有潜在危险的一项任务，需要用手掐口角，让马开口，然后把衔铁放入嘴里。然后要每天重复地佩戴水勒，咬衔，让马能够适应嘴里面有东西的感觉。如果马只是有轻微的不舒服，可以带着马四处走走，走动能够分散马匹对衔铁的注意力。当马习惯衔铁几天之后，可以使用手缰拉动衔铁，来指挥马前进的方向。

(2)给马戴上汗屉　装配马鞍最基本的步骤是放上汗屉。将马带到空旷的区域，比如训练场。把汗屉放到马的面前，让它们先看到和闻到，然后把汗屉举起，轻轻地放到马背上。让马带着汗屉四处走动，注意速度不要太快，因为汗屉没有固定，掉下来会吓到马。马接受汗屉后，再给它戴上调教背包、肚带，然后进行打圈训练，以确保马能够熟悉后背绑上东西的感觉。

(3)给马安装马鞍　选一个质量较轻的英式马鞍，会减少它后背的背负量，避免惊恐。要让马先看见和闻到马鞍，然后慢慢地再移动到它的后背。轻柔地放在马背上，观察马的反应，如不抗拒可以勒紧肚带，带着马做轻度运动。训练 1 h 左右，卸下马鞍，重复上述的过程，分别从马的两边安装马鞍，让它熟悉备马过程。

经过 3～5 d 的上述训练后，把水勒、汗屉、马鞍等装备组合在一起，然后带着马轻度运动，适当地用缰绳控制它们的行动，或引导它们漫步。

6. 电动行马机活动马

电动行马机活动马是将马匹放进一个特制的带电动旋转架的沙圈内做圆圈运动以达到某种训练目的。一次可放入 4～6 匹马，从左右两个方向，选择不同的转动速度进行快慢步的圆圈运动，这种方法主要用于：①马匹训练前的热身运动；②对紧张训练后的马，使其平静下来或消除汗液，做慢步运动；③马匹不训练时做四肢的伸展运动等。这种方法对马匹只是一种辅助训练，不能完全代替正常的训练，否则让马没完没了地做圆圈运动马也会感到厌烦，用这种方法时必须有专人现场看管，以防发生不良后果。图 5-24 示自动遛马机的使用场景。

图 5-24　自动遛马机

任务五　上马和下马训练

在马场内对骑手进行严格的姿势、扶助和步法等基本动作的骑术训练。使骑手学会正确地操纵马匹的方法，养成良好的骑乘姿势，培养勇敢果断、反应敏捷的心理素质。调教马匹使其服从骑手的操纵，协调地发展马匹的体格和能力，使马匹沉静、柔韧、放松而且灵活、自信、注意力集中和机敏，从而与它的骑手配合默契，即“人马一体，完美结合”。同时训练其持久耐劳的特性等。

一、基本乘坐姿势

骑手骑在马背上的正确姿势，是以两坐骨及缝际坐在马鞍的最低部位。上体必须保持直立，头保持正直，目视前方，身体的重心均匀地落于两坐骨上。身体在保持直立的时候应放松不紧张，大腿和膝关节自然放松地附于马鞍上，脚掌踩在镫铁踏板上，这样可尽最大的压力保持马镫在适当的位置，脚掌应始终保持水平，踝部稍弯曲，脚跟略低于脚尖，从侧面看，耳、肩、髋、脚跟呈一直线与地面垂直。

双臂从肩到肘自然下垂，从侧面看，由骑手的肘部向前经手沿缰绳至马口部，应呈一直线。手的动作尽可能地通过肩关节和肘关节的活动来做，腕关节应保持柔韧但不弯曲。骑手应随着马头的上下运动而改变两手的高度，这样才能保持“肘—手—口”形成的直线。骑手在马背上要始终与马的运动保持平衡、协调。这就要求骑手两臂放松，背腰和肩部有柔韧性。上述正确乘坐姿势是最基本的骑马姿势，但在不同的骑乘种类和运动中，骑手的上身随马的运动略有相应的改变，这在马的各种步法中介绍。初学骑马时，在骑乘中容易出现不正确的乘坐姿势，如偏乘、坐骨乘、缝际乘等，应特别注意。

二、练习式持缰

这种方法是左手握左缰，右手握右缰，也叫练习式持缰。让缰从小指和无名指之间穿入掌中，自下而上穿行。横过手心到食指上面穿出大拇指压于缰上面，左右缰的余端垂在马颈左侧。此外还有一种持缰法也是左手握左缰，右手握右缰方法与双手持两单缰基本相同，但是左右缰的余端还要穿过另一只手形成一个环形拳心向下虎口相对。这种方法只在平地赛马中采用，故又称赛马式持缰。

三、扶助

扶助是骑手用于给马传达指令的方法。其目的是无论何时给以快速的、准确的扶助都能使马立即产生反应。也就是骑手以手、腿和坐姿等正确地操纵马匹，使马能感知骑手的意图，自愿服从骑手的指挥，毫不犹豫地对各种扶助平静而准确地做出反应，在精神上和体能上都表现出自然镇定和协调平衡，给人一种印象好像是马匹自觉地做出要求的动作。完全服从骑手的驾驭，自信而且专注直线运动，绝对保持马体正直曲线运动时马体随之屈曲。扶助有自然扶助和人工扶助两种形式，前者包括骑手的手腿坐姿和声音等的扶助，后者包括马鞭和马刺。

马鞭用于替代骑手腿的扶助，也用于惩罚马，但绝不能因生气而用马鞭打马。当马对腿的扶助没有反应时，应重复一遍腿的扶助，同时用马鞭在骑手该腿的后面给予扶助。在马术中，马鞭通常拿于内侧手，因为马经常不能很好地服从内侧腿的扶助，因此，在改变方向时，要把马鞭交于内侧手。当马响应马鞭向前运动时，要允许其运动，这样马就会领会到你用鞭的目的。

四、上马

上马前要检查肚带确实勒紧，防止马鞍滚动；将马镫放下，镫革调为合适的长度；还要将鞍翼放平等。上马的动作从立正牵马姿势开始，骑手左手持缰站于马的左肩旁，从马的左侧上马，通常上马有从地面上马、人工辅助上马和借助台阶上马 3 种方法。

(一)从地面上马

为学会准确、迅速地上马，首先应当练习分解动作。

①骑手由立正姿势向右转身，左手将缰分开越过马头挂于马颈部，右手放下马镫。

②放马镫时不要碰及马体，完全放下后，轻轻松手垂于马的肋侧。

③靠近马体与马前肢对正站立，面向马体斜后方，将左右缰整理等齐(或稍收紧左缰)，使两缰内面相合贴于马颈，衔铁轻接口角，左手握缰，将无名指插入两缰中间，连同马鞭抓住鬐甲毛，拳心向下。

④右手顺时针转动马镫，使马镫外侧对着自己，从外侧踩镫上马。

⑤抬起左腿，左脚掌踩入马镫内。

⑥右手抓住后鞍桥右侧，左脚尖向下压，使其位于肚带下方，但不能触及马体。

⑦右脚蹬地，借助右脚掌的弹力和两臂的力量，轻轻向上跳起。

⑧当左腿伸直身体挺起后，右手撑在鞍前部，右腿伸直抬起迅速跨过马的臀部，注意不要触及马体。

⑨随着右腿跨过马体，双手支撑身体，轻轻坐于马鞍上。

⑩上马后右脚轻轻踩入马镫内，分开左右缰，双手持缰，上身挺直，目视前方，保持正确乘坐姿势。

注意事项：上马时要特别注意马的情绪和举动是否稳定，上马后能否操纵马匹；上马动作要稳要快，胆大而警惕，若马向前走动，可以收紧左侧缰绳，将马头转向自己，使得马匹只能原地转动，骑手可以快速上马；上马后要尽快调好缰，右脚踩脚镫内，以便控制马匹；上马后要轻轻坐下，不要突然使劲坐下。要端坐马背，挺直腰杆，目视前方；踩镫时应从镫的外侧踩入，以防镫革拧转，使镫革平展地贴着小腿。

（二）人工辅助上马

骑手站于马的左侧靠近马体，面向马鞍，左手握两手缰和马鞭，抓住鬐甲毛或前鞍桥，右手抓在后鞍桥右侧，左腿膝关节屈曲，将腿向后抬起，由助手双手扶在小腿部，骑手右脚蹬地，借助双手的拉力和助手的抬力，使右脚离开地面，用左腿将身体撑起，右腿伸直抬起，迅速跨过马臀部，轻轻坐于马鞍上。

（三）借助台阶上马

将马牵于上马台阶旁边，让马与台阶平行站立，骑手左手握缰，抓住鬐甲或前鞍桥，右手顺时针转动马镫，使马镫外侧对着自己，左脚踩镫上马。

五、下马

通常从左侧下马，下马的动作按照上马动作的相反顺序进行，直到立正姿势。下马有2种方法，一种是不借助马镫下马，一种是借助马镫下马。有人不主张在平时使用后一种方法，认为用此方法下马必须有一助手牵马，否则在下马时马可能会走动而不安全。

（一）不借助马镫下马

①先两脚脱镫，左手握住缰绳。

②向后抬右腿跨过马背，左手抓马鞍，右手撑在前鞍桥上，上体稍向前倾。

③双手支撑身体两腿悬垂于马体一侧。

④两脚同时落地。注意要两膝稍屈，轻轻落地，不要碰触马的前肢。

⑤下马后站立，收起马镫，将缰越过马头取下右手，正确握缰回到立正牵马姿势。

注意事项：通常从左侧下马，下马的动作是按照上马动作的相反顺序进行，直到立正姿势；下马的标准姿势是右脚脱镫，平伸右腿从马臀部上方越过；千万不要把脚碰到马的屁股上，否则容易造成马匹的受惊，引发马匹突然性奔跑或跳跃。

（二）借助马镫下马

左手握缰，右手撑在前鞍桥上，右脚脱离马镫，抬右腿跨过马背落地，右手扶住后鞍桥，随之左脚脱镫，着地站立。

任务六　马匹基本步法

马和骑手的训练必须是循序渐进的，要训练马达到更高的标准，骑手必须有一个正确的骑乘姿势，必须与马保持平衡和协调，好的骑术要求有正规的训练。骑手的扶助必须清楚、准确，必须知道你给的每一个扶助及其对马所产生的作用。一个骑手用一匹经过训练的马来提高其骑术比较容易，因这匹马能正确领会你所给的扶助。如果骑手是有经验的，对提高马的训练也比较容易。用好的训练方法能使马和骑手同时提高水平。在马的所有步法中骑手都应与马保持平衡和协调，而马应接受骑手的腿和手等的扶助。如果马没有对扶助做出反应，骑手应知道是什么原因，是自己的错误还是马没有理解，是马不能反应（身体虚弱）还是马不愿意反应（不服从）等。因此作为一个好的骑手必须试图知道马怎么想以及马的精神状态和身体状况如何等。

一、马的基本步法

步法是指马运步的方法，是马自然的或后天获得的特有的行进方式，它以肢蹄明显的节律性运动为特征。

马的步法：一般分为自然步法和人工步法两种。马生来会走的步法称自然步法。经过人工专门训练的步法叫人工步法。

马的基本步法主要有慢步、快步、跑步和袭步 4 种。

（一）慢步

慢步又叫常步，是马行走的基本方式。其特点是四肢依次离地和着地，在一完步中，四肢全经过一次运动，有 4 个节拍，可听到 4 个蹄音。其着地顺序为：左后蹄—左前蹄—右后蹄—右前蹄，但在慢步时，马总是至少有 2 个蹄同时着地。慢步时，马体重心变动范围小，能保持马的沉静状态，体力消耗少，四肢不易疲劳，适于肌肉锻炼和消除运动后的疲劳。马慢步时，要求动作明确，有弹性，整齐而确实，保持稳定。慢步的步幅（即一肢向前迈一步的距离）因马的类型、品种和个体不同而有差别，慢步根据其步幅的长短和肢体的动态又分为缩短慢步、中间慢步、伸长慢步和自由慢步等。

1. 缩短慢步

缩短慢步节奏与中间慢步相同，但这种慢步表现为较大的活力。马匹保持“受衔”姿态（马的口角通过缰与骑手的双手保持轻微的联系），前躯较轻，颈部抬起曲昂，头部近似垂直，四肢关节屈曲明显，活动灵活，后肢充分有力，步伐较高而短，后蹄不踏在或不超过前蹄的蹄迹，步幅比中间慢步稍短，因此，速度减慢了。这种慢步正确骑乘比较困难，由于过多的限制，很容易破坏正常的步伐，因此不应长时间或长距离骑乘。

2. 伸长慢步

伸长慢步节奏与中间慢步相同，但比中间慢步要求有较大的推进力，马匹尽可能伸长步幅，马的头颈向前伸展，马体外形明显伸长，后蹄明显踏在前蹄的前方，故速度提高了，但又不失规整，也不匆忙。

3. 中间慢步

中间慢步是介于缩短慢步和伸长慢步之间的一种自然步伐，其步伐平稳有节奏，看上去沉静、有活力、步幅中等长，运步均匀稳健，后蹄落在同侧前蹄迹前方，骑手通过缰与马口保持着轻柔而稳定的联系。

4. 自由慢步

自由慢步是一种放松的步法，允许马完全自由地低落和伸展它的头颈。即适当放长缰，使马的头颈放松，向前下方伸展，伸长其步幅，但手仍然握缰与马轻轻保持联系，而不改变速度，此为长缰自由慢步；如果将缰放松，使马不受衔，称松缰自由慢步。在训练期间或训练后骑手可让马走自由慢步放松几分钟。

(二)快步

快步又称速步，其特点是以对角前后两肢同时离地和同时着地，每一完步有 2 个节拍，可听到 2 个蹄音，其着地顺序为：左后蹄和右前蹄—右后蹄和左前蹄，快步时马是从一对角两蹄向另对角两蹄跳跃前进，因此在每一步中马体都有一个瞬间的悬空期，其步幅的大小取决于悬空期跃进的距离。快步应始终运步自如，活泼而规整，动作毫不犹豫。快步的质量好坏，可看其运步的规整性和弹性以及保持节奏和自然平衡能力如何，这些表现来源于柔软的背部和后躯有力的配合，即使从一种快步变换为另一种快步其节奏仍然保持不变。

马走快步时，体躯侧动小，但颠动大，在由对角肢向对角肢转换的瞬间，马有一次腾跃，因此马就会颠一下马背上的骑手，这就给学习骑马造成了困难。初学的骑手不得不在许多天的时间内克服这个困难。直到能轻松自然地承受这种颠簸。在这期间，骑手在马背上会因骑坐不稳失去平衡而从马背上掉下来，有时甚至会因此失去信心。为了使骑手在马背上坐得更稳，在快步学习中应采取不脱镫和脱镫练习，这是巩固骑坐和提高骑手马背上平衡的基本方法。同时，骑手应保持平稳、自然和正确的骑乘姿势，手、肩、腿不能晃动。在快步的脱镫骑乘练习时，做一套马背上的体操对提高骑手的平衡能力也是非常有益的，应先在慢步时练习，在学习快步时再配合快步练习。

初学的骑手每次练习快步的时间不宜过长，尤其是刚开始训练的时候。最好是慢步与快步结合训练，每 1～2 圈重复 4～5 次快步练习，循序渐进，视掌握程度，每次快步的时间可加长，但不要超过 10 min，而且，必须分别从马场的两个不同方向进行练习。根据蹄迹和步幅的不同，快步又分为工作快步、缩短快步、中间快步、伸长快步及轻快步等。

1. 工作快步

工作快步是介于缩短快步与中间快步之间的一种步法。这是马匹尚未训练成熟，马匹自身表现出正确平衡的一种快步。要求马匹保持“受衔”姿态，运步均整而有弹性。飞节动作良好。马的头颈向前伸展，马体外形伸长，后蹄落于同侧前蹄迹上，四肢在瞬间同时离地，悬空期短。

2. 缩短快步

缩短快步又称慢快步。其节奏与工作快步相同，但是常以对角前后肢支持身体。要求马匹保持“受衔”姿态，自然放松，颈部扬起，头近似垂直；四肢关节伸屈灵活，后肢关节的活动性加大，使后肢有力地踏进，飞节保持富有活力的前进气势，后蹄落于同侧前蹄迹后方，步幅比其他几种快步短，但步伐更显轻捷，更有灵活性。

3. 中间快步

中间快步是介于工作快步与伸长快步之间的一种快步，步伐节奏和频率相同，但马体较工作快步伸长，步幅大，速度提高了。要求马匹必须保持平衡，马的头颈向前伸展，马体外形伸长，后躯有明显的推进力，用均整的中等伸长步伐前进，步调均匀，动作平衡而且不拘束。

4. 伸长快步

伸长快步保持节奏不变，马匹尽力伸长步幅，因此，速度提高了。伸长快步比中间快步要求有较大的推进力，后躯的推进灵活有力，以使马体保持平衡，蹄的着地呈向前伸展的动作，前蹄落在它所指向的那个地点，马体外形的伸长应与其头颈向前伸展相一致，前后肢的动作在伸长的瞬间应是平行的，整个动作平衡良好，马必须保持着“受衔”姿态。

5. 轻快步

轻快步指马匹的一种快步运动时，骑手臀部触鞍即起，随马的颠簸站起、坐下，从而减轻人马的疲劳和负担。当马的左前蹄和右后蹄着地的同时，而骑手的臀部落于马鞍上时被认为是“左对角线骑乘”。当马的右前蹄和左后蹄着地的同时，骑手的臀部落于马鞍上时被认为是“右对角线骑乘”。通常认为正确的骑乘是向右行进时骑于左对角线上，向左行进时骑于右对角线上，要经常从两个方向骑乘，以使马体两侧的肌肉及韧带能得到均匀的锻炼。要改变对角线时，骑手坐于鞍上，在再次起立前多做一次起立动作即可。

在轻快步中，骑手的上身从髋部略向前倾，这样就能与马的运动保持平衡，但实际上在身体起立的同时两肩关节随着向前运动，而不是特意向前倾，骑手应感觉到身体好像被马的运动而颠起。在保持平衡的情况下臀部又轻轻落于马鞍上，但身体的重心不能落于马鞍的后部，髋关节和膝关节应保持动作自如与起落运动相协调。两小腿始终贴于马的胁侧，脚保持水平。这样在骑手踩镫欠身时小腿才不至于向前移动，而保持正确姿势。骑轻快步不像普通快步靠臀部把握平衡，而是通过膝部和脚底保持平衡。因此，臀部不应从鞍上抬起很高，刚好合上步点就可以了。肘关节和肩关节要放松，活动自如，双臂不能晃动，双手应随着身体的起伏保持一致的控缰，这一点在轻快步中非常重要。

(三)跑步

跑步的特点是先以一后肢着地，之后为第二后肢和对角前肢同时着地，最后为另一前肢着地，随后又以此着地顺序离地而重复这一过程。一完步有 3 个节拍，可听到 3 个蹄音，有一个悬空期，最后着地的是左前肢时(左前肢领先)，为左跑步，其蹄迹顺序为右后蹄—左后蹄和右前蹄—左前蹄。以右前肢最后着地的(右前肢领先)则为右跑步，蹄迹顺序左后蹄—右后蹄和左前蹄—右前蹄。

跑步时，最后着地的一前肢承受极大的冲击力，最易疲劳。因此，在训练中应左右跑步交换进行，所有训练成熟的马都应当既能做左跑步也能做右跑步。当最后着地的前肢(领先前肢)和最后着地的后肢(领先后肢)出现在同一侧时。马的跑步是协调的。即“正跑步”或“协调跑步”。在马场内做圈线骑乘时，马总是从内侧的前肢做跑步，即向左跑时做左跑步(左前肢领先)向右跑时做右跑步(右前肢领先)。当马做左跑步右前肢领先或做右跑步左前肢领先时，称“反跑步”或“反对跑步”，这时骑手会感到不舒服。

在跑步中，骑手的髋部和背腰放松是非常重要的，上身要随着马步伐的节奏而运动，如果骑手的背腰紧张僵硬，骑手就会在马鞍上颠，这样马和骑手都会感到不舒服，双手应与马头颈的运动相协调而均匀控缰。跑步根据其步幅和速度，又分为工作跑步、缩短跑步、中间跑步、伸长跑步等。

1. 工作跑步

工作跑步是介于缩短跑步与中间跑步之间的一种步法，是马匹尚未训练成熟，马匹自身表现出正确平衡的一种跑步，要求马匹保特“受衔”姿态，运步均整，四肢轻快，轻盈而有节奏，飞节动作良好。

2. 缩短跑步

缩短跑步节奏和频率与工作跑步相同，但马体伸展较小，步幅短，速度变慢。做缩短跑步时，马必须保持“受衔”姿态，马的后躯活泼有力，前肢轻快敏捷，肩部柔韧，自由、灵活机动，颈部抬高，头约呈垂直，整个肢体显示出较大的柔韧性。

3. 中间跑步

中间跑步是介于工作跑步与伸长跑步之间的一种步法。马体较工作跑步伸展，步幅也较长，因此速度加快了，但节奏保持不变。要求中间跑步有较大的推进力，后躯推进气势明显；马的头颈稍向前伸展，头的位置比缩短跑步和工作跑步时略伸出垂向前方，马体外形伸长，马必须保持“受衔”姿态，前进运动自如平稳、步调均匀，全部动作平衡而且不拘束。

4. 伸长跑步

伸长跑步保持节奏和频率不变，马体尽可能伸展步幅，伸展到最长，但又不丧失其沉静和轻盈，速度加快了。这种步法马的后躯有一个巨大的推进力，推动着马平衡向前；马体伸展应与头颈的伸展相一致；马应保持“受衔”姿态。

(四)袭步

袭步又称竞赛跑步，它是马速度最快的一种步法。其特点是对角肢分别落地，一完步有4个节拍，应听到4个蹄音。蹄着地的顺序，做左袭步时，是右后蹄—左后蹄—右前蹄—左前蹄；做右袭步时，是左后蹄—右后蹄—左前蹄—右前蹄。在4个蹄都离开地面时有一短暂的悬空期。但是，因速度加快，两前蹄和两后蹄着地时间相连在一起，所以只能听到2个蹄音。骑马做袭步令人激动兴奋，但也有一定的危险性。因此，骑手练习袭步前首先要打好平衡稳定的骑乘基础和具备较强的控马能力。在袭步中马体的外形伸展相当大，随着速度的加快，其步幅加大或频率加快，但不管速度多么快，其步伐总是很有节奏，马体保持着平衡。有效的控马方法是：双脚向前用力踩镫，两手把缰收紧，一只手勒缰不动，另一只手可反复收缰、放缰搓动衔铁，直至马变得服从为止。

二、步法变换

步法变换是通过骑手腿和手的协调扶助使马从一种步法变换为另一种步法，变换应自然而准确，在保持着节奏和平衡的情况下，平稳、自然地由一种步法变为另一种步法。在步法变换时马除了接受新步法或速度的要求外，不应改变马体外形，应在步法不乱的情况下，准确地变换为新的步法。原步法的好坏直接影响其步法变换。

三、立定

立定时，马必须平稳，正直站立，体质量均匀分布于四肢上，两前蹄和两后蹄均对齐站立。在立定过程中，马必须保持着平衡和“受衔”姿态，与骑手的手保持轻微的联系（允许马轻轻咀嚼衔铁），骑手必须保持精神集中。在马行进中，不能突然立定，应先将步速减慢，逐渐停止。

思考题

1. 简述赛马骑乘用具。
2. 简述骑手骑马基本装备。
3. 简述生马调驯的基本原则和步骤。
4. 简述上马和下马的基本步骤。
5. 简述马匹基本步法。

项目六

现代马术运动项目

学习目的

通过学习现代马术运动相关知识，对马术运动及其组织机构建立初步认识；学习现代马术运动项目，了解各种马术运动的历史沿革，掌握各种马术运动的基本场地、骑手、赛马等技术要求、裁判方式。使学习者对各种马术运动不再陌生，达到理解性观赛的水平。

知识目标

学习国内外主要马术运动相关机构，了解中国马术发展历史和现状；学习障碍赛马、盛装舞步、西部绕桶、三日赛马术运动发展历史、裁判方式、场地要求、骑手服饰、参赛马匹资格、马具佩戴要求等知识。

技能目标

通过本任务学习能够正确理解国内外马术发展历史、相关机构；能够正常理解障碍赛马、盛装舞步、西部绕桶、三日赛比赛现场的相关知识，看懂比赛。

任务一 马术运动的意义及相关机构

一、马术运动的意义和任务

所谓马术，简单地讲，是指人与马之间形成特定的驾驭关系。马术是世界各地人民共同喜爱的一项体育运动。在很长一段历史时期内，马作为人类的忠实伴侣，在军事、生产和生活中担当了非常重要的角色。从中发展演变而来的马术运动历史悠久，种类繁多。马术运动可以锻炼身体，增加毅力，培养坚定勇敢、不怕劳苦的意志，以惊险、优美、刺激性强而引人入胜，是一种有益于人体身心健康的体育运动；同时还能有目的地与马匹育种相结合，并促进社会生产和经济繁荣。因此，马术在世界各地比较普遍，被视为一种高尚的活动和贵族文化。通常把以马为主体或主要工具的运动、娱乐、游戏、表演统称马术。

马术运动是一项人马结合的体育运动，也是奥运会的正式比赛项目之一，也是在奥运会所有规定项目中唯一的人和动物共同配合完成的项目。它不但要求运动员有良好的身体素质、勇敢顽强的性格和科学调教技术，而且要求马匹具有体力充沛、气质优雅、服从、反应灵敏的品质，同时，人马要协调配合，准确完成每一个动作。所以，体育运动中马术最难掌握。它不但能培养骑手勇敢、顽强、敏捷、灵巧和在复杂环境下迅速判断方位的能力，而且能培养骑手善良、潇洒、温文尔雅的性格和风度。

马术运动在我国有着悠久的历史。中华人民共和国成立初期，政府开始重视马术运动，1959 年第一届全运会在呼和浩特市举行了盛大的马术比赛，参赛队有 10 多个。改革开放以来，马术队逐步增加，继内蒙古之后，新疆、西藏、山东、广东、青海、河南、上海、北京等省、市、自治区也先后成立了马术队。1984 年以来，每年都举行全国马术锦标赛，从第六届全国运动会开始都进行了马术比赛项目。全国少数民族传统体育运动会中的马术是重要项目之一，1990 年全国马术锦标赛上按奥运会规则举行了场地障碍赛、盛装舞步赛和三日赛，这标志着我国的马术运动开始向奥运会迈进。我国已于 1982 年加入了国际马术联合会，成为该会的正式会员国，并于 1985 年开始参加国际马联的 C 组通讯赛。但是由于国内缺乏高质量的竞赛用马，马术水平多年来徘徊不前，与国际水平相比尚有很大差距。

20 世纪 90 年代以来，我国经济迅速发展，停顿多年的赛马开始复苏，多点并进，反映了体育及文化娱乐的要求。我国现有赛马场及建设中赛马场已达几百所。现代赛马是一大产业，是综合性产业，需要掌握很多专业知识，应当好好学习，全面认识其产业特征。总之，现代赛马创收高，是拳头产业，但认识上不能简单化。办赛马场不是短期行为，而是长效带有文化性质的投入。创办者应掌握信息动态，多方联合，目光长远；即使是成功的赛马场，也要改革和创新，重视各种人才的培养。

宣传马术运动对人民生活和健康的意义，是当前重要任务之一。现代运动用马是指用于盛装舞步赛、超越障碍赛和三日赛的马匹。它具有骑乘型的结构气质，兼用型的体质，力速兼备，工作效率高。引进国外优秀运动用马在我国纯种繁育，或者引进少量优良种公马，杂交改良培育运动用马;或者走中国自己的路,从本国优良马中进行选育,这也是今后培育现代运动用马的主要途径。除此之外,还应培养马术运动人才和建设赛马场。这都是当前和今后应当积极进行的重要工作。

二、相关马术管理机构

(一)国际马术联合会

国际马术联合会(International Equestrian Federation,FEI),简称国际马联,1921 年 11 月 24 日在巴黎成立,是国际单项体育联合会总会成员,工作用语是法语和英语,总部设在瑞士的洛桑,所辖项目包括盛装舞步、骑术、超越障碍赛、三日赛、马车赛、耐力赛和跳跃等。创始国包括比利时、丹麦、意大利、挪威、美国、法国、瑞典和日本。国际马联是领导国际马术运动唯一的国际组织,开放接纳的对象是已被奥委会承认的各国政府马术管理机构,目前,已有会员 130 个,中国马术协会于 1983 年 6 月加入国际马联,成为国际马联的第 80 个成员。

国际马术联合会的任务是举办国际比赛;确定、统一和公布比赛规则;确定和批准世界锦标赛、奥运会和地区性比赛的规程和项目;促进各会员国之间的接触;维护和加强各会员国的权威与威望,本着所有会员国平等和相互尊重的原则,反对种族、政治和宗教歧视。

(二)国际赛马联盟

1961 年,美国、法国、英国和爱尔兰等国家在巴黎发起的国际赛马业协商会议,促成了国际赛马联盟(International Federation of Horseracing Authorities,IFHA)的成立,正式命名于 1993 年,现已拥有 50 多个成员,其中包括了世界主要赛马国家和地区。国际赛马联盟成立以来在协调统一成员国育种、赛事及博彩的规则、制定和完善国际赛马协议等方面发挥了重要作用,促进了赛马业国际间的交流和合作,有力推动了世界赛马业的发展。

(三)中国马术协会

中国马术协会(Chinese Equestrian Association,CEA),成立于 1979 年。中国马术协会自成立伊始,就陆续通过开办培训班聘请外国专家来华讲学指导等方式,为尽快改变中国马术水平落后的局面做了大量建设性工作。

从 20 世纪 70 年代末到 90 年代初,中国马术运动跟随改革开放进程一同进步发展。进入 20 世纪 90 年代以后,中国马术协会与国际马术界的交流日益频繁。各省区马术队纷纷"请进来""派出去",技术水平迅速提高。与此同时,休闲娱乐马术在中国开始起步,与体育竞技马术互相呼应,为扩大现代马文化在社会上的影响起到了推动作用。

目前中国马术协会的主要工作是:继续完善竞赛的行业管理和组织指导;积极培养优秀骑手,培训裁判和工作人员;支持国内马匹育种改良、调教,争取在奥运会马术项目上取得历史性突破。

三、国内外马术运动概况

(一)国外的马术运动

马术运动源远流长。古希腊时便有赛马的记录,古罗马人也以赛马为乐。公元1 000年马术运动在希腊得到发展,14—17世纪运动用养马业转移到意大利、法国和西班牙,在那里建立起马术学校。16世纪马术运动兴盛,欧洲开始出现现代马术,其后奥地利、法国、意大利、瑞典等国家成立了专门的马术训练学校,传授马术技艺。英国则育成了纯血马。18世纪末马术运动从军事上的骑兵训练中分离出来,形成独立的体育项目。1896年奥运会设立古典的马术运动项目。近30年国外马术学校和俱乐部发展很快,从事马术运动的人也迅速增加,马术运动得到了广泛普及。

从第5届奥运会开始,马术成为正式比赛项目。1921年国际马术联合会(FEI)在巴黎成立,并得到国际奥委会的承认。竞技马术作为马术运动的高级形式,成为世界性的比赛项目。在不断的发展中,欧洲的竞技马术具备了很高的水平,并形成各自不同的风格和流派,如德国和法国代表的古典派,重视马匹的心理,加强人与马的协调;英国派依赖马匹的优良素质;意大利派则重视马匹的跳跃能力。近年来马术运动风靡世界,它的迅速发展具有多样化、大众化和科学化三大特点。在一些发达国家,马术俱乐部林立,例如英国就有2 800所、法国1 500所、日本500所。到俱乐部学骑马的人,除了娱乐骑乘外,有不少人是潜心学习骑术的,由此培养了不少马术家和爱马者。

马术运动开展的广泛与否以及水平高低,直接反映了一个国家经济实力和科学文化发展程度,如美国、英国、法国、德国一直在马术领域处于世界领先地位,亚洲的日本和伊朗也名列前茅。这些国家的马术俱乐部遍布各地,马术协会会员数以万计。世界上不论大小国家和旅游城市都有马术俱乐部,就连人口不足1 000万的瑞典,全国也有骑术学校90多所。不仅王室成员,就连城市居民和矿工也要领略一下策马扬鞭的乐趣。

1945年以后,各国军队都实现了机械化,马术比赛也已平民化。20世纪50年代后期,随着和平与发展成为世界主流,科学技术的日新月异,商品经济法则的不断充实,奥运会的马术比赛也开始了必然的演变,这一趋势至今还在继续。20世纪50年代以前,马术比赛主要由拉丁语国家领先,法国、意大利、西班牙也曾经是顶尖国家。之后出现了一支相当庞大的日耳曼骑手队伍,大不列颠、美国、苏联也有所进步。意大利可视为代表掌握骑术的一个伟大民族,个体化、个人英雄主义成为时代的产物。德国队是赢得奥运会马术金牌最多的国家,竞技水平最高,特别是二次世界大战后,从1956年斯德哥尔摩奥运会开始,德国队在盛装舞步赛和跳越障碍赛两个项目上一直处于垄断地位。德国现有马术俱乐部7 351家,会员85万名,其中76万名经过德国马术协会正式认证,民族马术运动爱好者1 000万人,注册马术运动员75 000名,业余爱好者超过200万人。世界马术比赛中,三日赛是南半球国家的天下,澳大利亚和新西兰多年垄断着奥运会三日赛的金牌。

妇女参加奥运会比赛是一大突破,马术成为男女同场竞技,公平竞争的典范。从1988年开始,奥运会盛装舞步的金牌从未被男选手获得过。女骑手不仅在舞步赛场上独占鳌头,在跳越障碍赛和三项赛方面也取得一定成绩。英国的安妮公主曾经参加了1972年慕尼黑奥运会,是三日赛团体冠军队的主要成员。

(二)世界各地的赛马与世界主要赛事介绍

据国际赛马联盟(IFHA)2009 年的统计,世界平地赛马场次数约为 15 万场,障碍赛的场次为 8 139 场,近 10 年内世界主要赛马国家总体上赛马业呈下降趋势。在一些占世界赛马业总规模比重很大的国家,如美国、日本、英国、澳大利亚等,赛马业经过几个世纪的发展已成为成熟的产业,在现有经济和社会环境下已进入饱和状态。另一方面社会经济因素也是造成赛马业下滑的一个重要因素,2008 年的经济危机对赛马业造成了巨大冲击。在主要赛马国家和地区中,与总体的下降趋势相反,有些国家在过去 10 年里实现了赛马业的显著增长,其中包括爱尔兰、法国、土耳其、韩国、新加坡等。

英国对赛马的贡献是培育出了纯血马,其速力为世界之最。此外英国制订了完善的赛马规程,制订了赛马的系谱管理和速力公开制度。英国有赛马场 59 个,几乎全是商业性的,仅场外投注站就有 8 600 多个。爱尔兰出产的纯血马享誉国际马坛,其雄厚的竞赛能力已囊括多项国际大奖。法国是全面发展,经常举办平地赛马、轻驾车速步赛。法国人引以为荣的是“凯旋门大奖赛”,是欧洲奖金最高的国际比赛。法国流行速步赛,巴黎的轻驾车速步赛最负盛名,特别重视速步马背部肌肉的增强,纯血马和速步马主要用于商业赛马,占总量的 44%。瑞士最吸引人的是冰上赛马,除了传统的赛马外,还举行表演赛。德国的赛马已达到国际一流水平,在长距离的赛事中占有很大的优势。美国的赛马业是综合经营的经济实体,资金雄厚,收益可观。美国赛马场大多建在交通方便、场地开阔、绿草如茵的郊区,是休闲的理想去处。美国每年举行 103 000 多场赛马,观众达 8 000 万人次,提供工作岗位数千个,创造价值 150 亿美元。澳大利亚的赛马,以“墨尔本杯”为世界之最,据 1988—1999 年的资料,共有 425 所赛马俱乐部,运作 380 个赛马场,每年有 3 110 个赛事日,举办 22 108 场比赛,对 GDP 的贡献为 7.6 亿澳元。

(三)我国的马术运动

我国是一个多民族的国家,各民族都有自己独特的马术运动。当他们庆祝宗教和喜庆节日时都举行马术活动。在我国西南的苗、白、水、彝、纳西族,青藏高原的藏族,西北地区的裕固、塔吉克和哈萨克族,北方的蒙古、达斡尔、鄂伦春族,赛马是很普遍的活动。另外还有蒙古族的长距离赛马、走马比赛,哈萨克和塔吉克族的“叼羊”,哈萨克和柯尔克孜族的“姑娘追”,哈萨克人还有“马上角力”,柯尔克孜族的“马上拾银”,藏族的“马上拾哈达”以及“骑射”等。这些传统的马术活动一直盛行多年,特别是改革开放以来更是空前繁荣,各地民间马术活动异常活跃。

国家主办的马术运动,建国初期是作为军事体育项目受到关怀和培植的,中国人民解放军曾多年认真地进行军马调教工作,骑兵马和驮、挽马训练也取得可喜的成果,骑兵素质有显著提高。20 世纪 50 年代末,出现了中国马术运动的第一个高潮,后来沉寂了十余年之久。改革开放以来又得以复兴。在北京、深圳、广州、上海、西安、武汉等大城市已经和正在组建起一批私人办的马术俱乐部。我国马术已逐步和国际接轨。据中国马术协会的数据统计,从 2008 年到 2015 年,中国的马术俱乐部从 300 多家增长到了 800 多家,到了 2016 年,这个数字变成了 907 家,2017 年底,这个数字变成了 1 452 家。

目前中国在马术比赛中获得最好成绩的骑手是华天,2008 年 5 月 2 日国际马联颁布的《2008 年北京奥运会马术三项赛参赛骑士资格与排名》中,华天在全世界 518 名获取奥运参赛资格骑士中排名第27。以个人名义代表国家参赛的骑士中世界排名第二，全亚洲第一，中国唯一。2008年8月8日下午18:00时，华天正式进行验马仪式，从此刻开始，华天成为北京奥运会开赛中国第一人，奥运会历史上第一位中国骑士亮相。作为历史上第一位和唯一一位18岁年龄世界顶级马术三项赛骑士，与中国人民一起感受北京奥运会的无限激情，成为中国人的骄傲。2016年3月9日，国际马术联合会(FEI)官网正式发布《奥运会-参赛国家资格》，中国马术三项赛骑士华天通过奥运资格积分排名系统，成为中国唯一获取奥运马术参赛资格的选手。2016年，华天代表中国出战里约热内卢奥运会马术比赛，创造了中国选手第一次在奥运会马术比赛中进入决赛，并取得第八名的纪录。

2018年4月14日，中共中央、国务院发布《关于支持海南全面深化改革开放的指导意见》(下称《意见》)，提出支持在海南建设国家体育训练南方基地和省级体育中心，鼓励发展沙滩运动、水上运动、赛马运动等项目，支持打造国家体育旅游示范区。同时，探索发展竞猜型体育彩票和大型国际赛事即开彩票。随后，海南"马文化旅游特色小镇""国际马文化体育旅游度假区"等旅游综合体项目频出。此外，"2018上海浪琴环球马术冠军赛""中华民族大赛马·2018传统耐力赛""2018新浪杯未来之星马术大赛"等大小赛事接踵举行。整个马产业市场已充满着想象。但是根据国内现行法规，马彩是被明令禁止的。1992年中共中央办公厅、国务院办公厅发布的《关于坚决制止赛马博彩等赌博性质活动的通知》，此后在2002年，国家五部委也曾联合打击过赌马现象。就《意见》本质而言，海南鼓励发展赛马运动等项目，探索发展竞猜型体育彩票和大型国际赛事即开彩票，二者是并列提出，并未显示有任何联系。

任务二　速度赛马

有人说，速度赛马是由选拔优秀马匹衍生出来的，因此比赛比的主要是马，而不是骑手。这个说法没有错，但绝不能因此否定骑手对比赛的重要性，更不能忽视技术战术的学习和运用。要知道，对一场比赛来说，有一匹好马固然重要，但更重要的是有一个优秀的骑手使马的能力充分发挥出来。行业内有这么一个公认的说法："赛马比赛中，马的成分占六七成，骑手则要占上三四成。"在现代竞速赛马，尤其是现代商业赛马活动中，马与马之间的体能差距越来越小，而骑手的技术战术运用能力就成了决定比赛输赢的关键。综观国内外各级各类比赛，凡取得过优异成绩的赛马，基本上都有一个身经百战，有着高度技术战术水平的骑手，所以说技术战术的学习对骑手来说是至关重要的。

一、速度赛马的基本技术

对于表演性质的马术比赛，特定的技术要多一些，而速度赛马中用到的技术主要是马术运动中最基本的技术，如"骑乘体位""控缰""推进""打鞭"等。虽然这些技术在各种马术表演中都会用到，但是用在速度赛马这种近于极限运动的项目中，就会有一些不一样的地方。

(一)骑乘体位

骑乘体位包括骑手骑在马身上的位置以及骑乘中采取的姿势。和大多数体育运动一样，速度赛马也有着一套美观又实用的姿势。不过这个姿势和我们常见的骑马姿势有很大不同。

许多马术项目，比如说常见的盛装舞步赛、场地障碍赛、三日赛等，我们总是能看到骑手们踩着长镫悠闲坐在马背上的模样。而在速度赛马比赛中，光是骑手的姿势就能带给观众一些紧张感。他们总是半蹲在不及马腹的短镫上，身体前倾，神情紧张，好像随时都会像一支离弦的箭飞射出去。当马开始奔跑时，骑手们就仿佛是飘浮在马上方一般轻盈，又好像附着在马身上一般稳健，随着马的奔跑跳跃起伏，人与马浑然天成，让观者叹为观止。这种姿势被形象地称作"飘骑"，它存在的时间相当久，在世界各地都有悠久的历史，以至于难以确定究竟是哪国人最先使用的。不过可以确定的是，这种体位能将骑坐行为对马匹奔跑产生的副作用减到最小。也就是说，用这种骑乘体位时，马跑起来是最快的。速度赛马骑乘正确的姿势包括踩镫的位置、背部的倾角和视线等。

1. 踩镫的位置

脚和马镫的接触是身体稳定的基础，为了不从马上滑下来，就必须尽可能地站稳。长久以来被推荐的一个技巧是将脚掌踩在马镫的1/3处。如果少于1/3就太浅，有可能滑出来；多于1/3又太深，有可能滑进去。

2. 背部的倾角

背部的倾角和膝盖的屈曲度大有关联。一般情况下，膝盖打得越直，臀位就越高，重心就越往前；膝盖越弯，重心越向后。重心向后对骑手来说是个很关键的技巧，但同时要保持胸位不能太高，胸位越高，奔跑中的空气阻力就越大。一般来说，让背部与马背平行并尽量接近马背就是最合适的姿势，但千万不要碰到马背，那会给马造成干扰。

3. 视线

眼睛一定要平视前方。平视前方能减缓骑手颈部的疲劳感，也是避免发生赛道危险的重要原则。

(二)控缰

如果把赛马比喻成一台车，缰绳就是方向盘，同时也是离合器、油门和刹车。熟练地掌握控缰技能对骑手来说万分重要，因为控缰就意味着控马，不能熟练控马就不能算是一个合格的骑手。

学习控缰的基础是一双稳定的手。马匹对缰绳的动作非常敏感，优秀的骑手能通过很轻微的缰绳动作来操纵马匹。乱晃的缰绳会让马匹感到紧张和不安，引起呼吸紊乱，运动节奏感丧失。假如在赛场上发生这种情况，会直接导致输掉比赛。之所以要保持稳定，其实就是为了减少外部环境对马匹产生的干扰。只有将外部干扰降低到最低限度，马匹才能最大程度放松，从而更好地发挥实力，但这并不意味着缰绳放得越松越好。缰绳的一个重要作用是用来约束马匹，如果缰绳太松，马匹就会失去约束，变得松散。

同样地，拉缰的力度太大也是不行的，除非骑手的意图是让马停下来。正确的控缰力度应该是以刚刚能让马匹感觉到一点拉力为宜，并且要保持相对稳定。在晃动的马背上保持这种稳定并不是容易的事，常用的技巧是将拉缰的手抵在马鞍前部或大腿上。

在学会基本的握缰之后，骑手就要学习如何通过缰绳控制马匹，千万不要以为缰绳是依靠蛮力来操纵的，骑手的工作是和马匹配合而获得更高的速度，而不是和马拼力气。从动物生理学中可以知道，马是利用头部和颈部的伸缩来调整奔跑中的重心和平衡感的，盲目地拉缰会破坏马的这种自我调整，这导致的后果必然与骑手的目的相悖。如果我们通晓这个原理，就可以通过缰绳来诱导马匹进行自我调节，这无疑是一种省力又有效的方法。优秀的骑手都明白一个道理，友好的诱导比强制更管用，也更容易。

以一个最基本的技术为例，在奔跑中，有时候马头的位置过高、过低或偏离方向。如果是过高，那是缰绳收得太短，只要稍稍放松，马就会低下头去。而如果是马头太低或偏离方向，就说明马的重心有问题。骑手应该调整自己的重心，使自己的体质量落在马的后腿上。当马的前腿压力减轻，就会试着抬起头来寻找一个更好的姿势，这时骑手只要收短缰绳，让马保持这种姿势就好了。

再说转向的控制。让奔跑的马匹安全转向对于骑手的控缰能力来说可是个不小的考验。转弯时，由于惯性，马的身体会产生屈挠，后肢瞬间受力加剧。如果这个时候控制不好，很容易使马匹腿部受伤或骨折。正确的转弯控缰过程应该是，内方缰作为指引方向拉力不变，同时外方缰稍松一些。这时马匹外侧的颈部就会伸展，从而向内侧弯曲，转向指引的方向。骑手可以通过控制给缰的时间和力度控制马匹的屈挠和转弯的角度。

控缰的技术并不单单针对骑手的技术，对马匹来说也同样重要。配合默契的骑手和马匹能通过缰绳上传来的力量感应出对方要表达的意思。经过长期训练的马匹还能获得一定程度上的无缰控制能力。也就是说，在完成一些动作或保持一定姿态时不一定要依赖缰绳控制。比如在配合默契的骑手和马匹之间，骑手仅用内侧腿辅助就能诱使赛马完成转弯。而多数受过训练的赛马能在缰绳放松的情况下保持一定时间的比赛姿势。骑手可以放松缰绳看马匹可以保持这种姿态多久，以检验马匹的自我控制能力。

（三）拍跳

“拍跳”是香港赛马界的常用术语，意思是两三匹马在训练时结伴快跑。拍跳有两种基本形式。一种是分先后起步，后起步的马匹在途中（大多在末段）加速以追上前方马匹。另一种是同时起步，或并驾齐驱或一前一后，到了末段双双发力加速。作为马匹操练方式之一，拍跳主要有以下几种作用。

1. 激发马匹的角逐意识

马是天生擅长奔跑的动物，又是群居动物，在结伴奔跑时，会特别起劲，如果比同伴跑得更快，就会有优越感。在野生马群中，唯有在奔跑中胜过同伴，方能在族群中获得较高地位，而速度最快的马会成为马群中的领袖。赛马的生活形态虽然已经和野生马群大不一样，但彼此之间通过竞逐来分出强弱的习性仍在。一匹马如果长期没有机会与其他马匹竞跑，角逐意识就有可能减弱。

2. 考察马匹的真实水平

马匹和人一样，个性各不相同。譬如有些马匹懂得偷懒，单独试跑时显得懒洋洋提不起劲，然而一旦与其他马匹结伴快跑，马上就显露出真实能力，令人难以判断它进步的程度或者状态的起落。

3. 调教马匹

年幼的马匹竞赛经验不足，需要多加练习，需要在有同类的拍跳中学习到怎样出脚、如何蓄力以及何时发力。还有些马的跑姿很不规矩，可能会有内闪、外闪的陋习，这就需要在拍跳时安排它走外侧或者走里侧，由伴试的马匹引导它改善跑姿。

注意：拍跳是磨炼马匹状态的手段之一，但运动量较大，体能消耗较多。假如拍跳过度，就有可能引起反面效果。哪匹马需要拍跳，何时应该拍跳，练马师应凭自己的专业知识及经验来做出安排。

（四）试闸

训练进行到一定程度，就可以让马开始试闸了。试闸是训练当中很重要的一个环节，顺利通过试闸的马匹才有可能参加比赛。多数马在第一次试闸时会有不同程度的紧张和兴奋，这是很自然的，因为这种感觉对没有参加过比赛的马匹来说很新鲜。骑手要通过试闸让马尽可能多地习惯比赛的流程和环境，减少马的紧张和兴奋感。

一个有经验的骑手应该对第一次试闸做好心理准备，练马师也应在试闸前给骑手以教导。刚开始马匹不知道为什么要进闸，因此需要由两匹成熟的马来陪练，以锻炼其反应能力。但当马匹明白为什么要进闸之后，又可能因为太过紧张而逃避进闸。应付这种情况有多种方法，可以先试着拿一些好吃的食物来诱惑其进闸，不行就用“蒙眼罩”的办法。马匹进入闸厢后，要尽力使马匹稳定安静，因为在比赛时还要等待其他马匹入闸，太过急躁容易发生“漏闸”现象。马匹进入闸厢后要摆好姿势，目视前方，尽量集中注意力，等候开闸员的口令。对于一匹没有经验的马来说，头几次出闸反应会比较慢，这并不是马匹本身反应迟钝，而是在开闸的一瞬间它不知道要做什么，甚至有很多马还会因为害怕而向后退。但在陪练马的陪伴下，只需几次，马匹便知道开闸的瞬间要尽力地冲到最前方。

马出闸的一瞬间速度非常快，所以骑手注意力必须高度集中，否则身体重心很容易因为跟不上马而向后甩。这会导致骑手不自觉地拉缰，继而影响马匹的起跑。应付这种情况一个常用方式是拉脖圈，出闸时拉住马的脖圈能帮助骑手稳定重心。

（五）推进和打鞭

在冲刺阶段，马与马之间的竞争进入白热化阶段。马匹强烈的竞争意识如果能结合骑手的推进动作，就会大幅地激发其潜力。冲刺对马的体力消耗极大，所以选好时机非常重要。这个时机不能仅靠技巧，而是需要经过精密地测量和计算的。在比赛前，练马师会根据马在训练过程中的各种数据，告诉骑手一个合适的暴发点。在比赛中，骑手就要在这个拟好的暴发点进行推进和打鞭。

推进就是利用骑手身体的惯性和上肢的力量在马匹奔跑时予以助推。推进的要领是身体重心要低，随着马背的起伏顺势向前发力。推进时谨记缰绳要不松不紧：太松的话马匹可能会重心前倾而栽倒；而太紧则会使马感到阻碍，迅速耗尽体力，继而无力向前冲刺。

与推进不同，打鞭的作用主要是对马的警告和激励。马匹在冲刺阶段往往体力所剩无几，较轻的鞭打能振奋马匹的精神，激发马的潜能；但如果鞭打得太重则会使马更快地精疲力竭，所以千万不要真的用力去打马。如果马匹体力耗尽，再怎么打它也于事无补。打鞭的技巧是跟着马匹奔跑的节奏一步一下或两步一下。马匹有外闪毛病的一定使用外手鞭，以防马匹向跑道外侧拐出。在竞争异常激烈时可以用两手轮换打鞭，一是可以缓解骑手体力消耗，二是警示马匹已经到了最关键的时候了。

二、速度赛马的基本战术

赛马战术是一种取胜的策略。需要根据比赛对手的情况合理分配马匹的体力，扬长避短，以智取胜。在比赛中合理运用战术是非常重要的，一个优秀的骑手要想进一步提高比赛成绩，战术运用是一个不可避免的环节。

（一）出闸的基本战术

在短距比赛（如 1 000 m、1 400 m）和中距比赛（如 1 800 m、2 600 m）中，马的出闸都十分重要。在 1 400 m 以下的赛道，出闸领先在很大程度上可以奠定获胜的基础。而在 1 800 m 以上的赛道，出闸的领先亦能使骑手抢到一个理想的位置，少绕一些弯道，从而将更多的体力留在冲刺阶段。

要取得理想的出闸状态，应掌握两种常用战术。一是合理调整进闸时间。很多马匹都会在进闸后感到紧张，尤其是没有赛场经验的马匹。这种紧张感如果持续下去就会使赛马产生慌乱和骚动，从而提前消耗体力，影响出闸状态。在赛场喧嚣的环境下，骑手也很难去安抚激动的马匹。这时就可以让这一类型的马推迟一些进闸，从而减少马在闸厢内的时间，避免马匹的过度兴奋。同样的道理，有一些不好进闸的马则应该提前进闸，以免出现意外。二是要在出闸后立即寻找有利位置。中距离比赛中最好的闸位是在 3～6 道。如果抽签抽中外道，应在第一个弯道前尽全力占据有利位置，紧随第一集团。

（二）中距赛常用战术

根据赛道的距离合理分配马匹的体力消耗，这种战术在 1 800 m 以上的各种中距离和长距离比赛中至关重要。因为体力分配不正确而输掉比赛的事情时有发生，不是前半段放得太快导致冲刺段体力不支，就是前半段收得太过导致冲刺段无力回天。

中距赛（1 800～2 600 m）的体力分配战术运用如下：出闸三四百米抢占位置后放缓速度，将位置保持在第一集团的第 2～5 名的位置上。途中要留意马匹的呼吸频率和体力状况，也要尽量留意周围其他马匹以及目标对手的情况。与短途不同，中距赛中必须根据同组马匹的实力、特点来制定战术，才能发挥出马匹的最大能力。在前半段距离中，耐力强的马适合采取领先跑的战术，而暴发性好的马适合采取跟随跑战术。这是因为耐力好的马暴发性都一般，最后的冲刺时很难提高速度，若采取跟随跑后期难以超越对手。而暴发性好的马若采取领先跑会在前半段消耗大量体能，导致后期无法冲刺。而对于一些耐力和暴发力均属上乘的马来说，常用的战术是交替领先，即领先一会儿，跟随一会儿。这种战术不仅能使赛马在冲刺阶段保留一定的体力，还能在心理上极大地打击对手。

在比赛中，有时会有多匹马属于同一团队的情况，这种情况下多会采取一些团队战术，如派一匹马领跑把速度带起来，另外的马匹在后面跟随保存实力。在第九届全运会 1 800 m 的决赛中，内蒙古代表团就有两匹马同时进入决赛，当时就是使用了这种一个领跑其他跟随跑的战术，最终内蒙古的李帅驾驭的跟随马成功超越领跑马夺得冠军。当时的情况是：练马师安排一匹前速好的马在出闸就抢到第一位，而李帅驾驭另外一匹后程发力较好的马匹紧随其后。比赛中后段，领跑马速度有所下降，另一匹马顺势超越并保持优势直至终点夺冠。而领跑马由于前段领先优势明显，后面的马很难赶超，最终也取得了季军。

(三)长距赛常用战术

5 000 m 以上的比赛(如 5 000 m、10 000 m、12 000 m 等),起跑领先的优势已不再重要,所以往往不设闸厢,而只是在起跑线上拉一根绳。在起跑后的前几百米,由于参赛马匹较多,相互竞争激烈,骑手往往很难控制马匹的速度。不过相比漫长的跑道来说,与其在这时使劲控制马匹前速,还不如先任其自由地跑一二百米,占据一个理想的位置。

在长距离比赛中,有多匹赛马参赛的团队有一种惯用战术:先派一匹速度快的马在前领跑,把马群的整体速度带起来。而另外的马匹并不跟随,而是在后保存实力。在一段距离之后,盲目跟随领跑马的马匹会被漫长赛道迅速拖垮,领跑马也因体力耗尽被甩在后面。这时如果马匹仍有富余,则再派出一匹马领跑,以拖垮更多的跟随马。直到大多数对手都落入这种圈套后,不紧不慢跟在后面的实力马才开始崭露头角,迅速取得比赛的主导地位。

在比赛中如果遇到对手使用这种战术,千万不要理会。要找到平时训练时的节奏,整个路程都要按照自己的节奏来跑,尽量不要受到其他马匹的干扰。在途中仔细分清哪些马才是具备竞争实力的,要多留意这些有实力的马。

在长距离比赛中,要特别注意观察马匹的呼吸以及腿部的健康状况。有很多马不能够负荷这样强度的比赛,会在中途受伤以致提前退出比赛。还有,就是要尽量避免在途中与其他马匹并行,并行容易激发马匹的竞争意识,导致马匹体力过早消耗而令马匹在赛程后段感到乏力。马匹一般会在七八千米的时候出现极点,出现极点的时候,要鼓励马匹在心理上坚持住。骑手在行动上一定要积极,以帮助马匹调整呼吸和步频节奏。具体地说,当马出现极点时应尽量让马匹做到深呼吸,大步幅,控制良好的呼吸节奏和步频,尽可能快地度过极点。

(四)超马与冲刺

超马一般都在直道。根据比赛规则,超马必须要从外道,如果选择弯道超马就会比其他马多跑很多路程,无端加大体能消耗。在弯道上一般应选择跟随,也可借机让马匹换口气,为冲入直道后的超马做足准备。

最后几百米的冲刺是整场比赛中最检验马匹和骑手能力的时候。但在冲刺前切记要让马在最后一个弯道上换一口气。因为在这时,马匹已经非常疲劳,不换气直接进入直道冲刺必定力不从心。所以千万不要在弯道阶段就开始发力,在弯道上因为换气而落后的马在直道冲刺阶段反超前马的概率极大,而在直道冲刺阶段一旦落后就很难再反超了。

一匹赛马能否跑出优异理想的成绩受诸多因素的影响,这其中有些因素是不可改变的,比如赛马的体质、血统、基因等,有些因素则是可以加强的,比如体力、技巧、战术运用能力等。驯马和育人一样,都要因材施教。训练前根据马匹的各项特性制订完善的训练方案;比赛前根据马匹的身体状况和赛道以及对手的情况制定完善的应赛策略。骑手要牢记一点,比赛是战术运用、身体素质、技术能力三者的综合较量,三者必须齐头并进,缺一不可。而这三者的顺序是先身体素质,再技术能力,最后是战术运用。先基础,后提高,稳扎稳打,方是取胜之道。

任务三 场地障碍赛马

场地障碍是一项考验马匹和运动员的人马组合在各种条件下跳跃设有各种障碍的路线的比赛，该项比赛意在展现马匹的轻松自如、力量、技能、速度、跳跃时的顺从以及运动员的骑术。严格而详尽的场地障碍规则的建立是系统化管理比赛的基础。场地障碍赛是马术项目中极具观赏性的比赛，要求骑手和马匹配合默契，齐心协力跳跃 12 道障碍，其中包括一道双重障碍和一道三重障碍(即总共 15 跳)。比赛主要是考验人马配合的熟练程度以及按照固定路线快速通过多道障碍物的能力，马匹的弹跳能力、对起跳时机的选择和骑手对比赛节奏的掌控在比赛中尤为关键。骑手要运用娴熟的技能，既不碰落障碍，又要行走最佳路线，目的是为在最短时间内完成比赛，赢得最后名次。骑手没有按号码顺序跳障碍、落马、超过比赛的限制时间或赛马在一次比赛中两次拒跳，选手即被淘汰。

马术比赛分为团体赛和个人赛，团体赛每队 4 名选手组成，将其中成绩前 3 名队员的成绩相加为团体成绩。国际马联场地障碍世界杯是通常于 10 月至次年 4 月针对个人骑手举办的系列赛事，它被誉为是世界上顶级的场地障碍个人赛事之一。个人赛的障碍高度高于团体赛，骑手在规定时间内如果出现罚分相同，将进行复赛，复赛将减少障碍数量，增加障碍难度和高度。

一、障碍比赛规则

(一)场地与障碍

室内比赛场地最小面积为 1 200 m^2，短边最小宽度为 25 m。室外比赛场地(图 6-1)最小面积为 4 000 m^2，短边最小宽度为 50 m。此规定的例外情况，在国际马联场地障碍主管和场地障碍委员会主席共同协商后可获得批准。场地内设置 10～12 道不同形状的障碍，其中有一道为双重障碍、一道三重障碍，共 15 跳。障碍前放置有从 1～12 的序数，骑手要按号码顺序依次跳完全部障碍，行进路线长度在 450～650 m 之间。

障碍高度共分三个难易级别，最低为 C 级，1.2 m 高；其次为 B 级，高度在 1.2～1.4 m 之间，一般仅设置数道 1.4 m 高的障碍；最高为 A 级，高 1.6 m。障碍的类型包括垂直障碍/单横木障碍、伸展障碍/双横木障碍、三横木障碍、水障等。其中，组合障碍分为双重障碍和三重障碍。

垂直障碍/单横木障碍：由障碍杆、长木板构成的一道垂直面的障碍。

伸展障碍/双横木障碍：由两道垂直障碍共同构成的一道障碍。

平行/方形双横木障碍：前后两个横木障碍杆在同一高度的一道障碍。

三横木障碍：三根横木杆共同构成的一道梯形障碍。

砖墙障碍：一道外形类似砖墙的障碍，采用轻型材料，打杆时上层砖块容易掉落。

组合障碍：通常由两道或三道障碍构成的障碍群，每道障碍之间至多距离两个马匹步幅，分为双重障碍和三重障碍两种类型。

水障：一道尺寸较大的长方形水池障碍。

利物浦:设置于垂直障碍或者伸展障碍下方的长方形水池障碍。

图 6-1　室外障碍比赛场地

(二)比赛规则

骑手进入比赛场地后,听到裁判长允许比赛的铃声后方可进行比赛。

骑手通过起点的标志杆,比赛即开始,按照号码顺序全部跳完 12 道障碍,通过终点标志杆后,比赛成绩方有效。骑手通过每一道障碍的正确方向是白旗在左侧,红旗在右侧。裁判组由国际马联认证的裁判员和官员构成,他们的职责是检查赛道并且评判比赛。裁判铃是赛事期间裁判长通知骑手开始、暂停和继续比赛、被淘汰或者其他情况的唯一指令。

1. 罚分规则

骑手在比赛中每打落一个横杆,罚 4 分;马匹在障碍前不跳或者不服从骑手的控制,罚 3 分;超过规定时间,每秒钟扣罚 0.25 分;骑手第一次落马,罚 8 分;骑手没有按号码先后顺序跳跃障碍、第二次落马、马匹出现 3 次拒跳、比赛用时超过限制时间等,骑手将被淘汰。场地障碍赛的成绩评定,以罚分少、时间快为优。

2. 场地障碍专业术语

零罚分:在一轮比赛中,骑手没有任何失误。

罚分:对骑手在比赛过程中失误的处罚。比如碰落障碍杆、超出比赛允许时间都将被罚分。

附加赛:如若两名或多名骑手在两轮比赛的总成绩并列第一,他们将进入附加赛。

拒跳:当马匹在必须跳跃的障碍前停下来,属于拒跳,将被罚分。

组合障碍:由两道或三道障碍构成的障碍群,每道障碍之间至多距离两个马匹步幅。

二、场地障碍赛马匹品种

正规的场地障碍赛中都使用温血马。马的分类标准各式各样,不同标准亦有不同的种类，其中按照马的个性与气质不同，分为热血马、冷血马与温血马三大类（此种分类方式和马血液的温度和体温毫无关系）。热血马是最有精神的马，容易兴奋，是跑得最快的马，通常用来作为赛马，最具代表性的品种有阿拉伯马、英国纯血马、阿哈马等。冷血马具有庞大的身躯与骨架，安静、沉稳，通常用来作为工作挽重马，最具有代表性的品种有英国苏格兰克莱兹代尔马、法国的佩尔什马等。

热血马和冷血马都各具特点，但是并不符合现代马术运动用马要求，尤其是障碍用马。跳障碍的马要求马匹具有安静、聪明、友善的特质；体态上要轻盈敏捷，步伐矫健，能以赏心悦目的方式完成华丽的动作；同时具有一定的爆发力和耐力，并能以极大的勇气和骑手一起挑战赛场上那些未知的困难。在此运动用马需求下，温血马应运而生。

温血马在体形、个性与气质上，都介于热血马和冷血马之间，主要是为竞技目的而人为培育的，是多种优秀基因的结合造就出的混血马，其动作更加敏捷和富有力量，更可贵的是它还拥有卓越的性格。温血马已经成为以障碍马和舞步马为核心的马术场的常客和主角。

最具有代表性的品种有荷兰温血马、比利时温血马以及德国的汉诺威马、奥登堡马、威斯特法伦马、霍士丹马等。荷兰、比利时、德国是中国进口运动马的三大来源国家。曾对国内一场赛事中参赛的近 200 匹马做过统计，数据显示在已知品系的参赛温血马中，来自德国的温血马数量约占 38%，暂排第一；荷兰温血马数量约占 29%，暂排第二；比利时温血马数量约占 20%，暂排第三。

三、观赛着装礼仪

（一）安静观赛

障碍赛是展示骑乘控马能力高低的比拼，观赛时因严格自律，保持安静，不要发出刺耳的尖叫声，避免大声鼓掌，将手机关机或调成振动、静音状态。此外，不要使用闪光灯，并避免穿戴颜色鲜艳的衣物或其他可能引发马匹受惊的刺激源。细心的观众一定注意到，在主持人的播报基本都在骑手跨越障碍前和结束之后。这样做的目的是为了让骑手和马能够专注比赛，由于马天性敏感胆小，在马术比赛中有规定，观赛时赛场禁止喧哗，禁止打伞，以免惊吓马，影响比赛结果。

（二）优雅出席

马术起源于欧洲，作为一种贵族运动，观赏比赛的观众可选择正装出席，展现自己的气质。一般来说，女性观众需着套装、戴礼帽。选择高雅得体的洋装、裤装亦可，但必须是长裤，连衣裙和半裙长度应及膝或更长一些，上装的肩带至少 1 英寸（即 254 cm）宽，遵守“一英寸”规则。不允许穿着无肩带、露肩式、挂脖式和细肩带。

盛装出席是对马术文化的尊敬，最主要的也是一种身份的象征。国内越来越多的女性有观看马术比赛着盛装的意识，这也成为赛场一道亮丽的风景，如果你穿着新奇大胆，还可能被媒体跟拍，上了头条，这比晒朋友圈更高大上。当然，选择大檐帽还有遮阳防晒的作用。

至于男性观众，怎么绅士怎么穿。一般是黑色或灰色的西装，内穿马甲并佩戴领带。不论如何，着装的点睛之笔自然是一顶“弹眼落睛”的礼帽，女士选择大檐帽属于百搭，想要更优雅则可以点缀鲜花等特别设计，男士头戴黑、灰色礼帽亦可。

任务四　盛装舞步

盛装舞步源自法文“训练”一词，起源于公元前 4～5 世纪（文艺复兴时期）欧洲骑兵训练马匹的方法。20 世纪初，这种舞步变得更具艺术性和观赏性，渐成一种竞技项目，并在 1912 年正式成为奥运会的比赛项目。此项比赛旨在考验马匹的服从性、灵活性，自信，柔软，沉静，注意力和机敏以及与骑手的协调性；骑手与马匹讲求人马合一，并合作演出一连串精心设计的优雅舞步动作，因此盛装舞步赛被形容为马匹的芭蕾舞表演。

一、比赛简介

(一)场地要求

盛装舞步比赛在长 60 m、宽 20 m 的平整沙地（图 6-2）中进行。马匹要在指定位置做出指定舞步，由起点 A 开始沿顺时针方向进行：A→K→V→E→S→H→C→M→R→B→P→F 中间线以 D→L→X→G 排列（图 6-2）。

图 6-2　室内舞步场地

(二)骑手与马匹着装要求

1. 骑手

凡年满 16 周岁的选手都可以参加国际盛装舞步比赛。经国际马联批准，允许持有国际马联的残疾骑手身份卡的残疾人运动员，根据他们自身的残疾程度，使用辅助器械参加国际马联舞步赛。所有此类申请需在参赛前一年的 12 月 31 日前递交至国际马联盛装舞步部。国际马联会逐一进行审批。不允许分男女比赛。

骑手头戴黑色阔檐礼帽，身着燕尾服或西服、手套、马裤（白色）、脚蹬高筒马靴、佩戴马刺(图 6-3),伴着悠扬舒缓的旋律,驾驭马匹在规定的 7～12 min 内表演各种步伐,完成各种连贯、规格化的动作。

图 6-3　盛装舞步

2. 赛马

一旦马匹年满 6 岁,任何血统年龄均可参加国际舞步赛事。年满 7 岁,可参加青年比赛、圣・乔治比赛、中级一级比赛。马的年龄从其出生年的 1 月 1 日算起(南半球从 8 月 1 日)。马匹参加比赛时要求装备盛装舞步鞍、佩戴双缰和双衔铁。

在整个骑乘过程中,人着盛装,马走舞步,骑手与马融为一体,同时展现力与美、张力与韵律、协调与奔放,具有很强的观赏性。无论动作多么复杂多变,人和马都显得气定神闲、风度翩翩,表现出骑乘艺术的最高境界。

(三)赛马舞步

盛装舞步赛马的舞步大致分为停止、慢步、快步、跑步、后退、过渡、半停止、变换里怀、图形、横向运动后肢旋转、帕沙齐、皮埃夫、收缩、顺从/推进,骑手的姿势和扶助等步伐。其中慢步分为缩短慢步、中间慢步、伸长慢步和自由慢步,快步分为缩短快步、工作快步、中间快步和伸长快步,跑步分为缩短跑步、工作跑步、中间跑步、伸长跑步、反对跑步、简单变脚和空中变脚,图形分为圆形、蛇形和 8 字形等,横向运动可分为偏横步、根步、正横步、反横步、斜横步。

国际马联的官方科目必须完全靠记忆进行,所有的动作都必须按照科目规定的顺序进行。3～5 名裁判要根据每个动作的顺序和标准,按骑手的姿势、风度、难度、完成情况和艺术造诣等表现来打分。

比赛形式:比赛分三场进行,前两场是指定动作,由国际马术联合会设定。前两场指定舞步:慢步、快步、跑步、定点回旋、原地踏步等。最后一场是配乐自由演绎,骑手与马匹演绎自选音乐和自编舞步。

最高分的 25 位人马进入次场赛事,只有 15 位人马进入第三场赛事。

二、盛装舞步赛中的裁判

(一)摇铃与致敬

1. 摇铃

在铃响之后选手应该在45 s之内到达赛场的A点。在自选动作比赛中,如果遇到技术问题或者音乐出现问题时,在C点的裁判可以停止计时并且等到问题解决后再继续。在C处的裁判负责的是摇铃和显示钟或计时。当钟显示的时间是45 s或90 s的时候,应该被运动员清晰地看到。

2. 致敬

选手敬礼时,必须单手持缰,否则裁判可对其罚分。

(二)错误中的扣分

1. 路线错误

当选手发生路线错误时(转错弯、遗漏动作等),裁判长摇铃警告。必要时,裁判长还可以指示他,应当从哪一点上继续做科目,以及接下去应当做哪个动作,然后让他自己继续做。但是,有些情况下,虽然选手走错了路线,但没有必要摇铃,以免妨碍选手表演的流畅性。例如选手没有在K点而是在V点从中间快步变换成缩短慢步,或者是A点跑步上中央线以后,没有在L点而是在D点做了后肢旋转,这种情况下,是否要摇铃由裁判长决定。然而,如没有摇铃,选手又犯得相同的错误,只扣一次分。是否发生路线错误,由裁判长决定。其他裁判相应减分。

2. 科目错误

当一位选手犯了"科目错误"时(如轻快步而不是中间快步,敬礼时没有单手持缰等),必须按一次路线错误判罚。原则上,不允许选手重复科目中的动作,除非C点裁判判定是一次路线错误(摇铃)。但是,如果选手已开始重做同一个动作时,裁判员应当只考虑第一次做该动作的表现,同时罚他一次路线错误而扣分。

3. 未注意到的错误

如果裁判员没有注意到发生了路线错误,则选手只受到怀疑而不罚分。

4. 每次路线错误

不论是否已摇铃,除上述外,都必须罚分。

(三)淘汰的情况

1. 跛行

如果发现马匹明显腿瘸时,裁判长应当通知选手被淘汰出局,对这一决定不能上诉反抗。

2. 抗拒

任何抗拒行为妨碍科目的继续进行,超过20 s,将被淘汰出局。这对于任何进入舞步比赛场地前的违抗都是适用的。然而,如抗拒可能会危及选手、马匹、裁判、公众,因安全原因可以不足20 s而淘汰该选手。本条例也适用于进入舞步场地前的抗拒。

3. 跌倒

如果马匹跌倒或者运动员落马，运动员将被淘汰。

4. 在舞步比赛中途离开场地

舞步比赛中，马匹在由 A 点起到退出赛场为止的时间内，如果四个马蹄全部离开了舞步赛场，将被淘汰出局。

5. 场外协助

任何用声音或用手势的外界干预，都被认为是对骑手或马匹的不合法的非经允许的帮助，受助的骑手或马匹被淘汰出局。

6. 其他

其他导致淘汰的理由可能是：①人马组合都没有能够达到该赛事的水平。②该动作有违马匹的福利。③人马组合没能在规定的开始时间内进入比赛场地。除非及时告知 C 点裁判合理的理由，这些理由如马匹掉了蹄铁等。

(四)罚分细则

罚分将被每个裁判从这个运动员所得到的总分中扣除，记录在评分表上。以下介绍一些导致罚分的行为和由于受到惩罚而被扣除的分数。

以下所有的这些都被认作是错误的：路径的错误；带着鞭子进入场地旁边的区域；带着鞭子进入舞步比赛场地；在铃响后的 45 s 内没有进入场地；在铃响之前进入场地；在自选动作比赛中，在音乐响起 20 s 后才进入场地。

错误扣除 2 分，第二次错误扣除 4 分，第三次错误淘汰。

在自选科目中，扣分规则如下：第一次错误扣除可能所得的总分的 1%，第二次错误扣除可能所得的总分的 2%，第三次错误淘汰。

对于自选动作比赛中的扣分规则同样适用于年轻马匹的比赛。

具体点上执行的动作：规定在赛场某点上做的动作，应当在选手身体到达那一点的瞬间做出来，除非是在过渡的时候，马匹接近在对角线或垂直处的字母。在这种情况下，过渡必须在马匹的鼻子碰到字母边的蹄迹线时执行，这样马匹在过渡中就能保持直线。

马匹一旦启动，科目从 A 点入场开始，到科目完成时敬礼，即告结束。科目开始前，或结束后，所发生的任何意外事件都对评分没有影响。选手应当按科目表所规定的方式离开舞步赛场。

(五)评分标准

全国锦标赛科目共有 22 个规定动作，每个动作最高分 10 分，全场比赛规定时间是 7～12 min。22 个盛装舞步规定动作做完后，另有四个方面的总体印象分：即马匹的步调；马匹的动作活力；马匹的服从性；骑手的姿态与动作辅助。印象最高分为 40 分，全场比赛总计得分为 280 分。所有裁判评分的动作和从一个动作到另一个动作的过渡都在裁判表编号罗列，裁判必须分别打分。每项动作可评 0～10 分，最低 0 分，最高 10 分。

评分标准：10 分优秀、9 分良好、8 分好、7 分较好、6 分满意、5 分及格、4 分不足、3 分较差、2 分差、1 分很差、0 分未执行，“未执行”意思是所要求的动作，实际上没有做。在自选科目中，艺术得分可以使用半分。

最后需要指出的是，本规则不可能列举一切可能发生的事件，因此，如发生任何不可预测的意外情况，裁判组有责任本着体育精神，尽可能以接近国际马联总则和本规则的基本原则，做出裁决。

任务五　西部绕桶

绕桶赛起源于美国西部乡村，起初是牛仔们农闲时的一种游戏。随着这种游戏的不断举行，渐渐地牛仔们发现绕桶极具趣味性和竞争性，它既锻炼了马匹的灵活性，又提高了骑手的骑乘水平，同时又不耽误第二天的工作。因此参与的人越来越多，这种游戏就逐渐发展成为一种赛事。现如今在美国绕桶赛很普及，经常举行各种级别各种规模的赛事，最著名的有 NBHA 绕桶锦标赛、美国大奖赛、超级绕桶表演赛和青少年组绕桶锦标赛等，最高奖金额达 100 万美元。目前在美国绕桶赛标准场地最快成绩纪录为 12 s 65。

马术绕桶运动从美国漂洋过海来到我国。自 2000 年前后，民间崇尚西部风情的骑术爱好者开始关注美国牛仔绕桶赛，并组织过一些小规模比赛。2006 年，在中央电视台蔡猛老师的推动下，沈心平先生代表阳光马术俱乐部与国际绕桶联盟（IBHF）签署协议使阳光山谷马术俱乐部成为 IBHF 中国分会的代表，行使 IBHF 中国站组织推广赛事、发展骑手、技术培训等义务。2009 年宝湖马术俱乐部、颐和马房、凤凰马术俱乐部、德瑞马术俱乐部、马术杂志在肯塔基首席代表大卫的陪同下远赴美国考察夸特马大会，同时购进国内最早的一批专业绕桶马。此后，宝湖马术俱乐部、颐和马房、万江雄马具商行、保利马术俱乐部、邦成马术俱乐部先后从美国、加拿大进口马匹超百匹，开西部马术夸特马繁育的先河。大量夸特马的引进也促成了后来 AQHA 美国夸特马协会中国分会的成立。2012 年，中国西部马术促进会成立，主要的目的是联合国内西部马术群体，推动西部马术项目的健康发展。之后几年，这个新成立的民间组织迅速发展成为跨 13 个省、几千名会员、上千匹马的国内最大的马术群体，成为绕桶乃至西部马术运动的中坚力量。西部马术促进会的成立，代表着马术民间力量的一次新生，预示着以绕桶为代表的西部马术项目在爱马群众中已深入人心。2017 年 1 月 16 日，中国西部马术促进会派出的中国队在巴西举行的第二届世界杯绕桶邀请赛决赛中，以决赛当天成绩第一，总成绩第二的历史最佳战绩夺得亚军，更是让绕桶这项运动在中国马术界名声大振。

一、场地要求

绕桶比赛场地长度不小于 47.57 m，宽度不小于 30.5 m，预备区长度不小于 40 m，宽度不小于 30.5 m。室内场馆可以适当缩短距离，但不得小于 25 m。比赛旗门宽度不得小于 4 m，不大于 5 m，旗门上方若有悬挂物，高度不应低于 3.5 m，不高于 4.5 m。赛场应是平坦的沙地或复合地，厚度在 10～15 cm，衬底不应是水泥地，应是有一定黏合度的三合土地或是沙料混合地，护栏挡板应是木质或有弹性的聚酯材料制成，高度在 1.2 m 以上，旗门两侧上方应做软包装，下方应用牧草进行围护。为了比赛的公平、公正，每个团体比赛过后平整场地一次，个人组比赛每四名骑手比赛完毕平整场地一次，应以机械平整为主，人工平整为辅。绕桶比赛所用汽油桶的规格：高 90 cm，直径 60 cm。桶的材质不限，但必须是空桶，且两端封闭。第 1、2 桶距围栏至少 5 m；第 3 桶距围栏至少 9.5 m；旗门与围栏的间距至少 9.5 m；终点线与第 1 桶间距至少 9.5 m。

二、行进路线

所有骑手在整个比赛中使用同一入口进场，骑手入场后入口关闭。绕桶赛是使用按苜蓿叶形状摆放的 3 个相同的桶标定路线，争取时间的比赛项目。开始线、完成线及 3 个桶的位置应固定标识，并保证在整场比赛中位置固定。参赛者骑马绕桶比赛，从马鼻穿过开始线的任何时间开始计时，以马鼻冲过完成线为结束计时。开始线和完成线为同一条线。

比赛绕桶顺序为右(1 号桶)→左(2 号桶)→左(3 号桶)，详见图 6-4A；或左(2 号桶)→右(1 号桶)→右(3 号桶)，详见图 6-4B。

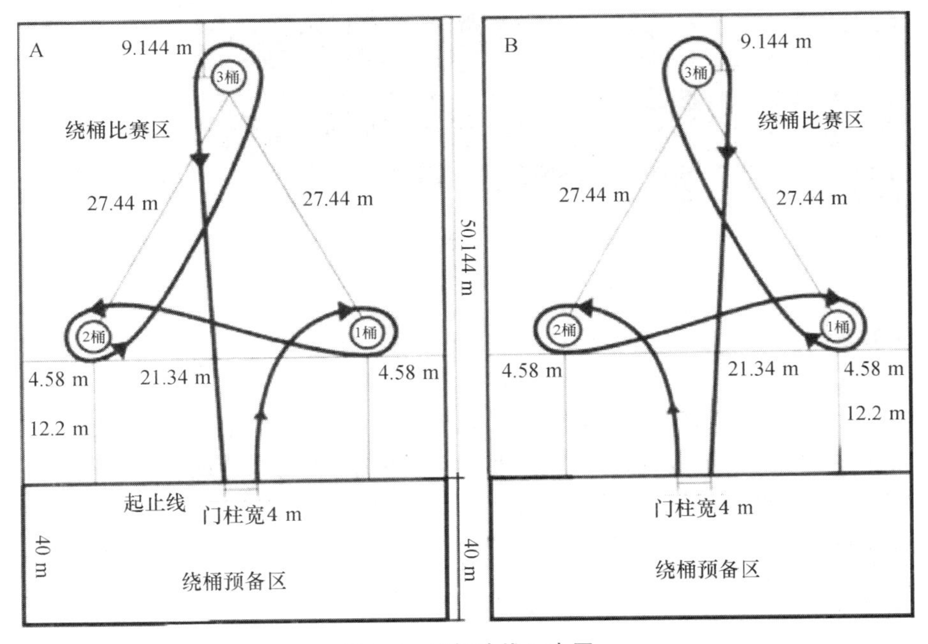

图 6-4　绕桶路线示意图

参赛者没有绕行任何一个桶或未按上述规定的线路绕行，比赛成绩无效。参赛者撞翻桶加罚 5 s。如果桶被撞倒后又立了起来同样加罚 5 s。碰到桶没有撞倒或用手扶桶是允许的。如果桶被移动要重新放回原位，不被加罚。参赛者在比赛中从马上掉落或骑马摔倒没有成绩。

三、骑手服饰

为提升中国西部牛仔绕桶赛运动的形象，所有比赛鼓励采用恰当的西部服饰。服饰包括长袖西部风格衬衫、牛仔帽、牛仔靴或短靴、牛仔裤及腰带。衬衫下摆必须放在裤子里面，袖子不能卷起且必须扣上。天热时允许穿短袖衫或 T 恤。参赛者可以戴安全头盔。建议使用美国西部牧人鞍具及水勒。骑手参加比赛不准使用马刺、马鞭、不准有伤马动作，以及其他任何伤害马体的装备。赛前检录，骑手携带全套参赛装备检录，按照要求戴帽、着装、系腰带、穿靴。图 6-5 示绕桶赛现场情况及服饰。

图 6-5　绕桶赛

四、马匹要求

参赛马匹年龄必须达到 3 岁，不限制性别，马匹品种按各次赛会规程规定执行；参赛马匹必须装钉蹄铁，须经过调教，保证不扰乱赛场正常秩序，否则取消该马匹比赛资格；参赛马匹必须仪容整洁，严禁鬃尾过长，马体肮脏，浅毛色马匹及有白章马匹尤需注意，以免影响观瞻。否则，裁判长有权禁止其参赛。马匹参赛时，一律装配经中国马术协会指定或认可的全套鞍具，包括鞍、勒、鞍垫、肚带、镫及镫革。

五、参赛评分规则

报名参赛的截止时间按竞赛规程的要求执行。在任何情况下，当第一匹马开始比赛后，不再受理该级别比赛的参赛报名。在所有中国马术协会批准的赛事中，随机抽签决定出场顺序。骑乘多马的骑手必须为每次出场指定马匹。为该骑手分配的每个抽签顺序将对应至指定马匹，骑手必须按指定顺序骑乘指定马匹。任何情况下允许参赛者“摘出”其抽签顺序。抽签一旦确定，不允许改变，除非是为了便于两个抽签顺序过近的同一参赛者参赛。“相邻参赛顺序过近”的构成由赛事管理确定。参赛者未按规定顺序出场比赛将被取消资格。参赛者有责任知道自己的抽签顺序。

参赛者撞翻桶没有成绩。如果桶被撞翻后又以任何一端再次站立，同样没有成绩。参赛者碰到桶，包括阻止桶翻倒，是允许的，不予判罚。比赛中马匹或骑手倒地，或骑手落马，没有成绩。比赛期间，如果桶被移动而偏离标记，必须在下一个参赛者比赛前重新定位。参赛者可以骑任何马参赛,不考虑马的所有权。参赛者在同一级别的比赛中可以骑多匹马,但是一匹马在同一级别的比赛中只能出现一次。比赛期间的任何时刻只允许一匹马在场地内。因计时器故障或桶没有正确摆放,准许参赛者重赛。若选手被判无成绩,如路线错误或撞翻桶,可以继续完成比赛。然而,比赛管理可自行判断,要求占用过多时间进行训练的骑手立即离场。如果选手不服从,将被处罚。一场比赛一般分两轮进行,比赛成绩取两轮比赛中的最好成绩。比赛完,用时最短的选手赢得比赛。

六、基础训练

高速急停是西部骑术独特的项目。马匹在高速运动中急停,身体重心后移,后腿深踏,夸特马粗壮的骨骼和结实的肌肉,为这一动作提供完美的"硬件支持"。急停后的马匹松弛、稳定地等待骑手的指令,这样的人马合一让很多英式马术骑手叹为观止。

绕桶用的马并没有特别的品种,也不分大小和高矮,重要的是马的形体,如强有力的腰、臀和肩部,还有结实的前后肢关节。在北美,夸特马、美国花马和阿帕卢萨马被认为是三大西部马,常用这三种马来进行绕桶比赛。但北美以外,最常选用夸特马参加绕桶赛。夸特马短距离的速度和步伐强劲是它适合绕桶比赛的主要原因。

在以往的绕桶赛中,很多骑手和马都缺乏基本训练,常常因为马的不服从而导致一些不必要的伤害。一般绕桶赛训练可以按照以下五步进行。

第一步:在接受绕桶训练之前,首先要花些时间让马熟悉桶,让马习惯于这个行进路线上的障碍物。此时,一定要有耐心。

第二步:训练马用慢步的方式走完绕桶比赛的路线。通过这个方式的训练,使马理解并习惯于比赛的行进路线。

第三步:骑乘马练习用慢步、快步走完全程,一定用柔和的动作辅助。

第四步:一旦感觉人马配合逐渐协调,就要开始练习跑步绕完全程。在这个过程中要让马认识到这是比赛,速度是非常重要的。同样要训练马对于辅助的精确反应,并懂得空中换腿,这对于绕桶比赛来说最为重要。

第五步:逐渐增加马绕桶的速度,一旦马有能力用大步奔跑的速度绕完全程,就可以准备参加绕桶比赛。

任务六　马术三项赛

一、马术三项赛的构成部分

马术三项赛,是奥运会的正式比赛项目之一,也称"三日赛"或"综合全能马术赛",可以测验骑手跟马匹的综合能力。马术三项赛比赛分三天进行,骑手必须骑同一匹马。它由盛装舞步赛、越野赛和场地障碍赛三个部分构成。

第一天进行盛装舞步的比赛,包括基本步伐和步幅姿态等,盛装舞步赛与单项盛装舞步赛规则相同。马匹和骑手在20 m×60 m的竞赛场地内表演一系列动作，以展现马匹的顺服性、灵活性和与骑手协调性。每个组合表演相同动作，裁判对每个动作进行打分。总分转换成罚分，首个阶段结束后，罚分最低者领先，这一点与得分最高者获胜的纯盛装舞步不同。越野赛和场地障碍阶段累积的罚分与盛装舞步部分的罚分加在一起，得出总的比赛分数。但是在综合全能马术比赛中的盛装舞步要比单独的盛装舞步比赛简单得多。

第二天进行越野赛，马匹和骑手在野外开阔地5 700 m的距离内跨越最多45个障碍，包括沟渠、水障和上下坡固定栅栏。许多障碍都设有一条快捷但较难通过的路线和一条较长但较容易的路线，但是超过最佳时间的每一秒都会被罚分，所以选择较慢的路线意味着有可能被罚时。骑手可以事先多次查看并牢记越野路线，但是马匹在参加比赛时才首次看到比赛路线。骑手必须在规定时间即最佳时间内跑完赛程。每超过最佳时间1 s，选手就会被罚0.4分，1分之差就是成败的关键。马匹拒绝跨越障碍将被罚20分，累计达到三次将被淘汰。在任何阶段如果马匹摔倒或骑手落马，将会立即遭到淘汰。越野赛着装很重要，骑手必须穿戴经认可的安全防护用品，具备保护功能的头盔和保护背心必不可少。在奥运会上，骑手的服装颜色必须是本国颜色。越野赛全程由4个区间组成，骑手必须在规定的时间内到达终点，根据所用的时间长短来评定名次：第1区间和第3区间均为20 km，要求骑手速度为平均每分钟240 m；第2区间为越野障碍赛，赛程为3 600～4 200 m，其中每1 000 m设置三个篱栅式障碍，要求速度为平均每分钟600 m；第4区间为越野赛，赛程为8 000 m，其中每1 000 m设置4个不同的障碍物，要求速度为平均每分钟450 m。根据骑手失误罚分和超时限罚分来评定这四个区间总成绩。

第三天进行的是场地障碍赛，内容基本上和场地障碍赛的单项比赛相同，只是程度要浅一些；场地障碍赛主要测验马匹的体能和顺从程度，沿途设置10～12个障碍，要求速度为平均每分钟400 m，其中必须有1/3达到最高限的障碍和一个水沟障碍。裁判员根据骑手失误罚分和超时限罚分来评定成绩，碰倒任何障碍或是在障碍前面停下拒绝跨越将被罚4分，超过允许时间每4 s判一次时间罚分。“三日赛”以三项总分评定名次。

二、骑手资格

由于马术三项赛是一项非常危险的体育运动，所以它是最早采用星级制的运动项目。国际马联设有国际一星级至国际四星级，2006年才开始设立盛装舞步和场地障碍赛星级制。各国根据本国情况设立自己的星级制。英国是马术三项赛的发源地，英国马术三项赛委员会是独立组织，设有马术三项赛初级、国家预备一星级、国家一星级、国家二星级、国家三星级和国家四星级，同时每年许多赛事被国际马联确认为国际星级赛事。

每年从3月始至10月举行不同星级的国家级和国际级马术三项赛。在英国参加马术三项赛，骑手必须经马术三项赛委员会进行职业骑手资格认定。成为职业骑手的最小申请年龄为16周岁，但也有例外。在成为职业骑手前，必须要取得初级以及预备一星级的比赛的规定成绩，获得经马术三项赛委员会指定的教练对提出申请的马术三项赛骑手进行的能力评估和推荐，再由马术三项赛委员会进行职业资格认定，承认和允许注册成为职业马术三项赛骑手。不管是专业职业骑手还是业余职业骑手，都必须按照马术三项赛委员会章程和规定进行马术三项赛比赛。

获得职业骑手资格后，才允许从最低星级比赛开始通过比赛获得成绩，累积经验、提高技能、不断升级，直到达到运动生涯顶端。一般能够达到四星级的骑手，要从小进行马术训练和比赛，直到30岁以上才能达到这一水准，大多数有经验的成功骑手的年龄在30～40岁之间。能够成为一位成功的马术三项赛骑手需具备雄心、天赋和运气，还要具备对马术和马匹的深刻认识，加上品格、道德、耐力、体力、财力，永恒的激情和一往无前的英勇气概，缺一不可。

三、马匹资格

马术三项赛运动马匹从3岁开始接受调教和训练，5岁开始参加初级比赛，规定6岁以上才允许参加一星级比赛，10～12岁时达到四星级水平。骑手与其运动马匹组合通过长期不断的比赛，追求人马合一的最高境界，达到最佳竞技状况，才能争取获得最佳比赛成绩。大多数顶级骑手从一星级开始与其运动马匹组合，直到运动马匹年龄已到16岁才结束运动生涯。

四、马术三项赛中的评分及裁判方法

在奥运会马术各项比赛中，男女运动员将以个人身份同场竞赛争夺奖牌，这是奥林匹克运动中独一无二的。马术比赛分个人赛和团体赛。根据2000年所使用的规则(仅限于2000年)，在障碍追逐与越野赛段，障碍前的第一次不服从将扣罚40分；同一障碍前的第二次不服从将扣罚80分；同一障碍前的第三次不服从将遭淘汰。落马一次扣罚120分；第二次落马将遭淘汰。超过规定时间限制也要罚分。以前争取时间可加分数，但在1976年奥运会前改变了这一规则。

1912—1992年，个人赛与团体赛同时进行。1996年，这两个项目被分成单独的赛事，以迎合国际奥委会反对在一次比赛中颁发两套奖牌的政策。团体赛每队由三组或四组骑手与马匹组合参赛。三个阶段全部结束后，取队中前三名的成绩进行相加作为团体最后总得分。场地障碍第一轮决定团体赛奖牌，根据各国的越野赛团体名次倒序进行角逐，这意味着得分最高的参赛队排在最后，这样增加了比赛的刺激和紧张程度。在经过了前一天的越野赛后，这是对骑手和马匹技能的真正考验，可对排名榜产生戏剧化的影响。最终团体比赛结果由每个国家三个阶段(盛装舞步、越野赛和团体场地障碍)最好的三个得分加在一起，最终得分最低的团体获胜。

个人赛是指所有马匹/骑手一起比赛争夺个人荣誉，个人奖牌将在场地障碍第二轮中决定。团体赛结束后排在前25名的马匹和骑手组合继续进行下一轮比赛，决出个人名次。与团体赛名次决定方式相同，个人名次也是按得分倒序决出。最终个人比赛结果由个人最终总得分最低的马匹和骑手组合(包括盛装舞步、越野赛和两轮场地障碍)获得金牌。

三项比赛之间的关系，原则上，越野赛为三项比赛中比重最大的项目。相对而言，舞步赛的重要性略次于场地障碍赛。因此，越野赛和场地障碍赛的路线、障碍及其他条件应作相应设置，以尽可能确保上述比重。所有项目总计罚分最低的参赛者为冠军。如遇总罚分相同，排名以越野赛的障碍罚分以及各阶段的时间罚分之和较低的参赛者为冠军；如越野赛罚分仍相同，则以越野赛行进时间最接近规定时间者为冠军；如仍有并列，以越野障碍赛行进时间最接近允许时间者为冠军。团体赛按各队成绩最好的前 3 名参赛者的总罚分排名，最低者为冠军队；如有并列，按各队第 3 名参赛者积分排名，第 3 名参赛者成绩最佳者为冠军队。

思考题

1. 国内外知名马术运动组织机构有哪些？
2. 简述速度赛马中拍跳、推进、打鞭的主要作用。
3. 简述速度赛马基本战术。
4. 简述障碍赛马中障碍的基本类型。
5. 简述盛装舞步赛马中舞步的基本类型。
6. 简述西部绕桶赛马基础训练步骤。
7. 简述马术三项赛的构成。

模块三　运动马匹常见疾病

项目七　马匹常见传染病

项目八　马匹常见寄生虫病

项目九　马匹常见内科病

项目十　马匹常见外科病

项目十一　马匹常见产科病

项目十二　马匹常见蹄病

目前，随着我国经济的迅速发展，人民生活水平的提高，国内的马匹数量有所增加，中国已经进入了现代马业时代。但是一个产业的发展，需要很多条件因素的完善。我国马匹医疗水平有待提高。目前我国马兽医紧缺，每年都会有马匹因疾病不能及时得到治疗而死亡或者淘汰。马病种类繁多，病性复杂，有些常见病、多发病为马属动物所特有，常常影响马的工作能力和使役年限，造成严重的经济损失。非传染性疾病是目前马术俱乐部和马场的多发病，以肢蹄病和胃肠道疾病为主，这多与马匹饲养管理水平不高及不合理的骑乘方式有关。

诱发运动马疾病的人为因素：①骑乘人员，大多数骑乘人员往往不做马背热身，就开始奔跑，没有给马适应的时间，容易造成关节扭伤、屈腱炎；骑乘结束也不做牵遛活动，马匹得不到充分休息，下次骑乘常可引发肢蹄疾病。②饲喂人员，大多数饲养员对马匹的饲喂方法知之甚少，如马匹奔跑前后的饲喂管理，不同季节的饲喂差异，精粗饲料的搭配等，这常为马匹肠道疾病的发生埋下隐患。③管理人员，马场的管理人员遇到马匹发病多采用传统方法进行诊治，但对疾病的发生原因、病程一知半解，不仅延误治疗的时机，严重的还可导致马匹死亡。

马场大多从外地引进优良马品种进行繁育，多为纯血、半血以及温血马，此类马匹有体形好、奔跑速度快的优点，但适应能力较差、抵抗力弱，对饲养管理要求较高，从运输环节到马厩及日常的打理操练，都有严格规范的制度和要求。北方地区冬季严寒，马匹易受寒感冒、咳嗽，以及引发翻胃吐草；另外由于日粮搭配单一，精料过多，常引发蹄叶炎和肚底黄，更易发生肠便秘。部分运动马匹耐力赛易发急性过劳、由过度疲劳引起的机能紊乱和心肺机能障碍，表现大汗淋漓，不堪使役，卧地不起；还有部分运动马匹在短时间内过量地吃进食物，吃了大量精饲料、易膨胀的发酵饲料或者是吃饱以后从事剧烈的活动，都很容易引发急性胃扩张等疾病；对于马匹中暑，缺乏必要的急救常识，马场人员不能及时进行抢救；有的兽医人员不区分肠臌胀和后肠便秘，随意使用掏结术，使马腹压增大，肠管破裂而死。此外，马匹久居马厩，易养成咽气癖或啃咬的恶癖。

项目七

马匹常见传染病

学习目的

通过学习马匹进出口检疫和马场生产中常见传染病，建立初步了解。能够对马匹常见传染病进行症状学诊断，以及掌握传染源、传播途径等；通过对马匹传染病的学习掌握赛马实验室病原学诊断方法。

知识目标

学习赛马临床常见传染性疾病，了解病因和预防措施，掌握疾病的临床症状、诊断方法、治疗要点及临床用药或手术方法。

技能目标

通过本任务学习能够正确利用视诊、触诊、叩诊、听诊、嗅诊、问诊等普通诊断方法诊断马匹传染性疾病，以及采用分子生物学等现代化技术诊断马匹传染性疾病。

任务一　马接触传染性子宫炎

马接触传染性子宫炎是由马生殖道泰勒菌引起的马子宫颈炎、子宫内膜炎及阴道炎，通常引起暂时性不孕症。本病无全身性临床症状，只侵害母马生殖道。世界动物卫生组织将其列为必须申报的动物疫病。

一、病原

本病的病原菌为泰勒菌属、马生殖道泰勒菌，本菌对热敏感，普通的加热消毒有效。在酸性环境中(pH 4～5)迅速死亡。

二、诊断要点

(一)流行特点

本病的流行主要发生于马的繁殖季节。病菌藏于阴蒂窝和阴道前庭等处。有些公马可长期带菌，病菌存在于阴茎及包皮的皱褶或缝隙中。隐性感染的繁殖母马和带菌公马是最危险的传染源。带菌公马交配而感染成为非疫区的传染源。也可通过人手、衣物、用具、地板及水为媒介而引起间接传染。值得注意的是在冲洗或检查母马生殖道过程中，因操作不卫生也可造成本病的传播。

(二)临床症状

母马感染后，潜伏期为 3～14 d。病马不出现全身症状，而呈现阴道炎、子宫颈炎、子宫内膜炎及早期发情症状。发病 1～2 d 可见渗出物排出，2～5 d 达到高峰。渗出物由稀薄逐渐变成脓液。渗出物一般持续 13～18 d。当有渗出物排出时，细菌检查往往呈阳性结果。患病母马发情时间缩短，间隔 13～18 d 重复发情。患子宫内膜炎的母马，配种几乎都不受胎。妊娠马感染者较少，但在污染地区也可见到。一般能正常分娩，但如患有严重子宫内膜炎可导致流产，产下的幼驹也可带菌。公马感染后不表现任何临床症状，也不能产生抗体。

(三)病理变化

剖检可见子宫体及阴道前庭有灰白色脓性渗出物，子宫内膜充血和水肿。

(四)实验室诊断

流行病学、临床症状和病理变化有助于本病的诊断，涂片镜检和血清学检查也有一定的诊断价值，确诊应以分离和鉴定马生殖道泰勒菌为依据。

1. 直接涂片检查

取病马子宫颈和阴道分泌物，最好是由子宫内膜采取病料，涂片革兰染色镜检。在急性病例，可见大量炎性细胞，单个或成对的革兰阴性球杆菌，游离存在或位于嗜中性白细胞胞质内。

2. 血清学检查

至今尚没有可靠的血清学方法用于本病的诊断。血清学试验可作为分离鉴定的一种辅助方法，用于筛检近期可能与带菌公马交配过的母马。

三、防治措施

(一)治疗

用消毒剂冲洗，结合局部和全身抗菌治疗，可以清除所带病菌，达到治疗目的。

1. 公马

以局部治疗为主，用2%洗必泰等药剂冲洗其阴茎和尿道。

2. 母马

需要局部治疗和全身治疗相配合。局部治疗包括用洗必泰等药剂清洗生殖道，特别是阴蒂窝和阴蒂窦，用氨苄青霉素、新霉素等溶液冲洗子宫。全身治疗可用氨苄青霉素(肌内注射1次量，2～7 mg/kg，每日2次)、新霉素(4～8 mg/kg，每日2次)等进行肌内注射。

(二)预防

接种疫苗后抗体不能持续存在，不能产生完全保护，免疫接种无效。要控制本病只能从尿生殖道黏膜检出病菌，切断传播途径。早期发现患病的母马、隐性感染的公马和母马，及时隔离是预防措施的关键；人工授精是控制本病的重要手段。无本病的地区或国家的控制措施应该是对引进和进口马区严格检疫，慎重从存在本病的地区或国家引种。

任务二　幼驹红球菌性肺炎

幼驹红球菌性肺炎是由马红球菌引起幼驹的一种以化脓性支气管肺炎为特征的传染病。过去曾长时间称其为马棒状杆菌感染或幼驹化脓性肺炎。马红球菌是免疫系统受损患者的重要肺部感染病原，如艾滋病患者、器官移植和接受治疗的癌症患者等也可感染本病。近年来从人类的多种标本中检出马红球菌的报道呈上升趋势，因而该菌已成为又一重要的人类机会致病菌，其在公共卫生学上的意义应当引起重视。

一、病原

本病病原为马红球菌，是一种土壤常在菌，广泛存在于草食动物中，特别是马的粪便及其生活环境中。该菌对一般理化因素有中等抵抗力，60℃经过1 h死亡，能耐过2.5%草酸溶液60 min，2%甲醛溶液、5%石炭酸溶液可迅速将其杀死。该菌主要存在于马粪、地表面及水中。在肥沃的中性(pH 7.3)土壤中可长期存活。马粪为良好的生长环境，在温、湿季节能大量繁殖。

二、诊断要点

(一)流行特点

本病为世界性分布,常呈散发型存在。多见于1～6月龄的马驹,大部分感染幼驹在4月龄之前出现临床症状。主要通过患驹的分泌物、排泄物所污染的饲料及饮水经消化道感染,也可经呼吸道吸入污染的尘埃而感染。本病与季节关系密切,多于夏季发生。发病率为5%～17%,死亡率高达80%。常发生于马场的产驹季节,传播较快,流行期长的可达2～3个月,短的仅十几日。某些病毒感染、寄生虫侵袭及各种应激反应常可成为本病暴发的诱因。人感染本病病例中,约1/3有与马或猪的接触史。

(二)临床症状

主要呈化脓性支气管肺炎的症状。患驹病初精神稍显不振,不时发生轻咳。以后随着体温的升高(40～41.5℃),呈现精神委顿,食欲减退,呆立不动。眼结膜潮红,羞明、流泪、半闭,并有黏液性分泌物。咳嗽逐渐加重,呼吸增数(50～60次/min)而促迫,鼻孔有黏液脓性分泌物流出。病性严重时,呈现高度呼吸困难,两前肢向外开展。部分病例可见腹泻或关节肿大。肺部听诊,初期可听到湿性啰音,至后期病变部位肺泡音消失。叩诊病变部有浊音。患驹多于1～2周内死亡。

(三)病理变化

在患驹的肺部可见大小不等的散在或融合性的脓肿,内含黄白色干酪样脓汁。肺门淋巴结肿大化脓。支气管及小支气管内充满含泡沫的灰红色脓汁。有的病例伴发胸膜炎或粘连。实质器官有大量出血点,有的大肠黏膜出现溃疡性病变。有的伴有非化脓性多发性滑膜炎、化脓性关节炎及骨髓炎等变化。此外,还有溃疡性淋巴管炎、蜂窝织炎和皮下脓肿等病变。肺脏的组织学检查可见到肉芽肿病变,并有较厚的干酪样物质。坏死区有大量的巨噬细胞和嗜中性粒细胞,在这些细胞中常可看到完整的细菌。

(四)实验室诊断

根据临床症状、病理剖检及流行病学特点,可做出初步诊断。确诊应进行病原菌的分离及鉴定。

三、防治措施

(一)治疗

虽然大多数抗生素在体外对马红球菌有效,但由于红球菌在细胞内寄生,能在巨噬细胞内繁殖,可引起肉芽肿病变并形成较厚的干酪样物质,因此很多药物在体内都不起作用。感染幼驹一旦呈现明显的支气管肺炎时,药物治疗法多无效。因此,对本病应实行早期诊断和早期治疗的措施。

1. 常用药物

常用药物有红霉素、利福平、新胂凡纳明(914)、链霉素、四环素等。红霉素和利福平联合用药可有效地治疗幼驹红球菌病，能显著降低幼驹的死亡率。红霉素的剂量为 25 mg/kg，每隔 8 或 12 h 用 1 次，口服给药。利福平的剂量为 5 mg/kg，每隔 12 h 用 1 次；或 10 mg/kg，每隔 24 h 用 1 次，口服给药，治愈率可达 88%。

2. 治疗环境

应将患驹安置在一个凉爽通风的环境中，给以适当的食物和饮水，加强护理。对血氧严重不足的患驹可进行吸氧治疗。对高热和厌食的患驹可用非激素类型的消炎药物进行对症治疗。也可试用细胞因子（如白细胞介素-2、干扰素或白细胞介素-12）进行治疗。

（二）预防

平时应对母马及幼驹加强饲养管理，实行轮牧，圈舍的粪便要及时清除和堆肥消毒，严格贯彻定期消毒制度，消除一切诱发因素。最好安排母马在冬季产驹，以避开幼驹在易感阶段发生感染。

早期诊断及对感染幼驹及早采取隔离和治疗措施可降低损失，阻止致病菌的传播，降低治疗费用。逐日观察并记录体温，每 2 周进行血清学监测和血浆蛋白浓度的测定，可实现对本病的早期诊断。

任务三　马传染性胸膜肺炎

马传染性胸膜肺炎又名马胸疫，是马属动物的一种急性传染病。典型病例表现为纤维素性肺炎或纤维素性胸膜肺炎，并偶有伴发皮下和腱鞘的浆液性浸润。本病散布于世界各地，流行于欧美各国，非洲也有发生。我国曾由蒙古人民共和国进口马匹时带入本病，引起地方性流行。国内西北、西南、华北及内蒙古等地都曾有发生，目前只有个别地区散在发生。

一、病原

本病的病原迄今未能阐明。在卫生状况不良，通风不好，消毒不充分时，病原可能于污染的厩舍内生存相当长的时间。

二、诊断要点

（一）流行特点

1. 病马和带毒马是主要的传染源

各种年龄的马属动物均有易感性，但主要发生于 4～10 岁的壮龄动物，1 岁以下的幼驹极少发生。重型马的易感性似乎较强，病情也较严重。

2. 病原主要存在部位

存在于患马的肺组织、支气管分泌物及胸腔渗出物中，血液和其他组织中不含病原。病马在咳嗽时喷出气溶胶，健康马匹可因直接吸入到呼吸道黏膜而感染。

3. 污染的饲料及饮水也是一种传播途径

由于这种病原的抵抗力微弱，这种传播只有短时间的可能性。有时可见到跳跃式传播，可能是由潜伏感染所致。个别病例病愈后 6 个月仍可排毒。

4. 病的发生无明显季节性

本病发生虽无明显季节性，但多见于秋冬及早春的舍饲期间。常呈地方性流行，传播缓慢。厩舍中个别马发病后，多经数天或数十天后，同群马中才陆续出现新病例，呈不规则的点状散发。厩舍里马匹拥挤、潮湿、通风不良、卫生条件差、长途运输及受凉感冒等，都能促进本病的发生。

(二)临床症状

本病潜伏期长短不一，一般为 10～60 d，临床表现可分为 2 种类型。

1. 典型胸疫

患马多无前驱症状，突然出现体温升高(40～41℃)，呈稽留热，持续 6～9 d 或更长，以后迅速或逐渐降至正常体温。患马在发热的同时，表现精神沉郁，心跳加快，食欲不振或废绝。结膜潮红、水肿，呈污红色。全身震颤，四肢无力。呼吸数增加，呈腹式呼吸。病初流少量浆液性鼻液，至中后期流脓性红黄色或铁锈色鼻液。听诊时，初期出现肺泡音粗粝和啰音，继而肺泡音减弱或消失，出现支气管呼吸音，后期可听到湿性啰音及捻发音。当发生胸膜炎时，患马表现胸廓疼痛，呈短浅的腹式呼吸，以后呈胸、腹式呼吸。听诊有摩擦音，在有大量渗出液时，摩擦音即消失。叩诊时，则出现水平浊音区。

典型胸疫的血液学检查初期表现为白细胞总数无大变化，而淋巴细胞数增多，嗜中性粒细胞减少。至中后期出现白细胞总数增多，其中嗜中性粒细胞减少。至中后期出现白细胞总数增多，其中嗜中性粒细胞显著增多，淋巴细胞减少。病情好转后，白细胞总数及血象恢复正常。

2. 非典型胸疫

非典型胸疫中的一部分病例呈顿挫型经过，患马体温突然升高并呈现全身症状，经过 2～3 d 后，体温迅速降至正常体温，其他全身症状也随之消失，恢复健康。这种康复马匹，即使置于严重患马之间也不再感染本病。另一部分病例，既不取典型胸疫的经过，也不表现为顿挫型经过。患马呈现不规则热型，先出现稽留热，后则多次反复发热，症状表现也较为复杂。这往往是由于患马继发并发症(肺化脓、肺坏疽、胃肠炎等)的结果。

这种病的转归因病型、有无并发症及护理情况而不同。典型胸疫多经 8～14 d 后完全康复。继发并发症的病例，多预后不良。一般在良好的饲养管理条件下，病死率为 5%～15%。

(三)病理变化

典型胸疫病主要可见纤维性肺炎或纤维素性胸膜肺炎。肺脏常有相当大的硬度，切下其组织块可沉入水中。肺切面表现各期肝变(红色、灰白色)的特征，间质变厚增宽，呈白色纤维素状。各期肝变互相交错，呈大理石样。继发感染的病例，肺组织内有大小不等的坏死灶或化脓灶，或形成空洞。肺坏疽时，病灶内充满污秽绿褐色具有恶臭味的粥样物。发生胸膜炎时，胸腔内积有大量淡黄色渗出液，并混有纤维素凝固块，或呈絮状附着于胸膜、膈肌及心包上，或与膈肌相粘连。此外，心脏、肝脏及肾脏常可见到变性，胃肠黏膜及浆膜出血，脾脏及淋巴结呈中度急性肿胀。

(四)实验室诊断

本病没有可靠的实验室诊断方法，只有根据流行病学、临床症状及病理剖检变化进行综合诊断。如果在流行病学上多发生于秋冬及早春季节，传播缓慢，有时呈跳跃式传播，常限于某些马群发病；在临床上见有纤维素性肺炎病例；在病理剖检上发现肺脏具有较大面积不同时期的肝变区，呈大理石样变化，即可确诊有本病。也可采用治疗性诊断，即对可疑病例，早期试用新胂凡纳明 4～4.5 g 的注射液静脉注射，如在用药后 2～4 d 内，体温降至常温，其他全身症状完全消失，即可诊断为本病。

三、防治措施

(一)治疗

如能早期确诊，早期应用新胂凡纳明静脉注射是治疗本病唯一的特效疗法。同时实施对症治疗，加强加理，大多数患马可以治愈。

第一，新胂凡纳明的剂量按 0.015 g/kg 计算，一般用 4～4.5 g。临用前将药物溶解于微温的 5%～10%葡萄糖溶液 50～100 mL 中，缓慢静脉注射。注射后，大多数病例的高温于 2～4 d 内降为正常。有些于体温升高后即进行用药的病例，往往于注射后 24 h 内恢复正常。倘若应用时间过晚，即不可能取得预期疗效。

第二，为了预防继发性细菌感染，可选用青霉素(肌内注射:0.5 万～1 万 IU/kg)、链霉素、土霉素(肌内注射:5～10 mg/kg)、卡那霉素(肌内注射:10～15 mg/kg)等抗生素或磺胺类药物进行治疗。此外，还应根据患马的不同病情进行适当的对症疗法。对并发消化障碍的病例，及时内服缓泻剂，以清理胃肠。发生胸膜炎时，可采用强心剂、利尿剂及钙制剂。必要时进行胸腔穿刺术，分次排出胸水。如有大量纤维素凝块沉积时，可向胸腔内注入胰蛋白酶及青霉素(200 万～500 万 IU，用 30 mL 蒸馏水稀释，再加入氢化可的松 100～200 mg)，以促进其溶解吸收，并达到抗菌消炎的目的。

第三，中药治疗可用清瘟败毒散:石膏 120 g，水牛角 30 g，黄连 18 g，桔梗 24 g，淡竹叶 60 g，甘草 9 g，生地、山栀、丹皮、黄芩、赤芍、元参、知母、连翘各 30 g，水煎 1 次灌服。

第四，对重症马应设专人护理，安静休息，给予易消化的饲料。在治疗期间，少喂食盐，对初愈病马应加强饲养管理，逐渐复壮，防止扩大传播。

(二)预防

平时应加强马匹的饲养管理，严格执行兽医卫生防疫措施，提高马匹的抵抗力。当马群中发生本病时，应立即隔离患马及疑似患马，限定同群马匹的活动范围，避免与其他马群接触。每日早晚各测体温 1 次，以便及时检出患马及疑似患马。污染的马厩、运动场及用具等可用 2%～4%氢氧化钠溶液或 3%来苏儿溶液消毒。对发病的马群，只有在最后 1 个病例痊愈 6 周后，经过彻底消毒，才可视为无病马群。在本病流行期间，对新购进的马匹，必须经过 2 个月以上的检疫方能与健马混群。

对本病目前尚无有效的疫苗，只能采取综合性防治措施。必要时，可采用新胂凡纳明 2～3 g 静脉注射，以达到药物预防的目的。

任务四　马传染性支气管炎

马传染性支气管炎又名马传染性咳嗽，是由病毒引起马的一种以咳嗽为特征的传染性极强、传播迅速的传染病。世界各地均有发生，我国已多次报道本病。

一、病原

马传染性支气管炎病毒对外界环境的抵抗力较弱，但在冰冻情况下，能保持其传染性达23 d之久，2%苛性钠溶液可迅速将病原杀死。除自然感染马匹外，人工实验感染也可使牛发病。近年在美洲和非洲发生一种由马鼻病传染引起的与本病极其类似的呼吸道疾病，但它们是否为同一疾病或两者存在何种关系，目前尚不清楚。

二、诊断要点

(一)流行特点

病马是主要的传染源。本病多于晚秋季节突然暴发流行，短时间内感染整个马群。传播主要是通过患马咳嗽喷出的气溶胶，经健马吸入而感染。

(二)临床症状

本病的潜伏期为1～6 d(多数为1～3 d)。患马最初稍显精神委顿，出现结膜炎及鼻卡他。鼻黏膜潮红，流出少量浆液性鼻液，咽喉部知觉过敏。体温稍微有升高(39～40℃))，经12～24 h恢复正常。与此同时发生干而粗的阵发性咳嗽，出现的次数甚多，几乎成为患马最主要的症状。随着时间的推移，咳嗽逐渐减少，多于2～3周内恢复正常。某些受不良因素影响的病例可能继发支气管肺炎，体温重新升高(39.5～40.4℃)，呈不规则热，呼吸和心跳加快，流黏液脓性鼻液，结膜潮红，分泌多量黏液脓性眼屎，至后期表现明显精神沉郁，食欲减退或废绝，咳嗽加重。多数病例的病程拖延7～8周，继发感染病例的病死率在12%～67%。有些病例由于发生慢性支气管炎、肺膨胀不全、肺硬化及肺气肿而变为哮喘症。

(三)病理变化

单纯病毒所致的病变只有支气管卡他，支气管分支中含有一种微黄色玻璃样黏液。病初黏膜肿胀并稍微干燥；后来随着渗出物的渗出，开始是浆液性渗出物，疏松地覆盖于黏膜上，而后出现黏性或黏液脓性渗出物。支气管淋巴结呈髓样肿胀。组织学检查可见支气管周围有淋巴细胞及大单核细胞浸润。继发感染的病例多呈化脓性支气管肺炎和实质器官的变性，偶尔可见败血症变化。

(四)实验室诊断

根据本病呈暴发流行、传染性强、传播迅速、发病率高，结合患马表现阵发性咳嗽和全身症状轻微等特点即可确诊。X线检查时，肺部有较粗的肺纹理的支气管阴影，但无炎症病灶。

三、鉴别诊断

实际诊断时，应注意与马流行性感冒、马鼻肺炎和马病毒性动脉炎相鉴别。

(一)与马流行性感冒的鉴别

典型病例表现发热，体温上升至39.5℃以内，稽留1～2 d，或4～5 d，然后徐徐降至正常体温，如有复相体温反应，则是有了继发感染。

最主要的症状就是最初2～3 d内呈现经常的干咳，干咳逐渐变为湿咳，持续2～3周。亦常发生鼻炎，先流水样鼻液，而后变为很黏稠的鼻液。所有病马在发热时都呈现全身症状。病马呼吸、脉搏频数，食欲降低，精神委顿，眼结膜充血水肿，大量流泪。病马在发热期中常表现肌肉震颤，肩部的肌肉最明显，病马因肌肉酸痛而不爱活动。

(二)与马鼻肺炎的鉴别

病马表现为呼吸卡他、流鼻液、结膜充血、水肿。无继发感染者1～2周可痊愈。有的继发肺炎、咽炎、肠炎、屈腱炎及腱鞘炎。临床上该病分为2型。

1. 鼻腔肺炎型

此型多发于幼龄马，潜伏期2～3 d，发热，结膜充血、水肿、下颌淋巴结肿大，流鼻液。无继发感染者1周可痊愈。如并发肺炎、咽炎、肠炎，可引起死亡。

2. 流产型

此型见于妊娠母马，潜伏期长，多在感染1～4个月后发生流产。少数足月生下的幼驹，多因异常衰弱，重度呼吸困难及黄疸，于2～3 d内死亡。

(三)与病毒性动脉炎鉴别

在临床症状上，或缺乏或表现出包括发热，沉郁，厌食，淋巴细胞减少，肢体水肿，步态僵直，流鼻液和溢泪，结膜炎和鼻炎，虹膜周及眶上区水肿，会阴区和阴囊、包皮、乳腺等处的皮疹等，也有流产发生。

四、防治措施

(一)治疗

本病的治疗原则为消除病因，祛痰、镇咳、消炎，必要时结合使用抗过敏药物疗效显著。

将患马置于清洁、干燥和温暖的环境中，令其充分休息，一般病例不用治疗即可自行痊愈。为了减少对支气管黏膜的刺激，可在厩舍内喷水使空气湿润。为了促进炎性渗出物的排出，可用克辽林、来苏儿、松节油、薄荷油或麝香草酚等，反复进行蒸汽吸入，有良好效果。若呼吸困难，严重影响气体交换，则可采用吸入氧气。一般在炎性渗出物黏稠不易咳出时，可内服祛痰剂。为了解除病马咳嗽的痛苦，可用止咳剂。在使用祛痰止咳剂的同时，加服抗过敏药，效果则更好。

对继发感染的病例，应及时选用青霉素(肌内注射：0.5万～1万IU/kg)、链霉素、土霉素(肌内注射：0.5万～1万IU/kg)、卡那霉素(肌内注射：10～15 mg/kg)等抗生素或磺胺类药物进行治疗。还可使用中药进行治疗。对外感风寒者，宜疏风散寒，宣肺化痰，方用紫苏散,取紫苏、荆芥、防风、陈皮、茯苓各 25 g,姜半夏 25 g,麻黄、干草各 15 g,共为细末,用生姜、大枣 10 枚为引,1 次开水冲服。外感风热引起者,宜疏风清热,宣肺化痰,方用桑菊银翘散,取桑叶、杏仁、桔梗、薄荷各 25 g,菊花、金银花、连翘各 30 g,生姜 20 g,甘草 20 g,共为细末,1 次开水冲洗。

(二)预防

平时应加强马匹的饲养管理,喂给营养丰富易于消化的饲料。厩舍要通风透光,保持空气新鲜清洁,以增强马匹的抵抗力。不可将出汗的马匹置于冷厩中,不能饲喂冰冷的饲料和饮用冷水。如发现可疑的马匹,应及时确诊并采取相应的措施。对已确认的病例,应立即停止使役,加强护理,积极进行治疗,并尽量设法防止继发症的发生。发现有并发症时,可用抗生素或磺胺类药物进行治疗。目前对本病尚无有效的疫苗可用,只能采取综合性防治措施。

任务五　马副伤寒

一、病原

马副伤寒又称马沙门菌病。本病病原是马流产沙门菌,该菌引起以母马流产为特征的一种传染病。

二、诊断要点

(一)流行特点

本病常发生于 6 月龄以内的幼驹和妊娠中后期的第一胎母马,病马和带菌者是主要传染源,主要经消化道感染。本病一年四季均可发生,但以春、秋两季多发,一般为零星散发。成年马匹及幼驹均可罹患,其中以散放幼驹发病较多。幼驹死亡率高于成年马匹。

(二)临床表现

病马精神沉郁。呆立少动,食欲废绝,有黄色舌苔。结膜初期潮红,中后期变黄白以至苍白。体温高热稽留(39.5℃以上),一般稽留 3～4 d。初期排粪正常或排稀软粪便,消化不良,不久即出现腹泻,多为墨绿色或灰黄色的水样便,有时混有黏膜甚至带血,粪便有腥臭味。心悸亢进,脱水,血液黏稠稍发黑。病马日渐消瘦,最后衰竭死亡。妊娠马主要发生流产,有的病马不表现明显症状突然流产,公马可见睾丸炎、关节炎和鬐甲部脓肿。

幼驹发病则表现体温升高,呈稽留热或弛张热。精神沉郁、食欲减退或废绝。有的幼驹发生肠炎腹泻,有的则表现为支气管肺炎,有的则发生四肢多发性关节炎,关节肿胀有热痛感,且有波动、跛行或躺卧。

(三)病理变化

主要病理变化为可视黏膜苍白,皮下组织黄染。大、小肠黏膜、浆膜发生出血、坏死,盲肠和大结肠淋巴滤泡肿胀。实质器官变性，心肌浑浊肿胀，如煮肉样。心内、外膜有条状出血，肝脏呈土黄色，发生脂肪变性，局部有糜烂。肾肿大、苍白，呈灰黄色，脾脏和淋巴结肿大，淋巴结表面有坏死灶。

(四)实验室诊断

取病料进行细菌培养，在肉汤琼脂培养可呈现均匀一致的浑浊状，没有菌膜；普通琼脂培养呈现灰白色、光滑、中间稍有隆起的菌落；SS琼脂培养出现光滑的扁平菌落。菌株经鉴定为革兰阴性短杆菌，无芽孢和荚膜，能运动。生化特性为接种双糖铁，产酸产气，产生硫化氢。用沙门菌因子血清做玻片凝集试验，在抗鞭毛因子血清第一期(H:J)中呈阳性凝集反应。

三、鉴别诊断

本病应与马鼻肺炎相鉴别。早期流产的胎儿发生严重的自溶。后期的流产胎儿具有特征性病理变化。体表外观新鲜，皮下常有不同程度的水肿和出血，可视黏膜黄染。心肌出血，肺水肿和胸、腹水增量，脾脏肿大。肝包膜下散在针尖大至粟粒大灰黄色坏死灶，是马鼻肺炎的主要眼观特征。流产胎儿的胎衣不见明显变化，多呈黄疸色。组织学检查可见广泛的胸腺实质坏死、胸腺和脾脏的淋巴细胞减少。

四、防治措施

(一)治疗

治疗病马时应遵照抗菌消炎，防止菌血症、败血症及内毒素引起的休克等治疗等原则。抗菌药物以增效磺胺嘧啶为首选。增效磺胺 4 mg/kg，12 h/次，口服或静脉注射，两者联合应用较好。此外氨苄青霉素(肌内注射 1 次量 2～7 mg/kg，每日 2 次)、庆大霉素(硫酸庆大霉素注射液，每次 2～4 mg/kg)也可应用。

1. 对母马治疗

母马肌内注射链霉素 100 万～200 万 IU，每日 1 次，5 d 为 1 个疗程，停药 2 d，共治 2～3 个疗程。阴道恶露不止时，可用 0.5%高锰酸钾溶液或 0.02%呋喃西林溶液冲洗。并发子宫炎时，于子宫内放 2～3 个金霉素胶囊，或投服中药；当归、白芍、川芎、金银花、丹皮、红花、连翘、赤茯苓各 16 g，土鳖虫、桃仁各 13 g，共为细末，开水冲服，每日 1 次，连服 5 d。

2. 对马驹治疗

控制继发感染和腹泻。肌内注射 5～10 mg/kg，可用注射用盐酸土霉素溶液(由 5%氯化镁，2%盐酸普鲁卡因组成)制成 5%注射液，深部肌内注射，隔日 1 次，连用 5 次，休药 2 d。以后每日肌内注射链霉素 100 万 IU/次，连用 5 d。有关节炎时，须严格无菌抽出渗出液，随即注入可的松、青霉素普鲁卡因液(0.5%氢化可的松 4～6 mL 或 0.25%醋酸可的松 5 mL、青霉素 40 万～80 万 IU、5%普鲁卡因 3～4 mL，混匀)于关节囊内。隔日 1 次。同时可补充钙剂(氯化钙注射液 1 次量 5～15 g)、维生素 A，维生素 D(维生素 AD 注射液：5 mL 含维生素 A 25 万 IU、维生素 D 2.5 万 IU，肌内注射 1 次量 5～10 mL)及维生素C(维生素C注射1次量1～3 g)。

采用中药治疗：一是黄芩、黄檗、白头翁各2 g，甘草3 g，百草霜1 g，共为末，用温水调成糊状灌服，每日1次，连服3～4 d；二是乌梅25 g，干柿饼20个，栀子、炒黄连、黄连、黄芩、炙甘草、郁金、神曲、焦楂、猪苓、泽泻各100 g，研碎，加水5 000 mL，煎至3 000 mL，半月内的幼驹服200～300 mL。

3. 关节及公马睾丸肿胀

可涂复方醋酸铅糊剂，肿胀有波动时，可先排液再涂药。

4. 定期预防注射

目前可供应用的有3种弱毒菌苗。马流产沙门菌弱毒冻干苗，受胎1个月以上的妊娠马，未受胎的马、公马和生后1个月以上的幼驹均可使用，每一生产年度注苗2次可达预防本病效果；马流产沙门菌C39弱毒冻干苗，成年马和幼驹均可使用，每年注射1次，免疫期为1年；使用马副伤寒流产弱毒菌苗，也可收到满意效果。

(二)预防

1. 防流保胎

加强饲养管理，定期预防注射马流产副伤寒菌苗，每年冬、春季各注1次，每次两侧颈部皮下间隔7 d各注1针(1 mL)，免疫期为9个月。

2. 定期检疫

染有严重生殖道疾病的母马不作种用。病马隔离后治疗，流产的胎儿、胎衣、污物要深埋，流产场地彻底消毒。

任务六　马流行性感冒

马流行性感冒是由A型流感病毒引起的马属动物的急性高度接触性传染病。以发热、咳嗽、流浆液性鼻液为特征。世界动物卫生组织将其列为需上报疫病。

一、病原

流感病毒对乙醚、氯仿、丙酮等有机溶剂均敏感。常用消毒药容易将其灭活，如甲醛、氧化剂、稀酸、卤素化合物(如漂白粉和碘剂)等都能迅速破坏其传染性。流感病毒对热比较敏感，56℃加热30 min、60℃加热10 min、65～70℃数分钟即丧失活性。病毒对低温抵抗力较强，在有甘油保护的情况下可保持活力1年以上。

二、诊断要点

(一)流行特点

患马是主要传染源，康复马和隐性感染马在一定时间内也能带毒排毒。本病主要经呼吸道和消化道感染。康复公马精液中长期存在病毒，因此可通过交配传染。感染动物仅为马属动物，不分年龄、品种、性别的马均易感。

本病流行特征是新发区传播迅速，流行猛烈，发病率可高达60%～80%，但病死率低于5%。以秋末至初春多发。

(二)临床症状

根据病毒型的不同，表现的症状不完全一样。H7N7亚型病毒所致的疾病比较温和轻微，H3N8亚型所致的疾病较重，并易继发细菌感染。

1. 潜伏期

潜伏期为2～10 d，多在经感染3～4 d后发病。发病的马匹中常有一些症状轻微、呈顿挫型经过的，或更多一些的呈隐性感染。

2. 典型病例

表现发热，体温上升至39.5℃以上，稽留1～2 d，或4～5 d，然后徐徐降至正常体温，如有复相体温反应，则是有了继发感染。

3. 主要症状

最初2～3 d内呈现经常的干咳，干咳逐渐变为湿咳，持续2～3周。亦常发生鼻炎，先流水样鼻液，而后变为很黏稠的鼻液。H7N7亚型病毒感染时常常发生轻微的喉炎，有继发感染时才呈现喉、咽和喉囊的症状。

所有病马在发热时都呈现全身症状。病马呼吸、脉搏频数，食欲降低，精神委顿，眼结膜充血水肿，大量流泪。病马在发热期常表现肌肉震颤，肩部的肌肉最明显，病马因肌肉酸痛而不爱活动。

(三)病理变化

基本病变发生在下部呼吸道，H3N8亚型病毒较H7N7亚型病毒有较强的毒力且更呈趋肺性。由H3N8亚型病毒所致的病例能观察到细支气管炎或扩散而呈支气管炎、肺炎和肺水肿。发热也较H7N7亚型病毒所致的高，能达41.5℃。在欧洲发生的H3N8亚型病毒的流行时，多数马都在发病的第四天以后，因继发细菌感染，呈复相的发热。病马多取良性经过，经3～6 d即恢复正常，几乎无死亡。

(四)实验室诊断

确诊应进行实验室诊断。在动物发热初期采取新鲜鼻液，或用灭菌棉棒擦拭鼻咽部分泌物，立即接种于孵化9～11 d的鸡胚尿囊腔或羊膜腔内，或接种于马肾、鸡胚细胞培养物上分离病毒。培养5 d后，取羊水或细胞培养液做血凝试验。阳性则证明有病毒繁殖，再以此材料做补体结合试验（确定型）和血凝抑制试验（确定亚型）。

三、鉴别诊断

(一)与传染性支气管炎的鉴别

首先呈现结膜炎和鼻卡他，体温短期轻度升高，初流浆液性鼻液，有部分马匹流脓性鼻液，呼吸稍快，频发干、沉、粗的痛性咳嗽；鼻黏膜、眼结膜潮红，个别马伴发脓性结膜炎；口腔黏膜变淡，肺部听诊呼吸音加重，重症病马有啰音，运动量加大时，鼻液量增多，咳嗽加重；有的并发胃肠炎，个别马还有腹泻、腹痛现象。经2～3周可完全恢复。如果发病期间继续使役,则容易并发支气管肺炎,甚至死亡。有的病例并发胃肠炎。

(二)与马鼻肺炎的鉴别

病马表现为呼吸道卡他、流鼻液、结膜充血、水肿。无继发感染时 1～2 周可痊愈。有的继发肺炎、咽炎、肠炎、屈腱炎及腱鞘炎。临床分为 2 型。

1. 鼻腔肺炎型

此型多发于幼龄马,潜伏期 2～3 d,发热、结膜充血、水肿、下颌淋巴结肿大,流鼻液。无继发感染时 1 周可痊愈。如并发肺炎、咽炎、肠炎,可引起死亡。

2. 流产型

此型见于妊娠马,潜伏期长,多在感染 1～4 个月后发生流产。少数足月生下的幼驹,多因异常衰弱,重度呼吸困难及黄疸,于 2～3 d 死亡。

四、防治措施

(一)治疗

本病尚无特效药物。一般用解热镇痛等对症疗法以减轻症状,使用抗生素或磺胺类药物以控制继发感染。

(二)预防

国外已研制出疫苗预防马流感;国内也已有马流感双价(马 A1 型和马 A2 型)佐剂苗,第一年免疫 2 次,间隔 3 个月,以后每年注射 1 次。

任务七　马传染性贫血

马传染性贫血(简称马传贫),是马属动物的一种病毒性传染病,由马传染性贫血病毒引起。其特征是呈急性或亚急性型,主要表现为高热稽留或间歇热、出血、黄疸、心脏功能紊乱等症状。世界动物卫生组织将其列为需上报动物疫病。我国自 20 世纪 60 年代从国外引进隐性带毒马后,曾引起广泛的传播,给养马业和农业生产造成相当严重的危害。目前,我国已控制了马传贫的流行,但本病至今仍是全世界重点检疫的对象。

一、病原

马传染性贫血病毒是反转录病毒科慢病毒属的成员。马传贫病毒对外界的抵抗力较强,在粪便中可存活 2.5 个月,在堆积发酵的粪便中经 30 d 即可死亡。病毒对热的抵抗力较弱,煮沸立即死亡。

二、诊断要点

(一)流行特点

本病为世界性分布,多呈地方性流行或散发,极少见广泛性流行。传染源主要是被感染的马属动物,特别是发热期患马的血液及脏器中都含有大量病毒,可随分泌物和排泄物排出体外或在蚊、虻等吸血昆虫活动期(7—9月份)较多发生。饲养管理不当及过度使役均可诱发本病。此外,混有马传贫患马的大量马匹的集中及其频繁移动,常可造成疫情的扩大蔓延,引起马匹的死亡和生产性能下降。

(二)临床症状

马传贫的潜伏期长短不一,人工感染的病例平均为10～30 d,短的为5 d,长者可达90 d。病马临床症状和血液学变化,具有随体温变化而变化的规律和不定期反复发作的特点。主要的诊断指标如下。

1. 热型

稽留热或不规则间歇热,并呈温差倒转现象(即体温上午高、下午低)。

2. 可视黏膜变化

可视黏膜变化可见贫血、黄疸和出血点。出血点小似针尖,以舌下和阴道黏膜最常见,或多或少,新鲜出血点鲜红色,陈旧出血点暗红色。

3. 心脏功能紊乱

心搏动亢进,第一心音增强,心音浑浊或分裂或重复,心律失常,有缩期杂音。脉搏增数,每分钟达60～100次或以上。

4. 水肿

在四肢下部、胸前、腹下、包皮、阴囊等处,出现无痛无热的面团样肿胀。

5. 全身症状

精神沉郁、食欲减少、逐渐消瘦、易疲劳和出汗,后躯无力、运步摇摆、尾力减退或消失。

6. 血液学变化

红细胞数常减少到5×10^{12}/L以下,严重病例可减少到3×10^{12}/L以下。随着红细胞减少,血红蛋白含量同步降低,可达58 g/L以下。血沉显著加快,在有热期,15 min可达60刻度以上。白细胞常减少到$(4\sim5)\times10^{9}$/L。淋巴细胞增多,成年马增加到50%以上,1～2岁幼驹常增加到70%以上。单核细胞增加到5%～10%,而嗜中性白细胞相对减少至20%左右。

(三)病理变化

病理变化主要为肝、脾及淋巴结等网状内皮细胞变性、增生和铁代谢障碍等。急性型主要呈败血症变化,亚急性及慢性型的败血症变化较轻,而贫血及网状内皮系统的增生性反应明显。剖检变化见于急性、亚急性及慢性型,而隐性型不见变化。

组织学变化主要表现为肝、脾、淋巴结和骨髓等组织器官内的网状内皮细胞明显肿胀和增生。急性病例主要组织细胞增生,亚急性及慢性病例则为淋巴细胞增生,在增生后的组织细胞内,常有吞噬的铁血黄素。

(四)实验室诊断

传贫病马判定标准《马传染性贫血防治试行办法》指出，在及时做好类症鉴别的基础上，凡符合下列条件之一者，均判为传贫病马。

第一，体温在39℃以上(1岁幼驹39.5℃以上)，呈稽留热或间歇热，并有明显的临床症状和血液学变化者。

第二，体温在38.6℃以上，呈稽留热、间歇热或不规则热型，临床和血液变化不够明显，但吞铁细胞0.02%以上(或连续2次0.01%以上)，或肝穿组织检查呈阳性反应者。

第三，病史中体温记载不全，但经系统检查，具有明显的临床和血液学变化并出现吞铁细胞0.02%以上(或连续2次0.01%以上)，或肝穿组织学检查呈阳性反应者。

第四，可疑马传贫病马死亡后，根据生前诊断资料，结合尸体剖检和病理组织学检查，其病变符合马传贫变化者。

第五，马传贫补体结合反应阳性者。

第六，马传贫琼脂扩散反应阳性者。

三、鉴别诊断

应注意与马梨形虫病、伊氏锥虫病等病相鉴别。

(一)与马梨形虫病鉴别

1. 典型症状

为高稽留热，保持在40～41℃之间，病马精神沉郁，反应迟钝、肌肉震颤、重病者昏迷。黏膜轻度充血，渐变苍白，并出现黄疸，有时有出血点。呼吸急促，心悸亢进，节律失常。病初粪便干硬，后转为腹泻，粪便多黏膜，甚至带血。尿频、量少，呈黄褐色，尿含蛋白，重症病例尿中含有血液。最后常因高度贫血，心力衰竭和呼吸困难而死亡。

2. 实验室检查

采耳静脉血做涂片，甲醇固定、姬氏液染色，使用油镜检查出典型的虫体即可确诊。

(二)与伊氏锥虫病鉴别

常呈急性发作，体温高达40℃以上，呈稽留热型或弛张热型，数天后恢复正常体温；间隔短期后病马再度高热。这一体温变化是本病的重要标志。经过数次反复高热以后，病马消瘦，食欲减退，体表水肿，贫血，眼结膜苍白或黄染，有时结膜出现出血斑。重病马反应迟钝，或神经质地向前猛冲，或圆圈运动。后期后躯麻痹，衰竭死亡。

病马在高热期间，尤其在初次发病时做血液抹片显微镜检查，容易检出虫体。在体温下降后的间歇期间虫体数量减少，甚或消失。

四、防治措施

(一)治疗

国内外对于马传贫的治疗进行了大量的试验研究。国外研究者先后采用对症疗法、化学药物疗法以及抗生素疗法等，均未取得治疗效果。

国内的一些研究单位和大专院校曾用中药疗法、中西医结合疗法、抗病毒疗法，以数百种药物进行治疗试验，也同样未能探索到确实有效的治疗方法。

(二)预防

为了预防和消灭马传贫，农业部颁发了《马传染性贫血防治试行办法》，其要点如下。

第一，做好检疫工作，不要从疫区引进马、骡、驴。当一个地区发现有马传贫时，应立即上报，迅速划定疫区，实行封闭。对疫区内的马、骡、驴有组织地进行全面检疫。对病马按实际情况处理，尚有使役能力的，可集中隔离使役；重症病马或孤立疫点的病马，应就地捕杀；对其他马、骡、驴坚持定期检疫，加强观察，自疫点隔离出最后一批病马之日起，经1年检疫未再发现病马时，可报请上级复查，批准后解除封锁。

第二，在疫区内可应用马传贫弱毒疫苗进行定期预防接种，一般在蚊蝇活动季节前3个月或蚊蝇停止活动季节注射。注苗后3个月开始产生免疫力，免疫期约1年。

第三，对病马污染的厩舍、场地、用具等，要严格消毒。消毒药可用2%～4%热氢氧化钠溶液。粪便经发酵处理3个月以上，方可利用。死亡病马的尸体须深埋或烧毁。

第四，消灭蚊、蝇等吸血昆虫，防止刺蜇骚扰马体。

第五，加强外科器械特别是注射针头等的消毒，不得混用。

任务八　马鼻疽

鼻疽病是由鼻疽伯氏菌引起的人兽共患病，主要流行于马属动物。以在鼻腔、喉头、气管黏膜或皮肤上形成特异性鼻疽结节、溃疡或斑痕，在肺、淋巴结或其他实质器官发生鼻疽性结节为特征。世界动物卫生组织将其列为必须上报疫病。

一、病原

鼻疽病是由鼻疽伯氏菌引起的人兽共患病，该菌对外界抵抗力不强，日光照射24 h死亡，加热80℃5 min死亡，氢氧化钠等消毒药能将其杀死。在腐败的污水中能生存2～4周。

二、诊断要点

(一)流行特点

鼻疽病马是传染源，尤以开放性鼻疽马最危险。病菌存在于鼻疽结节和溃疡中，随鼻、皮肤分泌物排出体外，污染用具、饲料、水、厩舍等。本病主要经消化道传染，也可经受伤的皮肤、黏膜传染。

(二)临床症状

潜伏期长短不一，自然感染为数周或更长，《陆生动物卫生法典》规定为6个月。临床分急性和慢性2型，根据病菌侵入的部位不同，又分为肺鼻疽、鼻腔鼻疽、皮肤鼻疽。

1. 急性鼻疽

体温升高至 39～41℃。呼吸促迫，颌下淋巴结肿痛(常为一侧)，表面凹凸不平。可视黏膜潮红。当肺部出现大量病变时，称为肺鼻疽，表现为干咳，流鼻涕，呼吸加快，呈腹式呼吸。鼻腔鼻疽表现鼻黏膜红肿，并出现粟粒大黄色结节，边缘有红晕，随后中心坏死，破溃形成溃疡。流灰黄脓性或带血鼻涕。重者可致鼻中隔和鼻甲壁黏膜坏死脱落，甚至鼻中隔穿孔。皮肤鼻疽多发生在后肢、胸、头、颈及阴囊等部位的皮肤。由于病灶扩大蔓延，淋巴管肿胀和皮下组织增生，导致皮肤高度肥厚，使后肢变粗变大，俗称“象皮腿”。

2. 慢性鼻疽

慢性鼻疽主要表现为鼻流少量鼻汁和慢性溃疡及瘢痕，症状不明显，可持续数月至数年。

三、实验室诊断

实验室诊断主要用变态反应，有鼻疽菌素点眼反应法和鼻疽菌素皮下热反应法，既可用于慢性鼻疽，也可用于急性鼻疽，其中前者可用于大规模检疫。

四、鉴别诊断

(一)与流行性淋巴管炎的鉴别

1. 皮肤(皮下组织)结节、脓肿、溃疡

常见于四肢、头部(尤其是唇部)，其次是颈、背、腰、尻、胸部和腹侧。初为硬性无痛结节，随之软化形成脓肿，破溃后流出黄白色混有血液的脓汁，形成溃疡。继而愈合或形成瘘管。

2. 黏膜结节

常侵害鼻腔黏膜，可见鼻腔有少量黏液脓性鼻漏，鼻黏膜上有大小不等黄白色结节，结节逐渐破溃形成溃疡，颌下淋巴结多同时肿大。口唇、眼结膜及生殖道黏膜，公马的包皮、阴囊、阴茎和母马的阴唇、会阴、乳房等处也可发生结节和溃疡。

3. 淋巴管索状肿及串珠状结节

病菌引起淋巴管内膜炎和淋巴管周围炎，使之变粗变硬呈索状。因淋巴管瓣膜栓塞，在索状肿胀的淋巴管上形成许多串珠状结节，呈长时间硬肿，而后变软化脓，破溃后流出黄白色或淡红色脓液，形成蘑菇状溃疡。

(二)与马腺疫的鉴别

其潜伏期为 1～8 d。临床常见有一过型腺疫、典型腺疫和恶性型腺疫 3 种病型。

1. 一过型腺疫

鼻黏膜卡他性炎，流浆液性或黏液性鼻汁，体温稍高，颌下淋巴结肿胀。多见于流行后期。

2. 典型腺疫

以发热、鼻黏膜急性卡他和颌下淋巴结急性炎性肿胀、化脓为特征。病马体温突然升高(39～41℃)，鼻黏膜潮红、干燥、发热，流水样浆液性鼻液，后变成黄白色脓性鼻液。颌下淋巴结急性炎性肿胀，起初较硬，触之有热痛感，而后化脓变软，破溃后流出大量黄白色黏稠脓汁。病程 2～3 周，预后一般良好。

3. 恶性型腺疫

病原菌由颌下淋巴结的化脓灶经淋巴管或血管转移到其他淋巴结及内脏器官，造成全身性脓毒败血症，致使马匹死亡。比较常见的有喉性卡他、额窦性卡他、咽部淋巴结化脓、颈部淋巴结化脓、肠系膜淋巴结化脓。

五、防治措施

（一）治疗

由于本病在我国已呈消灭状态，因此对开放性病马或检疫呈阳性的马，已经不适合治疗，应采取扑杀销毁措施。

（二）预防

疫区每年进行 1～2 次临床检查和鼻疽菌素检疫。发现病马应马上扑杀，并采取扑灭疫情的综合防治措施。本病无菌苗问世，以往采取的是养、检、隔、处、消综合性防疫措施，现在以检疫、监测为主要防治手段。

任务九　马破伤风

马破伤风又名强直症，中兽医称为锁嘴风或锁口风，幼驹破伤风又叫脐带风。本病是由破伤风梭菌引起的人兽共患的急性、创伤性、中毒性传染病，多发生于深创、去势（特别是雄性马）之后或出生后 7～10 d 的幼驹。

一、病原

本病是由破伤风梭菌引起的，破伤风梭菌广泛存在于土壤或淤泥中，并常见于健康马、牛和人的粪便中，该菌能形成芽孢，芽孢在阴暗、干燥处能存活 10 年以上，在土壤表层也能存活数年。

二、诊断要点

（一）流行特点

幼年驹多经脐带感染，幼驹可经去势伤口感染，成年马多由深创感染，如耳后上方、头部正中的笼头勒伤、蹄部的深刺创及口小而深的创伤等。各种家畜均易感染，单蹄兽最易感，猪、羊、牛次之，人的易感性也很高，破伤风遍布全球。

（二）临床症状

病程一般为 3～10 d，潜伏期长短与感染创伤性质、部位及感染强度有关，最短的为 1 d

(多见于幼驹),最长的 40 d 以上,一般为 3～7 d。发病初期症状不明显,眼球转动不灵活,咀嚼缓慢,步样强拘,采食缓慢、肌肉僵硬、行动不便,受外界刺激时,常可引起头向后仰,眼急惊狂(眼球翻转而惊),逐渐牙关紧闭,不能采食,口腔含有多量黏液,耳紧、尾直、颈项直伸、四肢开张站立、僵硬如木马状,病马不能转弯与后退,眼球向右翻,神经过敏,对外界刺激极为敏感,鼻孔张大呈卵圆形,并有气喘、呼吸急迫而困难。随着病程进展,强直症状逐渐明显,呈现破伤风的综合症状。患马耳颈部活动不灵。轻者开口困难,重者牙关紧闭。鼻孔扩张呈喇叭状。瞬膜外露、背腰强拘,尾根高举,如木马状。对外界刺激的反射兴奋性增高,遇到音响或光线刺激时,惊恐不安,发抖出汗,肌肉痉挛加重。体温一般正常,死前体温升至 42℃以上。脉搏细而弱,节律异常。有的病例经常出汗,被毛被汗水胶着成缕。由于四肢开张站立及不能转弯,步行困难。一般不伏卧,躺下后自己站不起来,但仍试图挣扎站立,而导致全身大汗及许多褥疮,这常使病情加重,人工扶助抬起时,仍能站立。

(三)诊断依据

病马有创伤史是重要依据。幼驹破伤风症状比较特殊而明显(如反射性增高、骨骼肌强直性痉挛、耳紧、尾直、四肢开张如木马状及体温不高等),容易确诊。

三、防治措施

(一)治疗

对马骡破伤风病的治疗,根据治疗原则(处理创伤、中和毒素、镇静解痉、对症治疗及加强护理),按破伤风病马疾病发展阶段(初期、中期、后期)进行辨证施治,全面治疗。但治疗的关键还是尽早使用精制破伤风抗毒素(精破抗)。用精破抗静脉注射治疗病马,常规用量 60 万～100 万 IU/匹。

1. 发病后的处理

创伤后立即将创口痂皮及其中的干酪样脓汁等去掉,并用 3%高锰酸钾溶液或 3%过氧化氢溶液消毒,而后行开放疗法。同时加强病马的护理工作,将病马安置于光线较暗、肃静、通风良好、干燥清洁的厩舍,冬季要注意保温。病重者,可用吊带吊起,注意防止躺卧及褥疮,给予充足饮水,同时喂以柔软、容易消化、富含营养的饲料,并注意补给食盐。牙关紧闭不能采食时,每天可投给流质食物,但每次的量不宜过多,否则容易引起消化不良,每日投服 1 次即可,不可间断。对背腰、四肢强拘症状减轻或恢复期病马,每天可行牵遛运动,路程和时间逐渐增加,以促使早日恢复肌肉功能。

2. 早期应用破伤风治疗制剂

类毒素有一定疗效,成马用量 40 万～80 万 IU;驹 1.5 万～4 万 IU,皮下、静脉或肌内注射均可。应用抗破伤风血清可在体内保留 2 周。实践证明,1 次大剂量注射比少量多次注射效果好。

3. 肌肉痉挛时的措施

可肌内注射 25%硫酸镁溶液,成年马 100 mL,幼驹 20 mL。也可深部肌内注射氯丙嗪,成年马 400 mg,驹 50 mg,每日 1～2 次,连用 7～10 d。或用水合氯醛灌肠,用量:成年马 30～50 g,驹 3～5 g,用水溶解后,加适量淀粉糊混合均匀后使用;牙关紧闭的,可于咬肌处注射 0.5%普鲁卡因溶液，成马 30～40 mL，驹 3～5 mL。

(二)预防

对于破伤风的防疫措施，主要做好预防注射和防止外伤的发生。预防注射可用破伤风类毒素给动物皮下或肌内注射，成马用 2 mL，注射后 3 周产生免疫力，持续时间较长，到第 5 年时再注射。如果有发生创伤或手术感染的危险时，可临时再注射 2 mL。马匹发生外伤后，要及时处理治疗。如果创伤大而深时，可肌内注射精破抗 1 万～3 万 IU，同时注射破伤风类毒素 2 mL。做手术尤其是去势时，一定要无菌操作，最好还要注射精破抗 1 万～3 万 IU 或破伤风类毒素 2 mL。幼驹破伤风多经脐带感染，故有脐带风之名，为预防或杜绝本病，产驹场所必须消毒，并保持清洁卫生与干燥。助产用具、助产人员的手及臂、母马的阴门附近均须彻底消毒，剪脐带时要用煮沸消毒后的刀或剪，结扎线也须经过煮沸消毒，脐带剪口用 5%碘酊消毒后，再撒以消炎粉。马匹有外伤时，须及时按外科常规处理消毒，同时注射破伤风类毒素，成年马 1 mL，驹 0.2～0.4 mL。

任务十 马皮肤真菌病

马皮肤真菌病，是由多种皮肤真菌引起的马的皮肤、指(趾)及蹄部等角质化组织的损害，形成癣斑，表现为脱毛、脱屑、渗出、痂块及痒感等症状。本病在世界上分布广泛。我国已有 15 个省(市、自治区)报道发生了本病，且近年来发病有上升趋势。

一、病原

病原主要是毛癣菌属及小孢霉菌属。皮肤真菌对外界具有极强的抵抗力，耐干燥，100℃干热 1 h 方可致死。但对湿热抵抗力不太强。对一般消毒药耐受性很强，1%醋酸溶液需 1 h，1%氢氧化钠溶液数小时、2%甲醛溶液半小时。对一般抗生素及磺胺类药物均不敏感。制霉菌素和灰黄霉素等对该菌有抑制作用。

二、诊断要点

(一)流行病学

真菌可依附于动、植物体上，停留在环境或生存于土壤之中，在一定条件下，感染人、马。常见于病、健马(人)接触，或使用污染的刷拭用具、挽具、鞍具，或系留于污染的环境之中，通过搔痒、摩擦或蚊蝇叮咬，经损伤的皮肤发生感染。幼驹较成年马易感。马体营养缺乏，皮肤和被毛卫生不良，环境气温高，湿度大等均有利于本病传播。本病全年均可发生，但一般以秋末至春初舍饲期发病较多。

(二)临床症状

真菌孢子污染损伤的皮肤后，在表皮角质层内发芽，长出菌丝，蔓延深入毛囊。由于菌丝在表皮角质中大量增殖，使表皮很快发生角质化和引起炎症，结果皮肤粗糙、脱屑、渗出和结痂。

马主要发生于头部(眼周、耳、面)、颈、胸侧等处。患部发生丘疹(扁豆大或更大),水疱,干燥后形成薄痂。同时皮肤增厚,粗糙,并有面粉样鳞屑,被毛从距皮肤若干毫米处折断,癣斑不断扩大,融合成不规则的癣面。有时老病灶痊愈后,周围又可形成新的癣斑,最后身体各处都可能有散在性病变。病马一般无痒觉。

马在少数情况下可由马毛癣菌等引起发病。癣斑部被毛蓬乱,继而形成水疱、破溃,其上盖以灰色鳞屑,并不断脱落。经1~2周被毛从皮肤处折断。癣斑小的直径约0.5 cm,大的可达4.5 cm,有痒觉。

(三)实验室诊断

确诊应做微生物学检查。可刮取患部碎屑,拔取脆而无光、沾有渗出物的被毛,剪下癣斑或刮取皮肤鳞屑置于载玻片上,加入10%氢氧化钠溶液1滴,盖玻片覆盖(必要时,微加温使标本透明),用低倍和高倍镜观察有无分枝的菌丝及各种孢子。被小孢霉菌属感染者,常见菌丝及小分生孢子沿毛根和毛干部生长,并镶嵌成厚屑,孢子不进入毛干内。毛癣菌属感染后孢子在毛干外缘、毛内或毛内外(大部分在毛干内)平行排列成链状。必要时可进行人工培养和动物试验。

三、防治措施

(一)治疗

病马治疗,局部先剪毛,用肥皂水洗痂壳,常规消毒后外用以下药物,任选其一即可。①10%水杨酸酒精或油膏,每日或隔日外用;②5%臭药水,外用,或用3%来苏儿洗后涂10%碘酊;③石炭酸15 mL,碘酊25 mL,水合氯醛10 mL,混合外用,每日一次,共用3次,用后即用水洗掉,涂以氧化锌软膏;④水杨酸6 mL,苯甲酸12 mL,石炭酸2 mL,敌百虫5 mL,凡士林100 g,混合外用;⑤10%甲醛软膏,外用;⑥水杨酸50 mL,鱼石脂50 g,硫黄48 g,凡士林600 g,混合制成软膏,每隔3 d涂药1次,一般4次可愈;⑦硫酸铜粉25 g,凡士林75 g,混合制成软膏,外用,隔5 d 1次,2次即可收效。

(二)预防

平时应加饲养管理,搞好栏圈及马体皮肤卫生。挽具鞍套等固定使用。发现病马应全群检查,患马隔离治疗。病马厩舍可用2%热氢氧化钠溶液或0.5%过氧乙酸溶液消毒。饲养人员应注意防护,以免受到传染。

思考题

1. 简述赛马破伤风的治疗措施。
2. 简述马鼻疽病的临床症状及实验室诊断方法。
3. 简述马流行性感冒与马传染性支气管炎的症状学鉴别要点。
4. 简述马匹副伤寒病的治疗措施。
5. 简述马传贫病的预防措施。

项目八

马匹常见寄生虫病

学习目的

学习马匹进出口检疫和马场生产中常见寄生虫病,建立初步了解。能够对马匹常见寄生虫病进行症状学诊断,以及了解传染源、传播途径等;通过对马匹寄生虫病的学习掌握赛马实验室病原学诊断方法。

知识目标

学习赛马临床常见寄生虫病,了解病因和预防措施,掌握疾病的临床症状、诊断方法、治疗要点及临床用药或手术方法。

技能目标

通过本任务学习能够正确利用视诊、触诊、叩诊、听诊、嗅诊、问诊等普通诊断方法诊断马匹寄生虫病,以及采用寄生虫学方法诊断马匹寄生虫病。

任务一 裸头绦虫病

裸头绦虫病是由裸头科的大裸头绦虫、叶状裸头绦虫和侏儒副裸头绦虫寄生于马、骡、驴等动物的小肠(偶见于盲肠)引发的疾病。我国各地均有该病发生,叶状裸头绦虫引起的较为常见,是消化系统寄生虫病。

一、病原

(一)叶状裸头绦虫

叶状裸头绦虫寄生于盲肠、回肠后部和结肠。虫体短而厚,全长 2～5 cm,偶有达 8 cm。

(二)大裸头绦虫

大裸头绦虫寄生于小肠后半部,偶见于胃、盲肠和结肠。虫体大小为 8 cm×2.5 cm,虫卵近圆形,直径为 50～60 μm,具梨形器,内含六钩蚴。

(三)侏儒副裸头绦虫

侏儒副裸头绦虫较少见,寄生于十二指肠、空肠和回肠。虫体全长 30 mm,宽 5 mm,虫卵大小为 50～60 μm。

二、生活史

裸头绦虫发育过程需地螨作为中间宿主。裸头绦虫的孕节或虫卵随宿主粪便排出体外,被地螨吞食后,在其体内发育为具感染力的似囊尾蚴;当马等食入含似囊尾蚴的地螨后,似囊尾蚴在其小肠内经 6～10 周发育为成虫。

三、流行特点

本病呈地方性流行,在我国主要流行于西北和内蒙古牧区,东北牧区发生较少。对 2 岁以下幼驹危害严重。8 月份感染率最高。马匹多在夏末秋初感染,至冬季和翌年春季出现症状。

四、症状和病理变化

叶状裸头绦虫有在回盲口的狭小部位群集寄生的特性,常达数十或数百条之多,均以其吸盘吸附着肠黏膜,而造成黏膜炎症、水肿、损伤,形成组织增生的环形出血性溃疡。特别是当重剧感染时,由于肉芽组织迅速增生,形成状似网球的肿块,此种渐进性组织增生,可导致局部或全部的回盲口堵塞,产生严重的间歇性疝痛。在急性大量感染的病例,可致回肠、盲肠、结肠大面积溃疡，发生急性卡他性肠炎和黏膜脱落。此类病例仅见于幼驹，往往导致死亡。

马裸头绦虫病的临床症状主要表现为慢性消耗性的症候群，如消化不良，间歇性疝痛和腹泻，并引起渐进性消瘦和贫血。

五、诊断

结合临床症状和流行病学资料，在粪便中检出虫卵或孕节可确诊。用饱和盐水浮集法发现存在大量虫卵即可确诊。镜下检查：叶状裸头绦虫虫卵近圆形，被有灰黄色外膜，中部较边缘薄，呈月饼状，直径为 65～80 μm。大裸头绦虫卵近似圆形，直径为 50～60 μm。侏儒副裸头绦虫虫卵大小为 37 μm×51 μm，梨形器很发达，其长度超过虫卵的半径。肉眼检查粪便可发现孕卵节片，剖检在肠道发现成虫。

六、防治

大裸头绦虫病的发生常以每数年为 1 个周期，而叶状裸头绦虫病则始终是年复一年地发病。但在轻度感染的地区，无须列入定期驱虫的对象范围，只有在重症感染时才进行药物治疗。治疗可用硫双二氯酚和氯硝柳胺等药物。

在流行地区应对马匹进行预防性驱虫，驱虫后粪便集中堆积发酵。主要预防措施在于管理好牧场，马匹最好在人工种植牧草的草场放牧，因为这种地区一般螨较少，特别是幼驹从开始放牧即安排于这样的草场对预防本病效果显著。改变夜牧习惯，如日出前，日落后不放牧，雨天尽可能改为舍饲，以减少马匹感染绦虫病的概率。

任务二　马副蛔虫病

马副蛔虫病，是由蛔科副蛔属的马副蛔虫寄生于马属动物的小肠内引起的（有时可见于胃内），是马属动物常见的一种消化系统寄生虫病，对幼驹危害很大。

一、病原

马副蛔虫是马属动物体内最粗大的一种寄生性线虫。虫体近似圆柱形，两端较细，外形与猪蛔虫相似，黄白色。雄虫长 15～28 cm，雌虫长 18～37 cm。头端有 3 个发达的唇片，唇片之间有间唇，在唇片后方虫体稍狭窄，因而使头部显著膨大，故又称大头蛔虫。虫卵近似圆形，呈黄色或黄褐色，直径 90～100 μm，虫卵表面有不光滑的蛋白膜，卵壳厚，卵内含一圆形未分裂的卵胚。

二、生活史

虫卵随宿主粪便排出体外，在适宜的外界环境条件下，需经 10～15 d 发育成感染性虫卵，马等食入感染性虫卵至发育为成虫需 2～2.5 个月。

三、诊断要点

(一)流行特点

马副蛔虫病广泛流行，对幼驹感染性最强，老年马多为带虫者，散布病原体。感染率与感染强度和饲养管理有关。感染多发于秋、冬季。虫卵对不利的外界因素抵抗力较强。适宜温度为 10～37℃，在 39℃时可发生变性。气温低于 10℃，虫卵停止发育，但不死亡，遇适宜条件仍可继续发育为感染性虫卵。故冬季厩舍内存在的蛔虫卵，成为早春季节的感染来源。马副蛔虫卵对理化因素有很强的抵抗力；只有 5%硫酸、5%苛性钠溶液、50℃以上的高温及长期干燥，才能有效地杀死蛔虫卵。

(二)症状和病理变化

马副蛔虫对宿主的危害主要表现在机械作用、夺取营养、毒素作用、继发感染 4 个方面。

寄生于小肠的成虫和在肝、肺中移行的幼虫给宿主造成一系列的刺激。成虫可引起卡他性肠炎、出血，严重时发生肠阻塞、肠破裂。有时虫体钻入胆管或胰管，可引起相应症状，如呕吐、黄疸等。幼虫移行时，损伤肠壁、肝肺毛细血管和肺泡壁，可引起肝细胞变性、肺出血及炎症。马副蛔虫的代谢产物及其他有毒物质，导致造血器官及神经系统中毒，发生变态反应，如痉挛、兴奋等，以及贫血、消化障碍。蛔虫在小肠内寄生，夺取宿主大量营养，特别是产卵期的雌虫更是如此。幼虫钻进肠黏膜移行时，可能带入病原微生物，造成继发感染。

本病主要危害幼驹。成年马多为带虫者。发病初期(幼虫移行期)呈现肠炎症状，持续 3 d 后，呈现支气管肺炎症状(蛔虫性肺炎)，表现为咳嗽，短期发热，流浆液性或黏液性鼻汁，后期即成虫寄生期呈现肠炎症状，腹泻与便秘交替出现。严重感染时发生肠堵塞或穿孔。幼驹生长发育停滞。

(三)诊断

结合临床症状与流行病学，以粪便检查发现特征性虫卵确诊。粪便检查可采用直接涂片法和饱和盐水浮集法。有时可见自然排出的蛔虫，或剖检时检出蛔虫均可确诊。

四、防治

发现病马及时治疗，可试用驱蛔灵(枸橼酸哌嗪)、精制敌百虫、丙硫咪唑、左咪唑。

每年进行 1～2 次预防性定期驱虫，驱虫后 3～5 d 内不要放牧，妊娠马在产前 2 个月驱虫。加强饲养卫生管理，粪便及时清理并进行生物热处理。定期对用具消毒、最好用自来水或井水。分区轮牧或与牛、羊畜群互换轮牧。

任务三　尖尾线虫病

马尖尾线虫病，又称马蛲虫病，是由马蛲虫寄生于马属动物的盲肠和结肠内所引起，是分布广泛的消化系统常见病。肛门部剧痒为本病的特征性症状。

一、病原

马尖尾线虫雌虫明显大于雄虫。雄虫白色，长 9～12 mm，宽 0.8～1 mm，雌虫体长 24～67 mm，尾部细长而尖，可达体部的 3 倍。虫卵灰黑色，呈不对称长卵圆形，大小(40～50) μm×(85～95) μm，具卵盖。

二、生活史

尖尾线虫属直接发育型。马蛲虫在马体大肠内交配后，雌虫经过肛门到达会阴部，产出成堆的虫卵和黄白色胶样物质，将虫卵黏附在皮肤上，适宜条件下，虫卵发育为感染性虫卵。马食入被感染性虫卵污染的饲料或饮水而感染。

三、诊断要点

(一)流行特点

本病分布于世界各地，饲养管理条件较差是疾病的诱发原因。幼驹多发。马匹因采食被虫卵污染的饮料或舐食被虫卵污染的场地、墙柱、饲槽等物而感染。

(二)症状和病理变化

成虫寄生于大肠，危害不大。重剧感染可引起肠黏膜溃疡。主要致病作用是雌虫产卵时的强烈刺激作用，引起肛门部剧痒，会阴部发炎，病马摩擦臀部，引起尾根、坐骨部脱毛，皮肤肥厚，发生皮炎，引起化脓。病马表现不安，食欲不佳及消瘦。

(三)诊断

可根据其特有症状，经常摩擦尾部，该部被毛及皮肤损伤，肛门周围、会阴部有污秽不洁的卵块，即可建立印象诊断。有时产卵后的雌虫仍露出肛门外，也有助于确诊。对可疑病例取肛周污物查到虫卵确诊。用肛门周围擦拭法以检查马蛲虫病，注意粪便中很难发现虫卵。

虫卵检查可刮取卵块移到载玻片上，滴加 50%甘油水，混合后镜检，发现蛲虫卵，便可确诊。一般在肛门周围收集的虫卵，多数已经发育，内含幼虫。

四、防治

预防主要是搞好清洁卫生，病马及时驱虫，彻底清洗厩舍及消毒用具，健马与患马分开饲养，引进马匹应先隔离检查。一般的驱线虫药物有效，可用丙硫苯咪唑、噻苯唑、伊维菌素等治疗。驱虫的同时应用消毒液拭肛门周围皮肤，消除卵块，以防止再感染。

任务四　圆形线虫病

马圆线虫病，是马属动物的重要消化系统寄生虫病之一，是感染率最高、分布最广的肠道寄生虫病。本病是由圆形科的 40 多种线虫所引起。本病常为幼驹发育不良的原因，成年马则可引起慢性肠卡他，以致使役能力降低。尤其当幼虫移行时，引起动脉炎、血栓性疝痛、胰腺炎和腹膜炎，可导致死亡。

一、病原

圆线科线虫体型较大，俗称大型圆线虫，大型圆线虫是主要病原，致病性最强的是马圆线虫、无齿圆线虫和普通圆线虫，虫体灰褐色，火柴杆样。虫体寄生于马类的盲肠和结肠。

二、生活史

马圆线虫的发育不需中间宿主。虫体在肠内产卵，卵随粪便排至外界，在适宜的条件下发育为第三期幼虫，当马匹吃草或饮水时吞食感染性幼虫而受感染，幼虫在马肠内脱囊鞘，在马匹体内经不同的途径移行后在大肠内发育为成虫。

圆线虫在大肠内发育成熟，雌虫产出大量虫卵随粪便排出体外，故采马粪便用饱和盐水浮集法检查虫卵。应考虑虫卵数量，一般粪便中虫卵 1 000 个/g 以上应驱虫。马圆线虫虫卵大小为(40～47) μm×(70～85) μm；无齿圆线虫虫卵大小为(48～52) μm×(83～93) μm；普通圆线虫虫卵大小为(48～52) μm×(78～88) μm。此外，某种圆线虫的感染性幼虫，可能进入肠壁毛细血管，然后进入门脉系统和小循环。幼虫常在肝、肺内死亡，以致在幼虫周围形成寄生性结节。在盆腔、阴囊等处常发现移行中的幼虫或童虫，在眼前房、脑脊髓等处也往往能见到圆形线虫幼虫及其所引起的病变。

三、诊断要点

(一)流行特点

第三期幼虫有背地性和向弱光性，能抵抗恶劣环境，易被直射日光杀死，因此终末宿主感染主要在温暖季节，早晚阳光较弱和阴天的条件下，在草地上放牧时发生感染，也可以由饮水感染。幼虫具有鞘膜的保护，对恶劣环境抵抗力较强，落入水中的幼虫常沉于底部，存活 1 个月或更久。感染性幼虫的抵抗力很强，在含水分 8%～12%的马粪中能存活 1 年以上，在撒布成薄层的马粪中需经 65～75 d 才死亡。在青饲料上能保持感染力达 2 年之久。本病既可发生于放牧的马群，也可发生于舍饲的马匹。

(二)症状和病理变化

成虫分泌溶血毒素、抗凝血素等引起宿主贫血;成虫在结肠和盲肠内寄生,用口囊吸血,引起卡他性炎症、创伤和溃疡。幼虫在肠壁形成结节影响肠管功能;幼虫移行危害严重。

临床上分为肠内型和肠外型。成虫大量寄生于肠管时表现为大肠炎和消瘦,多因恶病质而死亡,少量寄生时呈慢性经过,幼虫移行时,以普通圆线虫引起血栓性疝痛最多见。马圆线虫幼虫移行引起肝、胰脏损伤,临床表现为疝痛。无齿圆线虫幼虫则引起腹膜炎、急性毒血症、黄疸和体温升高等。

(三)诊断

根据临床症状和流行病学资料做初步诊断。在粪便中查出虫卵可证实有此类圆线虫寄生。各种圆线虫虫卵难以区分,应以 3 期幼虫形态鉴别。幼虫寄生期诊断困难,剖检可确诊。

四、防治

马圆线虫病的预防较困难。在加强饲养卫生管理的前提下,每年应定期驱虫,1 年至少 2 次;服用低剂量硫化二苯胺有预防作用。首选驱虫药为丙硫咪唑,对成虫驱虫率高,对第四期幼虫作用一般;也可用丙硫苯咪唑、硫化二苯胺和伊维菌素治疗。

任务五　马胃线虫病

马胃线虫病是由旋尾科的大口德拉西线虫(大口胃虫)、小口柔线虫(小口胃虫)和蝇柔线虫(蝇胃虫)的成虫寄生于马属动物胃内引起的。蝇胃虫可引起马的皮肤和肺的胃虫病。

一、病原

(一)大口胃虫

大口胃虫又称大口德拉西线虫,虫体白色线状,特征是咽呈漏斗形。雄虫长 7～10 mm,尾翼发达;雌虫长 10～15 mm。虫卵呈圆柱形,大小为(40～60) μm×(8～17) μm,卵胎生。

(二)蝇胃虫

蝇胃虫又称胃柔线虫。虫体黄色或橙红色,咽呈圆筒状。雄虫长 8～14 mm;雌虫长 13～22 mm,虫卵与前者相似。

(三)小口胃虫

小口胃虫称小口柔线虫,形态与蝇柔线虫相似,但较大,咽前部有 1 个背齿和 1 个腹齿。虫卵与大口胃虫卵相似。

二、生活史

3 种线虫发育史基本相同，均以蝇类为中间宿主，大口胃虫和蝇胃虫的中间宿主为家蝇和厩螫蝇，小口胃虫的中间宿主为厩螫蝇。雌虫在胃腺部产卵，虫卵排至外界，被家蝇或厩螫蝇的幼虫采食后，在蝇蛆化蛹时发育为感染性幼虫。马匹采食或饮水时吞食含有感染性幼虫的蝇而感染，也可在蝇叮咬时经伤口或家蝇落到马唇、鼻孔或伤口处而经口感染。蝇胃虫及小口胃虫以头端钻入胃腺腔内寄生；大口胃虫钻入胃壁深层形成肿瘤寄生。

三、诊断要点

(一)流行特点

本病呈世界性分布，马、驴、骡均易感。

(二)症状和病理变化

3 种蝇成虫均以机械性刺激和代谢产物作用于宿主。大口胃虫致病力最强，在胃腺部形成肿瘤，严重时肿瘤化脓，引起胃破裂、腹膜炎。蝇胃虫和小口胃虫引起胃黏膜创伤至溃疡，破坏胃功能。虫体的毒性产物可导致心肌炎、肠炎、肝功能异常，造血功能受到影响。幼虫侵入伤口引起皮肤胃虫症(夏疮)，伤口久不愈合，并有颗粒性肉芽增生，伤口周围变硬，故又称为颗粒性皮炎。颈部、胸部、背部、四肢等处有结节。幼虫侵入肺脏能引起结节性支气管周围炎。临床表现为慢性肠炎，营养不良，贫血等症状。

(三)诊断

生前诊断困难，粪便中难以查到虫卵。根据临床症状可怀疑为本病，确诊要找到虫卵或幼虫。建议给马洗胃，检查胃液中有无虫体或虫卵。皮肤胃虫症可取创面病料或剪小块皮肤检查有无虫体；也可将刮屑或切下的小块病变皮肤放在 1∶500 的盐酸中，5 min 后检查液体中有无虫体。

四、防治

疫区马区应在夏秋进行 2 次计划性驱虫，并加强饲养卫生管理；注意防蝇、灭蝇，夏、秋季注意保护马体皮肤和创伤，如覆盖蝇绷带等。成年马用 30～40 mL 四氯化碳或二硫化碳 10～15 mL 做成黏浆剂，绝食 10 h 后服用。皮肤胃虫病可用 914 合剂涂于创面。

任务六　马胃蝇蛆病

马胃蝇为双翅目胃蝇科胃蝇属的昆虫，其幼虫阶段寄生于马属动物胃肠道内引起的一种慢性消化系统寄生虫病。宿主高度贫血、消瘦、中毒、使役力下降，严重时衰竭死亡。

一、病原

马胃蝇，形似蜜蜂。第三期幼虫粗大，长 13～20 mm，有口前钩，虫体由 11 节构成，每节有刺 1～2 列。虫体末端平齐，有 1 对后气门。

二、生活史

马胃蝇发育属完全变态，每年完成 1 个生活周期。雌虫在马的肩部、胸、腹及腿部被毛上产卵，约经 5 d 形成幼虫，幼虫在外力作用下逸出，在皮肤上爬行。马啃咬时食入第一期幼虫，在口腔黏膜下舌的表层组织内寄生 1 个月左右，并移入胃内发育为第三期幼虫。到翌年春季幼虫发育成熟，随粪便排至外界发育为成蝇。各种胃蝇部位不同。肠胃蝇于马前肢球节及前肢上部、肩等处产卵；鼻胃蝇于下颌间隙产卵；红尾胃蝇于口唇周围和颊部产卵；兽胃蝇于地面草上产卵。

三、诊断要点

(一)流行特点

马胃蝇蛆病在我国主要流行于西北、东北及内蒙古地区。除马属动物外，偶尔寄生于兔、犬、猪和人胃内。成蝇活动季节多在 5—9 月份，以 8—9 月份最盛。干旱、炎热的气候和管理不良，马匹消瘦均有利于本病流行。多雨、阴天不利于马胃蝇发育。

(二)症状和病理变化

成虫产卵时，骚扰马匹，使其不能安心休息和采食，马胃蝇幼虫在整个寄生期间均有致病作用。病情轻重与马匹体质和幼虫数量及虫体寄生部位有关。

发病初期病马表现咀嚼困难、咳嗽、流涎、打喷嚏，有时饮水从鼻孔流出。幼虫移行至胃、十二指肠后，引起慢性胃肠炎、出血性胃肠炎等。幼虫吸血并分泌毒素。症状为营养障碍，甚至死亡。幼虫叮咬部位呈火山口状，严重时可造成胃穿孔和较大血管损伤及继发细菌感染。有时幼虫阻塞幽门部和十二指肠。如寄生于直肠时引起充血、发炎，表现排粪频繁或努责。幼虫刺激肛门，病马摩擦尾部，引起尾根和肛门部擦伤和炎症。

(三)诊断

临床症状与其他消化系统疾病相似，应结合流行特点分析辨别，包括了解既往病史，如马是否从流行地区引进；夏天可检查马体被毛上有无蝇卵；检查口腔、咽部有无虫体寄生；春季注意观察马粪中有无幼虫，发现尾毛逆立、频频排粪的马匹，详细检查肛门和直肠上有无幼虫寄生，必要时进行诊断性驱虫；尸体剖检可在胃、十二指肠或咽部找到幼虫。第三期幼虫呈红色或黄色，粗大。

四、防治

流行区每年秋、冬两季进行预防性驱虫。虫卵可用热蜡洗刷或点着的酒精棉球烧燎。

杀死体表一期幼虫可用1%～2%敌百虫水溶液喷洒或涂擦马体，每6～10 d重复1次。口腔内幼虫可涂搽5%敌百虫豆油，涂1～3次即可。治疗药物及使用方法如下。

(一)兽用精制敌百虫

按体质量以30～40 mg/kg剂量计算用量，配成10%～20%水溶液，1次投服，用药后4 h内禁饮。

(二)伊维菌素

按体质量以0.2 mg/kg剂量计算用量，皮下注射，也有一定效果。

(三)二硫化碳

成年马20 mL，2岁内幼驹9 mL，分早、中、晚3次给药，每次1/3，用胶囊或胃管投服。投药前2 h停喂，投药后不必投泻药。但最好停止使役3 d。本药能驱除全部幼虫。妊娠马、胃肠病马、虚弱马忌用。

任务七　安氏网尾线虫病

安氏网尾线虫病又称马肺丝虫病，系由安氏网尾线虫寄生于马属动物的气管和支气管内引起的呼吸系统寄生虫病。

一、病原

安氏网尾线虫虫体丝状，乳白色，雄虫长24～40 mm，雌虫长55～70 mm。虫卵椭圆形，大小为(80～100) μm×(50～60) μm，内含幼虫。

二、生活史

成虫产出虫卵后，随痰液一同被咽下，经消化道排出体外，在适宜条件下，经1周发育成感染性幼虫，被宿主吞食后，移行入肺，发育为成虫。

三、诊断要点

(一)流行特点

本病多见于北方，呈散发流行，幼虫在低温下可生长，感染性幼虫对外界抵抗力很强。

(二)症状和病理变化

马匹轻度感染无明显症状。重度感染时，表现干咳，渐进性贫血，嗜酸性白细胞增多，体温达41℃，呼吸加快。剖检有慢性间质性肺炎，支气管黏膜发炎、增厚，有时黏膜萎缩，相邻肺组织发生气肿，散布实质区。胸膜下常因继发感染而产生不同大小和色彩的病灶。

(三)诊断

结合临床症状，在粪便中发现虫卵或幼虫可做出诊断。用饱和盐水浮集法检查粪便中的虫卵。用贝尔曼氏装置检查幼虫，第一期幼虫长 420～480 μm，尾端有一小刺，剖检可在气管或支气管发现虫体，虫体呈白色丝状，交合伞的背肋从基部分为两支，各支在末端又分为两小支，交合刺棕色，稍弯曲，有网眼结构。剖检有慢性间质性肺炎病变。

四、防治

治疗可用噻苯唑和氰乙酰肼。控制本病可参考马圆形线虫病防控。

任务八　伊氏锥虫病

伊氏锥虫病又称“苏拉病”，是由吸血昆虫传播的一种原虫病，病原体是锥虫科锥虫属的伊氏锥虫。马属动物常呈急性经过，病程一般 1～2 个月，死亡率高。本病在世界各地广为分布，为马的循环系统寄生虫病。

一、病原

伊氏锥虫为单型虫体，呈细长扁平卷曲的柳叶状。长 18～34 μm，宽 1～2 μm，中央有 1 个椭圆形的核(主核)。新鲜血压滴标本中，虫体运动相当活泼。吉姆萨染色的血片中，虫体核和动基体呈深红紫色，鞭毛呈红色，波动膜呈粉红色，胞质呈淡天蓝色。

二、生活史

伊氏锥虫主要寄生在血液、脑脊液、淋巴液，并随血液进入各组织器官。虫体在宿主体内以纵二分裂法进行繁殖，有时分裂为 3 或 4 个。伊氏锥虫主要由虻类和吸血蝇类机械性传播。虻等吸马血液后，锥虫进入其体内，但并不进行发育，生存时间亦较短暂，而当虻等再吸其他动物血时，即将虫体传入后者体内。

三、诊断要点

(一)流行特点

传染源为各种带虫动物，包括隐性感染和临床治愈的病马。南方主要为黄牛和水牛。传播途径除由吸血昆虫传播外，消毒不完全的手术器械及注射用具也可传播。亦可经胎盘感染或肉食兽食入病肉时经消化道的伤口感染。易感动物因宿主范围广而较多，马、驴、骡、犬易感性最强。本病流行于热带和亚热带地区。发病季节与传播昆虫的活动季节相关。我国南方地区主要在 7—9 月份流行。

(二)症状和病理变化

本病症状因各种家畜的易感性不同而表现各异。马属动物常呈急性发作，潜伏期 5～

11 d,体温变化是本病的重要标志,病马体温呈间歇热型。病马体温突然升高至 40℃以上,此时易检出虫体,稽留数日后短时间间歇,再度发热,如此反复。发热期间,食欲减退,精神不振,呼吸急促,脉搏频数,间歇期以上症状缓解或消失。反复数次后,病马逐渐消瘦,被毛粗乱,眼结膜初充血,后变为黄染,最后苍白,在结膜、瞬膜上可见米粒大至黄豆大的出血斑,眼内常附有浆液性至脓性分泌物。体表水肿为本病常见症状之一,发病后 6~7 d,水肿多见于腋下、胸前。疾病后期病马精神沉郁,昏睡状,行走摇摆,步样强拘,尿量减少,尿色深黄黏稠。体表淋巴结轻度肿胀。消化道的变化似无一定规律,末期出现神经症状至死亡。血液检查红细胞数急剧下降,白细胞变化无规律。

剖检可见尸体消瘦,血液稀薄,凝固不全。皮下水肿为本病的主要特征,多发部位是胸前、腹下、公马阴茎。淋巴结肿大充血,断面髓样浸润。胸、腹腔内积有大量液体。各脏器浆膜上常有出血点。

(三)诊断

根据流行特点、症状、病原学检查和血清学反应进行综合判断,病原学检查最可靠。在流行地区的多发季节,首先注意体温变化,如同时出现长期瘦弱、贫血、黄疸、瞬膜上常可见出血斑、体下垂部水肿,多可疑为本病。

注意虫体在末梢血液中周期性出现,体温升高时易检出。因此须多次检查。

1. 压滴标本检查

耳静脉或其他部位采血 1 滴,加等量生理盐水加盖片镜检,注意用较暗视野,如发现血内有活动的虫体则为阳性。

2. 涂片标本检查

制成血液涂片后以吉姆萨染色或瑞氏染色法检查。

3. 集虫法

利用锥虫相对体积质量与白细胞相似的特点,离心后虫体位于红细胞沉淀的表面,此法可提高虫体检出率。

4. 动物接种试验

接种用病料为血液、穿刺液或集虫后病料,接种于小鼠腹腔,2~3 d 后每日检查,观察半个月,此法检出率极高。

血清学检查已推广使用的早期为补体结合反应,近年来用间接血凝反应,该法敏感性高,操作简单,在人工接种后 1 周左右,即呈现阳性,并可维持 4~8 个月。此外尚有酶联免疫吸附试验和 PCR 等诊断本病的方法。

四、治疗

本病治疗原则:治疗要早;药量要足;观察时间要长,病马在临床治愈 4~14 周后方可使役。

(一)萘磺苯酰脲

萘磺苯酰脲商品名为纳加诺、拜尔 205、苏拉灭。以生理盐水配成 10%溶液静脉注射,马属动物用量为每 100 kg 体质量 1 g(极量为 4 g),1 个月后再治疗 1 次。用药后个别病马有体表水肿、口炎、肛门及蹄冠糜烂、跛行、荨麻疹等副作用。静脉注射下列药物可以缓解副作用：氯化钙 10 g，苯甲酸钠咖啡因 5 g，葡萄糖 30 g，生理盐水 1 000 mL 混合，静脉注射，每日 1 次，连用 3 d。

(二)喹嘧胺

喹嘧胺商品名为安锥赛，有 2 种盐类，即硫酸甲基喹嘧胺和氯化喹嘧胺。前者易溶于水，易吸收，用药后很快收到治疗效果；后者仅微溶于水，故吸收缓慢，但可在体内维持较长时间，达到预防的目的。一般治疗多用前者，按 5 mg/kg，溶于注射用水内，皮下或肌内注射。预防时可用喹嘧胺预防盐，国外生产者有 2 种不同比例产品，由硫酸甲基喹嘧胺与氯化喹嘧胺混合而成，其混合比例为 3∶2 或 3∶4，使用时应以其中硫酸甲基喹嘧胺含量计算其用量，可同时收到治疗及预防效果。

(三)三氮脒

三氮脒商品名为贝尼尔、血虫净，以注射用水配成 7%注射液，深部肌内注射，马按 3.5 mg/kg 剂量，每日 1 次，连用 2～3 d。

(四)氯化氮胺菲啶盐酸盐

该药商品名为沙莫林，是近年来非洲家畜锥虫病常用治疗药，按 1 mg/kg 用生理盐水配成 2%注射液，深部肌内注射。当药液总量超过 15 mL 时应分 2 点注射。

锥虫易产生抗药虫株，因此对治疗后复发的病例，建议改用其他药物。除使用特效药物治疗外，应根据病情，进行强心、补液、健胃、缓泻等对症治疗。尤其重要的是加强护理，改善饲养条件。治疗后要注意观察疗效，如果临床症状和血液指标恢复很慢或未见恢复，血清反应一直保持阳性，常有复发的可能，应及时进行再次治疗。

五、预防

必须认真贯彻预防为主的方针，着重抓好消灭病原、扑灭虻蝇和防护马体 3 个环节。要做到及早发现病马，及时治疗，控制病原；长期外出及由疫区调入的马匹要先隔离；搞好环境和厩舍卫生，消灭虻、蝇等吸血昆虫，临床上较实用的是药物预防，喹嘧胺的预防时间最长，注射 1 次有 3～5 个月的预防效果；萘磺苯酰脲用药 1 次有 1.5～2 个月的预防效果；沙莫林预防期可达 4 个月。

任务九　马梨形虫病

马梨形虫病是由蜱传播的马、驴、骡和斑马的一种血液原虫病，由驽巴贝斯虫(旧名马焦虫)和马巴贝斯虫(旧名纳氏焦虫)，寄生于马属动物的红细胞内所引起的循环系统寄生虫病。临床呈现高热、贫血、黄疸、出血和呼吸困难等重剧症状。如诊治不及时死亡率极高。

一、病原

驽巴贝斯虫旧名马焦虫，属大型虫体，虫体长度大于红细胞半径，典型形状为成对的梨籽形虫体，尖端以锐角相连。一个红细胞内通常有 1～2 个虫体，偶有 3 或 4 个，红细胞染虫率为 0.5%～10%。马巴贝斯虫旧名纳氏焦虫，属小型虫体，虫体长度小于红细胞半径。典型形状为 4 个梨籽形虫体尖端相连构成十字形。

二、生活史

当蜱吸食感染马匹血液时，将含有巴贝斯虫的红细胞吸入肠内，经发育成为蠕虫样虫体，侵入蜱唾液腺，发育为卵圆形或梨籽形虫体。当蜱再次吸血时，虫体随唾液接种于健康马匹，侵入马匹红细胞的虫体，以简单分裂或成对出芽增殖的方式繁殖。

革蜱 1 年发生 1 代，以饥饿成虫越冬。成蜱出现于春季草刚冒尖出芽时，驽巴贝斯虫病一般从 2 月下旬开始出现，3—4 月份达高潮，5 月下旬以后逐渐停止流行。

马梨形虫可经卵传播，在革蜱内经过若干世代仍具有感染力。因此在发病牧场中，即使把全部马匹转移到其他地区后，这种牧场在短期内也不能转变为安全场，因为带虫的蜱能依靠吸食其他家畜及野兽的血液而生存，而且蜱类还有很强的耐饿力，短时间内不采食也不至于死亡。

马匹耐过驽巴贝斯虫病后，带虫免疫可持续达 4 年，马巴贝斯虫病带虫免疫可长达 7 年。疫区的马匹由于经常遭受蜱的叮咬，反复感染马梨形虫，因此一般不发病或只表现轻微的临床症状而耐过，由外地进入疫区的新马及新生的幼驹由于没有这种免疫容易发病。

三、诊断要点

（一）流行特点

本病主要流行于东北地区、内蒙古东部及青海等地。马巴贝斯虫病主要流行于新疆、内蒙古西部及南方各省（自治区）。

（二）症状和病理变化

虫体的代谢产物是一种毒性剧烈的毒素，它使调节内脏及整体机体活动的中枢神经系统和植物性神经系统紊乱，首先表现为体温升高、抑郁和昏迷。

1. 驽巴贝斯虫病

病初体温稍升高，精神不振，食欲减退，结膜充血或稍黄染。随后，体温逐渐升高（39.5～41.5℃），呈稽留热型。病情迅速加重，出现黄疸现象。结膜初潮红黄染，以后呈明显黄染。其他可视黏膜黄染更为明显，有时伴有大小不等出血点。幼驹病情较成年马重。

2. 马巴贝斯虫病

分急性、亚急性和慢性 3 型。急性型症状与前者相似，多为间歇热型或不定热型。病程稍长，并出现血红蛋白尿和肢体下部水肿。亚急性型症状较前者轻，病程 30～40 d。慢性型临床不易发现。

3. 马巴贝斯虫与驽巴贝斯虫混合感染

混合感染时主要呈现驽巴贝斯虫病症状。全身各浆膜、黏膜黄染，有大小不等的出血斑点。血液稀薄，凝固不良。淋巴结肿大。脾脏、肝脏、肾脏均肿大。

(三)诊断

在疫区的流行季节,如病马呈现高热、贫血、黄疸症状应考虑本病。血液检查发现虫体是确诊的主要依据。病马发热时采血检查,应反复检查或集虫。马的感染可通过其血液或器官组织染色涂片检查虫体来确认,为此用罗曼诺夫斯基染色法,如吉姆萨染色,通常能获得最好的效果。根据虫体的典型形态确认为驽巴贝斯虫病还是马巴贝斯虫病。

血清学试验是诊断本病的较好的方法,尤其在马匹进口国尚无本病和传播媒介时,更在意义。血清采集和运送必须按照诊断试验室的要求进行。已做过血清学试验,表明没有感染的出口马匹,应养在无蜱的地方,以防发生意外感染。

目前,许多血清学技术已用于巴贝斯虫病的诊断,如补体结合(CF)试验,间接免疫荧光(IFA)试验和酶联免疫吸附试验。此外,敏感而特异的马巴贝斯虫和驽巴贝斯虫的 DNA 探针已设计出来。试验时,从血液中提取寄生虫 DNA,在尼龙膜上点样,然后检查相应放射标记的 DNA 探针。探针法可以检出一些带虫动物,在对那些指定出口且要求无寄生虫感染的马匹进行检疫时,探针法有可能会解决血清学试验存在的问题。

四、防治

除应用特效药物杀虫外,还要针对病情给予对症治疗。早确诊、早治疗,有利于本病治疗。治疗药物主要为咪唑苯脲和三氮脒。

任务十　马副丝虫病

马副丝虫病又称“血汗症”或皮下丝虫病,由丝虫科的多乳突副丝虫寄生于马的皮下和肌肉结缔组织间引发。该虫以蝇类为中间宿主进行发育。本病的特点是常在夏季形成皮下结节,结节多于短时间内出现,迅速破裂,并于出血后自愈。因导致虫伤性皮肤出血,像夏季滴出的汗珠,故称“血汗症”。

一、病原

多乳突副丝虫为乳白色丝状,常呈 S 状弯曲。雄虫长 25～28 mm,雌虫长 50～70 mm。虫体表面布满横纹,前端有乳突状隆起,故名多乳突副丝虫。卵胎生,虫卵大小为(50～55) μm×(25～30) μm。

二、生活史

马副丝虫的发育尚不完全清楚。雄虫穿过真皮和表皮形成出血性小结,雌虫穿破结节产卵导致虫卵随血液流至马体表,虫卵孵化为幼虫,长 220～230 μm,宽 10～11 μm,无鞘。此后以蝇类为中间宿主进行发育。

三、诊断要点

(一)流行特点

血汗症是一种季节性疾病。每年 4 月份开始,7—8 月份在到高潮,以后逐减至冬季消失。该虫需以蝇类为中间宿主进行发育,苏联地区中间宿主主要为前须黑角蝇。我国云贵、青藏高原以及东北地区也有本病。在印度次大陆、南美、北非、东欧(特别是苏联草原地区)马群多发。

(二)症状和病理变化

马的颈部、肩部及鬐甲部、体躯两侧可形成 0.6～2 cm 大小的结节,结节周围肿胀,其上被毛逆立。雌虫产卵时,结节破裂,血液似汗滴流出为本病特殊症状。此种情况反复多次,间隔 3～4 周。多侵害 3 岁左右的消瘦使役马骡。有时出血部可因感染而发生化脓或坏死。病马有时贫血、嗜酸性细胞增多。

(三)诊断

在流行地区根据特殊症状血汗容易诊断。触诊患部可摸到有肿胀,采取患部血液或压破皮肤结节取内容物镜检有虫卵和微丝蚴可确诊。

四、防治

对本病全身性治疗可试用海群生内服,或酒石酸锑钾注射(1%～2%溶液 100 mL 静脉注射,每隔 1～2 d 用药 1 次)。局部可用 1%～2%石炭酸溶液涂搽,每日 1～2 次;或试用 5%敌百虫注射液 0.5～2 mL,在病灶周围分点注射;或用 3%溶液涂搽患部;也可试用伊维菌素。

预防以防避和消灭吸血昆虫为重要措施。同时保持厩舍及马体清洁,及时治疗病马,昆虫活跃季节,尽量选择高燥牧地放牧,避免遭受感染。

思考题

1. 简述马尖尾线虫病的临床诊断过程。
2. 简述马胃蝇蛆的生活史及马胃蝇蛆病的防治措施。
3. 简述伊氏锥虫病的实验室诊断方法。
4. 简述马梨形虫的生活史及梨形虫病的预防措施。

项目九

马匹常见内科病

学习目的

通过学习马匹常见内科病，对赛马饲养、繁育、训练、比赛中常发、多发内科疾病建立初步了解。通过对马匹内科病的学习掌握赛马临床常用药品种类、用量用法；通过对马匹内科病的学习掌握静脉输液、肌内注射等治疗方法。

知识目标

学习赛马临床常见疾病，了解病因和预防措施，掌握疾病的临床症状、诊断方法、治疗要点及临床用药或手术方法。

技能目标

通过本任务学习能够正确利用视诊、触诊、叩诊、听诊、嗅诊、问诊等普通诊断方法诊断马匹内科疾病，以及采用注射、输液、气管给药、常规手术等职业技能治疗马匹疾病。

任务一　口炎

口炎是口腔黏膜炎症的总称，包括舌炎、腭炎和齿龈炎等，临床上以流涎和采食、咀嚼障碍为特征。口炎按其发生原因可分为原发性口炎和继发性口炎；按其炎症的性质可分为卡他性口炎、水疱性口炎、溃疡性口炎和蜂窝织性口炎，其中以卡他性口炎较为多见。

一、病因

原发性口炎，主要是由于理化因素刺激所致，最常见的原因是机械性刺激，如粗硬的饲草（麦芒、草茎），尖锐的牙齿、异物（钉子、铁丝等），或粗暴地使用口勒、开口器及整牙器械等，直接损伤口腔黏膜，进而发生口炎。在化学因素方面，多由于不适当地口服、误食或误饮刺激性或腐蚀性药物所致，如经口投服浓度过高的水合氯醛、稀盐酸，误食生石灰，误饮氨水等，均可引起口炎。采食有毒植物、喂给霉败饲料也可引起口炎。

继发性口炎，多继发于舌伤、咽炎、纤维性骨营养不良和某些传染病等。

二、诊断要点

（一）口炎的共同症状

采食、咀嚼障碍，病马表现采食小心，拒食粗硬饲料，咀嚼缓慢，甚至咀嚼几下又将食团吐出。流涎，病马口角附着白色泡沫，或唾液呈牵丝状流出。口腔黏膜潮红、肿胀，口温增高，抗拒检查，舌面被覆多量舌苔，散发臭味或腐败臭味。

（二）卡他性口炎

口腔黏膜潮红，唇、颊部、硬腭部、牙龈及舌等处肿胀，有损伤或烂斑。

（三）水疱性口炎

在唇、颊、硬腭、齿龈及舌等处的黏膜上有大小不等的水疱，内含透明或黄色的液体。

（四）溃疡性口炎

口腔黏膜上有大小不等的糜烂、坏死或溃疡，口内流出灰色不洁而散发恶臭味的唾液。

（五）蜂窝织性口炎

口、颊和舌等处黏膜肿胀，并有灰白色或淡黄色的小结节，结节脱落后，表面形成小溃疡。

三、防治措施

(一)治疗

对于口炎的治疗,一般只要除去病因,加强护理,及时治疗,容易治愈。如不能及时治疗,则病程可能拖延,甚至继发咽炎、消化不良等疾病。

1. 除去病因

治疗口炎首先应除去病因,加强护理。如摘除刺在口腔黏膜上的尖锐异物,修正锐齿、过长齿等;喂给柔软易消化的饲料,如青草、青干草等,经常饮给清冷饮水,喂饲后最好用清水冲洗口腔。

2. 药物治疗

应根据病情变化适当选用药液冲洗口腔。一般可用1%食盐水或2%硼酸溶液、2%碳酸氢钠溶液洗涤口腔,2~3次/d;流涎时,可用1%明矾溶液或1%鞣酸溶液洗口。对口腔黏膜有损伤、烂斑或溃疡的病马,在口腔洗涤后,还要用碘甘油或2%龙胆紫溶液、10%磺胺甘油乳剂涂布创面,每日1~2次。对严重的口炎,还应酌情应用抗生素或磺胺类药物。

3. 中药治疗

青黛散治疗口炎,效果良好。其处方及用法:青黛15 g,薄荷5 g,黄连、黄檗、桔梗、儿茶各10 g,共为细末,装入布袋内,热水浸湿后,衔于口内。吃草时取下,吃完草后再衔上,饮水时不必取下,通常每日更换1次。

(二)预防

预防本病,主要在于加强饲养管理,合理调配饲料,清除尖锐异物,及时修整病牙,防止误食毒物;经口投服刺激性药物时,避免浓度过高;正确使用口勒、开口器及整牙器械。

任务二 咽炎

咽炎是咽黏膜及其深层组织的炎症,临床上以流涎、吞咽障碍和咽部肿痛为特征。咽炎按其病程可分为急性咽炎和慢性咽炎;按其炎症的性质可分为卡他性咽炎、蜂窝织性咽炎和纤维素性咽炎。

一、病因

原发性咽炎的发病原因首要是机械性刺激,如粗硬饲草、尖锐异物、粗暴地插入胃管或马胃蝇蛆的寄生等,均可损伤咽部黏膜而引起咽炎;其次是温热性刺激和化学性刺激,如采食过热的饲料、吸入刺激性气体、强烈的烟熏或内服浓度过高并具有腐蚀性及刺激性的药物等,均可刺激咽部黏膜而引起咽炎;三是受寒、感冒和过劳时,机体抵抗力降低,防卫能力减弱,咽部的链球菌、大肠杆菌、巴氏杆菌、沙门菌、葡萄球菌及坏死杆菌等条件致病菌大量繁殖,从而诱发咽炎;四是继发性咽炎,常继发于口炎、喉炎、食管炎、血斑病、腺疫、流行性感冒及炭疽等病。

二、诊断要点

病马头颈伸展，避免运动。咽部肿胀、增温，咽部触诊敏感，抗拒触诊，伸颈摇头，伴发咳嗽。吞咽障碍和流涎是本病的主要症状。吞咽时，动物摇头不安，前肢刨地，甚至呻吟，常将食团吐出。口腔内往往蓄积多量黏稠的唾液，呈牵丝状流出，或于开口时大量流出。

全身症状一般不明显，但因采食减少，特别是继发性咽炎，病马往往体温升高，脉搏、呼吸增数，下颌淋巴结肿大。因炎症常蔓延到喉部而呼吸困难，频发咳嗽。

三、防治措施

(一)治疗

加强护理和消除炎症是本病的主要治疗原则。

1. 加强护理

将病马拴在温暖、干燥、通风良好的厩舍内。对轻症病马，可给予柔软易消化的草料，并勤给饮水。对重症病马，为防止误咽，禁止经口、鼻灌服营养物质及药物，可静脉注射10%～25%葡萄糖注射液，或行营养灌肠，以维持营养。

2. 消除炎症

为促进炎性渗出物的吸收，咽部可先冷敷后温敷，每日3～4次，每次20～30 min。也可在咽部涂擦刺激剂，如10%樟脑酒精、鱼石脂软膏或醋调复方醋酸铅散等。或用2%氯化钠溶液或2%碳酸氢钠溶液喷雾，或进行蒸汽吸入。

3. 重症病例的治疗

可应用抗生素和磺胺类药物。青霉素类为首选抗生素，磺胺类药物可用10%磺胺嘧啶钠注射液100 mL，同时配合10%水杨酸钠注射液100 mL，分别静脉注射，每日2次。

(二)预防

预防本病，主要在于加强饲养管理，注意饲料调制，改善厩舍卫生，防止受寒感冒，切忌粗暴投药，及时治疗原发病。

任务三 食管梗塞

食管梗塞又称食管梗阻，是食管被草团、食物或异物所阻塞的一种疾病，临床上以突然发生咽下障碍为特征。食管梗塞，按其阻塞程度可分为完全阻塞和不完全阻塞；按其阻塞部位分为咽部食管梗塞、颈部食管梗塞和胸部食管梗塞；按其发病原因可分为原发性食管梗塞和继发性食管梗塞。

一、病因

(一)原发性食管梗塞

原发性食管梗塞的病因主要是饿后贪食,采食过急,突受惊吓,狼吞虎咽,饲料未经咀嚼即被咽下而使饲料阻塞于食管内,如吞食未泡软的豆饼、大的块根类饲料,如萝卜、胡萝卜、甜菜和整个玉米棒等。有时马匹全身麻醉后,苏醒时间过短,食管神经功能尚未完全恢复即行采食,也易导致本病的发生。

(二)继发性食管梗塞

继发性食管梗塞常继发于采食中突然发病,中止采食,骚动不安,摇头缩颈,张口伸舌,不断地做咽下动作。由于咽下障碍,积聚在梗塞部前方的饲料和唾液,在咽下动作完成后随即不断从口腔和鼻孔逆出,并伴发咳嗽,以后则逆出鸡蛋清样液体。喝水时,水也从鼻孔逆出,地面常被大量混有饲料的唾液所污染。颈部食管梗塞时,行食管视诊可在左侧颈静脉沟处看到局限性膨隆,行食管触诊可触及梗塞物;胸部食管梗塞时,如有多量唾液蓄积于梗塞物前方食管内时,食管触诊有波动感。行食管探诊时,胃管插至梗塞部,则感有抵抗,不能继续插入。因此,根据胃管插入的长度,可以确定梗塞的部位。

二、防治措施

(一)治疗

治疗食管梗塞,关键在于疏通食管,除去梗塞物。常采取以下方法进行治疗。

1. 食管壁弛缓法

可用5%水合氯醛酒精注射液200～300 mL,静脉注射,或静松灵注射液3 mL,肌内注射,多数可获治愈。

2. 润滑推进法

可插入胃管先抽出梗塞部前方的液体,然后灌入液体石蜡200～300 mL,用胃管谨慎地将梗塞物向胃内推送,或在胃管上连接打气筒,有节奏地打气,趁食管扩张时,将胃管缓缓推进,可将梗塞物送入胃内。

3. 颈肌收缩法

把缰绳拴在病马左前肢的系凹部,尽量使头下垂,然后驱赶病马快速前进,往返运动20～30 min,借助颈肌的收缩,往往可将梗塞物送入胃内而治愈。

4. 平滑肌兴奋法

可皮下注射3%盐酸毛果芸香碱注射液3～4 mL,或皮下注射甲基硫酸新斯的明、比赛可灵等拟胆碱药,以使食管平滑肌兴奋,运动加强,液体分泌增多,达到治愈效果。

5. 向前挤压法

以手掌抵于梗塞物下端,用力向前方咽部挤压,直至将梗塞物挤压到口腔内取出。

6. 灌水洗出法

对颗粒性饲料所引起的食管梗塞,可经胃管灌入适量温水,反复抽吸或泵吸,以将梗塞物溶解、洗出或冲下。

7. 手术取出法

对食管梗塞病马采用上述疗法救治无效时，则应实施手术疗法，切开食管，取出梗塞物。

(二)预防

预防本病，主要在于加强饲养管理，坚持做到定时定量饲喂，防止饥饿、采食过急；饲料合理调制，泡软、切碎；麻醉的马匹，需苏醒休息数小时后再行采食。

任务四　食管炎

食管炎是食管黏膜及其深层组织的炎症，临床上以咽下障碍和食管敏感为特征。

一、病因

食管炎主要是由机械性刺激和化学性刺激所引起。机械性刺激，如粗硬的饲草、尖锐的异物、粗暴地插入胃管等；化学性刺激，如氨水、盐酸等具有腐蚀性的药物。

食管狭窄、食管憩室、食管扩张、咽炎、胃炎和马胃蝇蛆病有时可继发本病。

二、诊断要点

咽下障碍和流涎是本病的主要症状。病马表现头颈伸展，精神紧张，前肢刨地，表现疼痛。食管触诊和探诊发现某一段或全段敏感，并诱发逆蠕动和呕吐动作，从口、鼻逆出混有黏液、血液及唾液的食糜。前段食管穿孔时，常继发蜂窝织炎、颈静脉沟部显著肿胀，触诊感有捻发音，最终形成食管瘘或后遗食管狭窄和扩张。后段食管穿孔时，多继发坏死性纵隔炎、胸膜炎乃至脓毒败血症。

三、防治措施

治疗本病，采用消炎疗法有一定的效果。局部可用消炎收敛药，如1%鞣酸溶液、0.1%高锰酸钾溶液或1%明矾溶液等缓慢地投入食管。为了减轻刺激性，可同时加入适量的黏浆剂，如阿拉伯胶等。全身可酌情选用抗生素或磺胺类药物。颈部食管穿孔可进行手术修补，胸部食管坏死、穿孔则无有效疗法。

任务五　消化不良

消化不良又称为胃肠卡他或卡他性胃肠炎，是胃肠黏膜表层炎症和消化功能障碍的统称，临床上食欲和口腔变化明显，肠音和粪便变化异常为特征。

一、病因

原发性消化不良的发病原因是多方面的，常见于下列几种情况。

(一)饲养失宜

饲养失宜是引起消化不良的主要原因，最常见的有以下 3 个方面。

1. 草料质量不良

草料质量不良如草料过于粗硬、霉败或虫蛀，草料内泥沙过多，霜冻饲料，堆积发热的贮料等。用这些草料喂马，容易损伤胃肠黏膜，发生消化不良。

2. 草料加工调制不当

草料加工调制不当如饲草过长，过短，粒料未粉碎，硬料未泡软，粉料过多等。这些草料对胃肠黏膜的刺激性过强或过弱，均能影响胃肠功能，发生消化不良。

3. 饮喂失宜

饮喂失宜如饮水不足，水质不良，渴后暴饮，突然变换草料或突然改变饮喂顺序，以及饮喂不定时，不定量等，均能影响胃肠功能，发生消化不良。

(二)管理不当

管理不当也易发生消化不良，最常见的有以下几种情况。

1. 劳逸不均

长期休闲，运动不足，胃肠平滑肌的紧张性降低，蠕动功能减弱，消化腺的兴奋性减退，分泌功能降低，如果饲养失宜，容易发生消化不良。反之，长期服剧役或过劳，由于血液的再分配，大量的血液流入骨骼肌内，而胃肠的血液供应相对地减少，加之马骡在服剧役时，交感神经兴奋占优势，副交感神经相对地处于抑制状态，均能使胃肠的蠕动功能和分泌功能降低，胃肠蠕动减弱，消化液分泌减少，进而发生消化不良。

2. 役饲关系失调

饲喂后立即服重役，或重役后立即饲喂，由于胃肠道的血液供应不足，消化液分泌减少，胃肠功能一时不易适应，致使食物在胃肠内得不到充分消化，以至腐败发酵，刺激胃肠黏膜而发生消化不良。

(三)天气突变

每当突然降温，狂风暴雨，或温度增高之后，消化不良病例就会增多，这可能是由于天气突袭，马匹处于应激状态，自主神经功能紊乱所致。

继发性消化不良，常继发于胃肠道寄生虫病、牙齿病、咽气癖、中毒性疾病、过劳及纤维性骨营养不良等疾病的病程中。

二、诊断要点

(一)消化不良的共同症状

病马食欲减退，食量减少，往往在采食中退槽，甚至绝食，有的病马吃草不吃料，或吃料不吃草，还有的病马出现异嗜现象。口腔干燥或湿润，口色红黄或青白，舌体多皱缩，舌面被覆数量不等的舌苔，口散发臭味或恶臭味。肠音减弱或增强，粪便干燥或稀软，粪内夹杂有消化不全的粗纤维或谷粒，散发不同程度的臭味。全身症状不明显。体温、脉搏、呼吸一般变化不大。有的病马可呈现轻微腹痛，刨地喜卧，表现不安等。

(二)以胃功能障碍为主的消化不良

此种消化不良主症在胃和小肠。病马精神沉郁，常打哈欠或"蹇唇似笑"。食欲减退或废绝，有的病马有异嗜现象。口腔变化明显，多干燥，口散发臭味或恶臭味，舌面覆有多量舌苔。可视黏膜黄染。病的初期，肠音多减弱，粪球干小而色暗，表面被覆黏液。病程长的，则粪便由干变软，轻度腹泻。

(三)以肠功能障碍为主的消化不良

此种消化不良主症在肠。病马食欲变化不明显。口腔湿润，舌苔较薄，口臭较轻。可视黏膜黄染轻微。肠音多增强，呈不同程度的腹泻，粪便稀软，粥状或水样，甚至排粪失禁。

(四)慢性消化不良

病马食欲不定，口腔干湿不定，肠音不定，粪便干稀不定或粪便干稀交替。逐渐消瘦，并出现可视黏膜淡白或苍白等贫血的症状。

三、防治措施

(一)治疗

本病的治疗原则是精心护理，清肠止酵，调整胃肠功能。

1. 精心护理

精心护理对恢复胃肠功能，促进病马康复，具有重要的意义。在临床诊疗工作中，应切实做好以下几点。

①除去病因。治疗消化不良的病马，如果病因不除，不但胃肠功能不易恢复，疾病不易彻底治愈，而且往往容易复发。因此，对消化不良发生的病因，务必调查清楚，及时除去。

②保护胃肠黏膜。保护胃肠黏膜，避免不良因素的继续刺激，对病马胃肠功能的恢复是十分必要的。因此，对具有一定消化功能并能自行采食的消化不良病马，要尽量创造条件，喂给柔软易消化的草料，如青草、青干草、麦麸粥等，但量不要过多，次数不宜过频。

③逐渐恢复常饲，防止疾病复发。消化不良病马治愈后，到胃肠功能完全恢复，需要一个过程，在恢复期间，应逐渐过渡到正常饲养，防止疾病复发。

2. 清肠止酵

为了减轻消化不全产物或炎性产物等对胃肠黏膜的刺激，减轻胃肠的负担，防止和缓解自体中毒，对排粪迟滞、胃肠道积滞多量消化不全产物或炎性产物的病马，必须清理胃肠，防止发酵。常用的清肠止酵剂如硫酸钠或氯化钠 200～300 g，或人工盐 300～500 g，常水 4 000～6 000 mL，加硫桐脂(鱼石脂的代用品)15～20 g 或克辽林 15～20 mL，1 次内服；或液体石蜡 500～1 000 mL，加适量止酵剂后再加水适量内服。

3. 调整胃肠功能

为了调整胃肠功能，应在清理胃肠后，适当选用健胃剂。

第一，对口腔干燥、胃酸降低、肠音减弱、排粪迟滞、粪球干小色暗、粪便 pH 增高的碱性消化不良病马，可用苦味健胃剂和酸性健胃剂，如龙胆酊或苦味酊 50～80 mL，或稀盐酸 15～30 mL，加水 500 mL，1 次内服，每日 1～2 次，连用数日；或龙胆末 20～50 g，制成糊剂，1 次内服，每日 1～2 次。

第二，对口腔湿润、胃酸增高、肠音增强、腹泻、粪便 pH 降低的酸性消化不良病马，可用碱性健胃剂，如人工盐或碳酸氢钠 50～80 g，或健胃散 80～100 g，加水适量，1 次内服，每日 1～2 次；或人工盐 30～40 g，碳酸氢钠 20～30 g，龙胆末 30～50 g，菖蒲末 20～30 g，加水适量，1 次内服，每日 1～2 次。

第三，对肠道内发酵过程旺盛、产气较多或不断排屁的消化不良病马，可用芳香性健胃剂和辛辣味健胃剂，如橙皮酊 20～50 mL，或姜酊 40～80 mL，或大蒜酊 40～80 mL，或氨茴香精 20～100 mL，加水 500 mL，1 次内服，每日 1～2 次。

第四，在应用健胃剂的同时，配合应用一些消化酶类，则效果更佳。如胃蛋白酶或胰蛋白酶 2～5 g，1 次内服，每日 1～2 次。

第五，对水泻不止、粪便已无明显臭味的消化不良病马，可内服 0.1% 高锰酸钾溶液 3 000～5 000 mL，每日 1 次，连服数日；或用磺胺脒、碳酸氢钠、乳酸钙各 40～60 g，加淀粉适量，制成丸剂，每日 3 次分服，连服 2～3 d。

(二)预防

预防本病，应坚持做到加强饲养管理，保证草料质量和饮水清洁；合理使役，适当运动；定期驱虫，及时治疗原发病。

任务六　胃肠炎

胃肠炎是胃肠黏膜及黏膜下深层组织的重剧炎症。临床上以经过短急，胃肠功能障碍重剧和自体中毒明显为特征。胃肠炎按其发生原因可分为原发性胃肠炎和继发性胃肠炎；按疾病经过可分为黏液性胃肠炎、出血性胃肠炎、化脓性胃肠炎、纤维素性胃肠炎和坏死性胃肠炎。临床上以急性继发性胃肠炎较为多见。

一、病因

原发性胃肠炎的发病原因与消化不良基本相同，或因其刺激强烈，或因其作用持久而引起重剧的胃肠炎。继发性胃肠炎最常见于消化不良、便秘和肠变位的病程中。

二、诊断要点

(一)症状

病初多呈消化不良症状，以后逐渐或迅速地呈现胃肠炎的症状。病马精神沉郁或高度沉郁，闭目呆立，不注意周围事物。食欲废绝或饮欲增进。结膜暗红黄染。皮温不整，体温升高。口色深红，红紫或蓝紫，乃至蓝紫带黑色，舌面皱缩，被覆多量灰黄色乃至黄褐色舌苔,口臭难闻。常有轻微的腹痛,喜卧或回顾腹部,也有个别腹痛剧烈的。持续而重剧的腹泻是胃肠炎的主要症状,病马不断排稀软、粥状、糊状乃至水样粪便,粪恶臭或腥臭,粪内混杂数量不等的黏液、血液或坏死组织片。肠音初期增强,后期减弱乃至消失。严重病马病至后期肛门松弛,排粪失禁,有的不断努责而不见粪便排出,呈现里急后重症状。病马皮肤干燥,弹力减退,眼球凹陷,角膜干燥,暗淡无光,肚腹蜷缩,尿少色浓,血液黏稠暗黑。病马全身无力,极度虚弱,耳尖、鼻端和四肢末端发凉,局部或全身肌肉震颤,脉搏细数或不感于手,结膜和口腔黏膜蓝紫,毛细血管再充盈时间延长,甚至出现精神兴奋、痉挛或昏睡等神经症状。

霉菌性胃肠炎,有饲喂发霉草料的生活史。病初呈现急性消化不良的症状,经 1～2 周后病情逐渐加重,体温升高,脉搏增数,呼吸加快,精神高度沉郁,有的狂躁不安,盲目运动,病情发展迅速,如治疗不及时,则很快死亡。

(二)实验室检查

白细胞总数增多,中性粒细胞比例增大,核型左移,出现多量杆状核粒细胞和幼稚型粒细胞。血液黏稠,血沉减慢,红细胞压积容量增高。尿少、色暗、相对体积质量高,尿呈酸性反应,尿中含有多量蛋白质和血液,尿沉渣检查可见数量不等的肾上皮细胞和白细胞,严重病例可出现各种管型。

三、防治措施

(一)治疗

治疗本病,应抓住一个根本——抑菌消炎;掌握两个时机——缓泻或止泻;贯彻三早原则——早发现、早确诊和早治疗;把好四个关口——护理、补液、解毒和强心。

1. 护理

对重症胃肠炎病马,要使其安静休息,在心脏功能未稳定前,尽量少活动或不活动。病马卧地不起时,要厚铺褥草,以防褥疮。病马饮欲增强时,勤饮含盐(1%左右)水,但在肠管吸收功能高度减退,肠腔内大量积液,而病马贪饮不止时,则要适当限制饮水量,以免突然增加胃肠负担。

2. 抑菌消炎

抵制肠内致病菌增殖,消除胃肠炎症过程,是治疗胃肠炎的根本措施,应贯穿于整个病程。可依据病情和药物敏感试验,选用下列抗菌消炎药物。黄连素 0.005～0.01 g/kg,1 d 分 2～3 次内服。呋喃唑酮 0.005～0.01 g/kg,1 d 分 2～3 次内服。磺胺脒、磺胺噻唑或琥珀酰磺胺噻唑 0.1～0.3 g/kg,1 d 2～3 次内服,配伍抗菌增效剂三甲氧苄氨嘧啶(TMP)则抗菌效果更好。新霉素 4 000～8 000 U/kg,1 d 分 2～4 次肌内注射。链霉素 3～5 g,肌内注射,2～3 次/d。高锰酸钾 20～25 g,配成 0.4%溶液内服或灌肠,效果良好。

3. 缓泻或止泻

缓泻或止泻是相反相成的两种措施,用药适时,既能减少肠道内有毒物质吸收,又可适时控制脱水,故要切实掌握好用药时机。

①缓泻,适用于病马排粪迟滞,或者病马虽排恶臭稀便而胃肠内仍有大量异常内容物积

滞时。病初可用人工盐、食盐或碳酸盐缓冲合剂 300～400 g，加适量防腐消毒药内服。疾病晚期则灌服液体石蜡等油类泻剂为好。据国外资料报道，槟榔碱 8 mg，皮下注射，每 20 min 用药 1 次，直至病状改善和稳定时为止，对急性胃肠炎陷于肠弛缓状态时的清肠效果较好。

②止泻，适用于肠内积粪已基本排尽，粪的臭味不大而剧泻不止的非传染性胃肠炎病马。常用吸附剂和收敛剂，如木炭末，1 次 100～200 g，加水 1 000～2 000 mL，配成悬浮液内服，或矽炭银片 30～50 g，鞣酸蛋白 20 g，碳酸氢钠 40 g，加水适量内服。

4. 补液、解毒和强心

①补液。脱水、自体中毒和心力衰竭是急性胃肠炎的直接致死因素。因此，实施补液，解毒和强心，是救治危重胃肠炎病马的 3 项关键措施。药液的选择，以复方氯化钠注射液或 0.9%氯化钠注射液为宜，输注 5%的葡萄糖氯化钠注射液，兼有补液、解毒和营养心肌的作用。加输一定量的 10%低分子右旋糖酐注射液，兼有扩充血容量和疏通微循环的作用。

②解毒。为纠正酸中毒，通常静脉输注 5%碳酸氢钠注射液，补碱量以血浆二氧化碳结合力测定值为估算标准，其估算公式如下，

需补 5%碳酸氢钠注射液(mL)=(50－测定血浆二氧化碳结合力)×0.5×体质量(kg)。

当病马心力极度衰竭时，心脏不能承受大量快速输液，少量慢速输液又不能及时补足循环容量，故可用 5%葡萄糖氯化钠注射液或复方氯化钠注射液实施腹腔注射或皮下注射。还可用 1%温盐水内服或灌肠。

③强心。为维护心脏功能，在补液的基础上，可适当选用西地兰、地高辛等速效强心剂。

(二)预防

预防本病的措施，基本上与消化不良相同，主要是加强饲养管理，减少应激因素的刺激，及时治疗容易继发胃肠炎的便秘和消化不良等原发病。

任务七　急性胃扩张

急性胃扩张是由于采食过多或胃后送功能障碍所引起胃急剧膨胀的一种急性腹痛病，临床上以食后突然发病、剧烈腹痛、腹围不大而呼吸促迫，导胃排出大量气体、液体或食糜为特征。急性胃扩张按其发生原因可分为原发性胃扩张和继发性胃扩张；按其胃内容物性状又可分为食滞性胃扩张、气胀性胃扩张和液体性胃扩张。

一、病因

原发性胃扩张，通常发生于下列情况。饲喂不及时，马骡过度饥饿，饲喂时又过多过早地添加精料，马骡狼吞虎咽，贪食过多而发生胃扩张。突然改变饲养制度，如舍饲改为放牧时，采食过量的幼嫩青草或豆科植物；由放牧突然改为舍饲时，贪食过多的精料。贪食大量幼嫩青草容易发酵产气，贪食过多精料容易膨胀，均易引起急性胃扩张。偶尔也有因马骡脱缰偷吃大量精料而发生胃扩张的。

继发性胃扩张，通常继发于小肠便秘、小肠变位、小肠炎以及肠臌胀等病经过中。

二、诊断要点

原发性急性胃扩张，多于采食后或经 3～5 h 后突然发病，其临床特点主要有以下几点。

(一)腹痛

病初呈中等度间歇性腹痛，但很快(3～4 h 后)即转为持续性剧烈腹痛，病马频频起卧滚转，快步急走或直往前冲，有的呈犬坐姿势。

(二)全身症状

结膜潮红或暗红，脉搏增数，腹围不大而呼吸促迫，胸前、肘后、眼周围或耳根部出汗，甚至全身出汗。

(三)消化系统症状

病马饮食欲废绝，口腔湿润或黏滑，并散发酸臭味。肠音逐渐减弱或消失。病初排少量粪便，以后排粪停止。多数病马可在左侧 14～17 肋间、髋结节水平线上听到短促而高亢的胃蠕动音，类似沙沙声、流水音或金属音，3～5 次/min，多者可达 10 余次/min。当导出胃内容物后，此种音响便逐渐减弱或消失。不少病马有嗳气表现，嗳气时，可在左侧颈静脉沟部看到食管逆蠕动波，并能听到含漱样的食管逆蠕动音。个别重症病马发生呕吐。呕吐时，病马低头伸颈，鼻孔开张，腹肌剧烈收缩，由口腔或鼻孔流出酸臭的食糜。马一旦呕吐，标志病情严重，多预后不良。

(四)胃管探诊

插入胃管时感到食管松弛，阻力较小，胃管进入胃内后，可排出大量酸臭气体和少量粥样食糜(气胀性胃扩张)，或排出少量气体及少量粥状食糜甚至排不出食糜(食滞性胃扩张)。导胃减压后，腹痛立即减轻或消失，呼吸也显得平稳。

(五)直肠检查

在左肾前下方可摸到膨大的胃盲囊，随着呼吸而前后移动，触之紧张而有弹性(气胀性胃扩张)或有黏硬感(食滞性胃扩张)。

继发性胃扩张，先有原发性的表现，以后才出现嗳气、呼吸促迫、胃蠕动音等胃扩张的主要症状。全身症状较重，脉搏细数。插入胃管时，立即喷出大量黄绿色的酸臭液体。液体排出时，腹痛仅暂时缓解，如原发病不除，经则数小时后又会复发。

三、防治措施

(一)治疗

治疗本病，应当采用以导胃减压、镇痛解痉为主，以强心补液、加强护理为辅的治疗原则。

1. 导胃减压

导出胃内容物，减低胃内压，是缓解胃膨胀，防止胃和膈破裂的急救措施，兼有解除腹痛和缓解幽门痉挛的作用。气性胃扩张时，经过导胃排气之后，再灌服适量的止酵剂，病马很快变得安静，症状随即减轻乃至消失，不久即愈；食滞性胃扩张时，在导出部分胃内容物后，应反复进行洗胃，但每次灌水量不宜过多，每次用温水 1 000～2 000 mL 即可，直至导出液体基本无酸臭味为止；液体性胃扩张时，多为继发性胃扩张，导胃减压只是治标，应查明原因治疗原发病。

2. 镇痛解痉

为了缓解腹痛，解除幽门痉挛及制止胃内容物腐败发酵，可选用下列处方。

5%水合氯醛酒精注射液 300～500 mL，1 次静脉注射。

0.5%普鲁卡因注射液 200 mL，10%氯化钠注射液 300 mL，20%安钠咖注射液 20 mL，1 次静脉注射。

水合氯醛 15～30 g，酒精 30～40 mL，40%甲醛溶液 15～20 mL，1 次内服。

乳酸 10～20 mL，或醋酸 40～60 mL，或稀盐酸 20～30 mL，温水 500 mL，1 次内服。

水合氯醛 15～25 g，樟脑 2～4 g，酒精 20～40 mL，乳酸 8～12 mL，松节油 20～40 mL，温水 500～1 000 mL，1 次内服。

3. 强心补液

对于重症的胃扩张病马，应及时进行强心补液，详见胃肠炎的治疗，但不要补给碳酸氢钠注射液。

4. 加强护理

对胃扩张病马，要专人守护，主要防止病马因剧烈滚转而造成胃、肠破裂。病马不需要牵遛。治愈后，禁饲 1 d，然后逐渐恢复到正常饲养。

(二)预防

预防本病，主要在于加强饲养管理。在劳役过度，极度饥饿时，应少喂勤添，避免采食过急；在由舍饲改为放牧或由放牧改为舍饲时，应逐渐过渡，避免贪食过多；加强管理，防止马骡脱缰后潜入饲料房或仓库偷吃大量精料。

任务八　肠痉挛

肠痉挛是肠管平滑肌受到异常刺激发生痉挛性收缩所引发的一种腹痛病，临床上以间歇性腹痛和肠音增强为特征。

一、病因

肠痉挛，主要是因为马骡遭受寒冷刺激而引起，如出汗之后被雨浇淋，寒夜露宿，风雪侵袭，气温骤变，剧烈作业后暴饮大量冷水，以及采食霜草或冰冻的饲料等。马骡患有消化不良及肠道寄生虫等病的经过中，由于肠壁神经的敏感性增高，反射地引起肠管痉挛性收缩而发生本病。

二、诊断要点

肠痉挛的腹痛特点是间歇性发作。发作时，病马呈现中等或剧烈腹痛，起卧不安，卧地滚转，持续 5～10 min 后，便进入间歇期。在间歇期，病马似乎健康无病，往往照常采食饮水。但经过 15～30 min，腹痛又发作，一般情况下，腹痛越来越轻，间歇期越来越长，有的病马不治而愈。但在改良种马匹，腹痛往往表现比较剧烈，间歇期间也不吃不喝，诊断时应注意。此外，肠痉挛病马口腔湿润，耳鼻发凉，而体温、脉搏、呼吸等全身症状变化不大。经过数小时后，如腹痛不减轻，甚至变为持续而剧烈的腹痛，肠音迅速减弱，且全身症状突然增重，则可能是继发了肠变位或肠便秘。

三、治疗

解除肠管痉挛是本病的根本治疗措施，通常应用针灸疗法和镇静药物。针灸疗法可针刺三江、分水、姜牙 3 穴或三江、分水、耳尖 3 穴。镇静药物可用 30%安乃近注射液 20～40 mL，皮下或肌内注射；安溴注射液 80～120 mL，或 0.5%普鲁卡因注射液 100～150 mL，或 5%水合氯醛酒精注射液 200～300 mL，1 次静脉注射。中药米椒散或辣椒散(米椒或辣椒 7.5 g，白头翁 50～100 g，滑石粉 150 g，研成细末)3～5 g，吸入鼻孔内，治疗肠痉挛也有较好的效果。

还可以内服白酒 250～500 mL，加温水 500～1 000 mL。在腹痛消失、肠痉挛解除之后，如果是由于消化不良引起的肠痉挛，还应针对消化不良进行治疗，应用清理胃肠和调整胃肠功能的药物，参看消化不良的治疗。

任务九　肠臌胀

肠臌胀，也叫肠臌气，是由于采食大量易发酵的饲料，肠内产气过盛而排气不畅，致使肠管过度膨胀的一种腹痛病，临床上以经过短急、腹围急剧膨大、剧烈而持续的腹痛为特征。

一、病因

肠臌胀按其发生原因可分为原发性肠臌胀和继发性肠臌胀。

(一)原发性肠臌胀

原发性肠臌胀主要是由于采食了大量容易发酵的饲料，如幼嫩青草、豆类精料，或吃了发霉、冰冻、腐败等质量不良的饲料而引起。有咽气癖的马，由于长期吞咽多量气体，引起消化障碍，也易诱发本病。初到高原的马骡，由于对环境一时不适应，往往发生肠臌胀，其原因尚不清楚，一般认为与气压低、氧不足和过劳有关。

(二)继发性肠臌胀

继发性肠臌胀多继发于完全阻塞性大肠便秘及大肠变位。在弥漫性腹膜炎、消化不良等病经过中，有时也可继发肠臌胀。

二、诊断要点

（一）原发性肠臌胀

原发性肠臌胀通常在采食易发酵的饲料后 2～4 h 发病，表现出典型症状；病初呈间歇性腹痛，但很快转变为持续而剧烈的腹痛。在显现腹痛的 1～2 h 内，腹围急剧膨大，肷窝平满或隆突，尤其左肷部膨大更为明显，触诊腹壁紧张而有弹性，叩诊呈鼓音。局部或全身出汗，结膜暗红，脉搏增数，呼吸加快。病初口腔湿润，肠音增强，金属性肠音，排粪次数增多，每次排出少量稀软的粪便，并不断排出少量气体。直肠检查时，除直肠和小结肠外，全部肠管均充满气体，腹压增高，检查的手活动困难，触摸充满气体的肠管，感到肠管紧张而有弹性，晃动肠管，感到有少量气体排出。

（二）继发性肠臌胀

继发性肠臌胀先有原发性的表现，通常经过 4～6 h 之后，才逐渐出现腹围膨大、呼吸促迫等肠臌胀的症状。

三、防治措施

（一）治疗

本病的治疗原则是排气减压、镇痛解痉和清肠止酵，并要加强护理。

1. 排气减压

在病马腹围显著膨大，呼吸高度困难而出现窒息危象时，应尽快穿肠放气、导胃排气。由于肠管移位或相互挤压而阻碍积气排出时，可通过直肠检查用检手轻轻晃动肠管，促进肠内积气排出。

2. 镇痛解痉

采用下列方法：针刺后海、后海俞、大肠俞等穴；5%水合氯醛酒精注射液或水合氯醛硫酸镁注射液（含水合氯醛 8%、硫酸镁 10%）200～300 mL，1 次静脉注射；水合氯醛 15～25 g，樟脑粉 4～6 g，酒精 40～60 mL，乳酸 10～20 mL，松节油 10～20 mL，混合后加水 500～1 000 mL，1 次内服；30%安乃近注射液 20～30 mL，1 次肌内注射。

3. 清肠止酵

清除胃肠内容物并制止发酵，通常要在排气基本通畅，腹痛和窒息危象得到缓解之后实施。一般将缓泻剂和止酵剂同方投服。如人工盐 250～300 g，氨制茴香精 40～60 mL，40%甲醛溶液 10～15 mL，松节油 20～30 mL，加水 5 000～6 000 mL，1 次内服；或人工盐 200～300 g，克辽林 15～20 mL，加水 5 000～6 000 mL，1 次内服。

在高原地区，还可就地取材，内服浓茶水 1 000～1 500 mL，白酒 150～250 mL。对继发性肠臌胀，上述疗法仅是治标，关键在于治疗原发病。

4. 加强护理

对肠臌胀病马要专人守护，注意防止病马因滚转而造成肠、膈破裂。治愈后 1～2 d 内要适当减少饲喂量，逐渐恢复正常饲养。

（二）预防

参照急性胃扩张的预防。

任务十　急性出血性盲结肠炎

急性出血性盲结肠炎，又称急性结肠炎、X结肠炎、急性结肠炎综合征、出血水肿性结肠炎、应激后水肿、衰竭性休克等，是以盲肠和大结肠，尤其下行大结肠的水肿、出血和坏死为病理特征的一种急性、超急性、高度致死性疾病，临床上以暴发性腹泻和速发进行性休克为特征。

一、病因

马急性出血性盲结肠炎的发病原因尚无定论。一般认为与肠道菌群失调（即重感染）有关，是马体在应激状态下，肠道革兰阴性菌过度增殖所造成的内毒素血症和内毒素休克状态。

引起肠道菌群失调的原因，主要是应激因素的影响，如气候巨变，草料巨变，过度劳役，极度兴奋，手术、妊娠、分娩、骨折、烧伤等应激因素的影响下，马匹处于应激状态，交感反应增强，儿茶酚胺等收缩血管物质分泌增多，腹腔血管收缩，肠管血液供应减少，肠道屏障功能及内环境发生改变，常在菌数量比例失常，造成肠道菌群失调。

其次是滥用抗生素，特别是内服或注射土霉素、四环素等广谱抗生素，使肠道微生态环境发生改变，大多数常在菌被抑制后杀灭，而某些耐药菌株或过路菌大量繁殖取而代之，造成肠道菌交替症（第三度即重度菌群失调）。

二、诊断要点

通常无任何先兆即突然发病。临床上主要表现为休克危象，暴发性腹泻，脱水、酸中毒，内毒素血症，肠道菌群失调及弥漫性血管内凝血等变化。

病马精神高度沉郁，肌肉震颤，局部或全身出汗，皮温降低，耳、鼻、四肢发凉，体温升高，可视黏膜发绀，呼吸浅表、频繁，脉搏细数或不感于手。心律失常，时有阵发性心动过速。心脏听诊第一心音增强而第二心音减弱。少尿乃至无尿。血压和中心静脉压降低，毛细血管再充盈时间延长。

病马呈现严重而典型的大肠功能紊乱，食欲废绝，口腔干燥，多无明显的口臭，无厚的舌苔，小肠音沉衰，大肠音活泼。多数病马暴发性腹泻，粪便稀软、粥状、糊状或水样，有恶臭味或腥臭味，粪内常夹杂多量未消化谷粒，混有血液、黏液或泡沫。

检验血液、尿液、腹腔穿刺及刺及粪便等各项指标，可显示疾病发展各阶段的相应改变，可证实肠道菌群失调、脱水、酸中毒、内毒素血症、弥漫性血管内凝血及肾功能衰竭的变化。

三、防治措施

(一)治疗

本病的基本治疗原则是控制感染,复容解痉,解除酸中毒和维护心肾功能。

1. 控制感染

控制肠道内革兰阴性菌继续增殖,并防止全身感染,是治疗本病的根本措施。为此,可肌注庆大霉素 1～1.5 mg/kg,多黏菌素 B 100 万～200 万 IU 或 12.5%氯霉素 20～60 mL,同时内服链霉素或呋喃唑酮 2～4 g,每隔 12 h 用药 1 次。为中和内毒素和扩张血管,可配合应用肾上腺糖皮质激素,如氢化可的松、地塞米松等。

2. 复容解痉

输注液体以恢复循环血容量,应用低分子右旋糖酐和血管扩张剂以疏通微循环,是抗休克治疗的核心措施。切记扩容在前,解痉继后,不可颠倒。实施输液时,要注意掌握补液数量、种类、顺序和速度,严密监护补液效应,并适时应用扩血管药。补液数量参见胃肠炎的治疗。补液种类,初、中期宜输注等渗盐水和低分子右旋糖酐注射液,继之 5%碳酸氢钠注射液,然后低分子右旋糖酐注射液,最后糖盐水并加入西地兰或地高辛等速效强心剂或肾上腺糖皮质激素滴注。输液速度应先快后慢,最后滴注。

在补足血容量的基础上,要及时应用扩血管药,以改善组织的微循环灌流量。常用 2.5%氯丙嗪注射液肌内注射或静脉注射,每次 10～20 mL,每隔 6～8 h 用药 1 次;1%多巴胺注射液 10～20 mL 或 0.5%盐酸异丙肾上腺素注射液 2～4 mL,静脉滴注。

3. 解除酸中毒

本病经过中,酸中毒的程度严重,发展极快,及时大量补碱,输注 5%碳酸氢钠注射液是十分必要的。补碱量的估算参见胃肠炎的治疗。

4. 维护心肾功能

可静脉滴注西地兰、地高辛或毒毛旋花子苷 K 等速效、高效强心剂。维护肾脏功能可内服双氢克尿噻或静脉滴注速尿等利尿剂。

(二)预防

本病预防,主要在于加强饲养管理,防止气温骤变、草料骤变、过劳等应激因素的刺激,合理应用抗生素,以防止肠道内某种细菌产生耐药性,过度繁殖而造成菌群失调。

思考题

1. 简述马匹口炎的病因及治疗方法。
2. 简述马匹消化不良的病因及预防措施。
3. 简述马匹胃肠炎的治疗方法。
4. 简述赛马肠痉挛的病因及预防措施。
5. 简述赛马肠臌胀的临床症状和治疗方法。

项目十

马匹常见外科病

学习目的

通过学习马匹常见外科病，对赛马饲养、繁育、训练、比赛中常发、多发外科疾病建立初步了解。通过对马匹外科病的学习掌握赛马临床常用药品种类、用量用法；通过对马匹外科病的学习掌握清创、外固定、麻醉、缝合、封闭注射等治疗方法。

知识目标

学习赛马临床常见外科疾病，了解病因和预防措施，掌握疾病的临床症状、诊断方法、治疗要点及临床用药或手术方法。

技能目标

通过本任务学习能够正确利用视诊、触诊、叩诊、听诊、嗅诊、问诊等普通诊断方法诊断马匹外科疾病，以及采用注射、输液、常规手术等职业技能治疗马匹外科疾病。

任务一　马腹壁疝

疝是腹部的内脏从自然孔道或病理性破裂孔脱至皮下或其他解剖腔的一种常见病。马属动物外伤性腹壁疝约占疝病的3/4，由于腹肌或腱膜受到钝性外力的作用而形成腹壁疝的情况较为多见。虽然腹壁的任何部位均可发生腹壁疝，但多发部位是马、骡的膝褶前方下腹壁。这里由腹外斜肌、腹内斜肌和腹横肌的腱膜所构成，肌肉纤维很少，对于外伤的抵抗能力很低，这一特点是形成腹壁疝的诱因。

一、病因

腹壁疝主要是由强大的钝性暴力所引起。由于皮肤的韧性及弹性大，仍能保持完整性，但皮下的腹肌或腱膜乃至腹膜易被钝性暴力造成损伤。北方以畜力车的支车棍挫伤或猛跳、后坐于刹车把上，也有被饲槽桩所挫伤，或倒于地面突出物体上等引起疝为多见。南方因被牛角抵撞而引起的疝为多见。根据某兽医院70例马属动物腹部疝统计，腹壁疝52例，占74%。其中因冲撞于矮木桩而发病的20例，占38.5%；因牛角抵伤而形成的12例，占23%；其次是因腹内压过大，如母畜妊娠后期或分娩过程中难产强烈努责等引起。

二、症状

外伤性腹壁疝的主要症状是腹壁受伤后局部突然出现一个局限性扁平、柔软的肿胀(形状、大小不同)，触诊时有疼痛，常为可复性，多数可摸到疝轮。伤后2 d，炎性症状逐渐发展，形成越来越大的扁平肿胀并逐渐向下、向前蔓延。外伤性腹壁疝可伴发淋巴管断裂，淋巴液流出是浮肿的原因之一。其次是受伤后腹膜炎所引起的大量腹水，经破裂的腹膜而流至肌间或皮下疏松结缔组织中间而形成腹下水肿，此时原发部位变得稍硬。在腹下的水肿常偏于病侧，一般仅达中线或稍过中线，其厚度可达10 cm。发病两周内常因大面积炎症反应而不易摸清疝轮。疝囊的大小与疝轮的大小有密切关系，疝轮越大则脱出的内容物也越多，疝囊就越大。但也有疝轮很小而脱出大量小肠，此情况多是腹内压过大所致。有人研究腹膜破裂与疝囊的大小有关，腹膜破裂的腹壁疝其疝囊相对较大。在腹壁疝病畜肿胀部位听诊时可听到皮下的肠蠕动音。

箝闭性腹壁疝虽发病比例不高，但一旦发生粪性箝闭，不论是马、牛还是猪，均将出现程度不一的腹痛。病畜的表现可由轻度不安、前肢刨地到时卧时起、急剧翻滚，有的甚至因未及时抢救继发肠坏死而死亡。

腹壁疝内容物多为肠管(小肠)，但也有网膜、真胃、瘤胃、膀胱、怀孕子宫等各种脏器，并经常与相近的腹膜或皮肤粘连，尤其是在伤后急性炎症阶段更为多见。

三、诊断

外伤性腹壁疝的诊断可根据病史，受钝性暴力后突然出现柔软可缩性肿胀，触诊能摸到疝轮，听诊能听到肠蠕动音(如为肠管脱出)，视诊时疝囊体积时大时小，有时甚至随着肠管的蠕动而忽高忽低。腹壁外伤性炎性肿胀有其发生规律，马属动物最为明显，一般在第 3 天至第 5 天达到最高潮，炎性肿胀常常妨碍触摸出疝的范围，更不易确定疝轮的方向与大小，因此诊断为腹壁疝时应慎重。有时还会误诊为淋巴外渗或腹壁脓肿。

淋巴外渗发生较慢，病程长，既不会发生疝痛症状，也不存在疝轮。靠近后方的肿胀可作直肠检查，从腹腔内探查腹壁有无损伤。凡存在疝轮的肯定是疝；体表炎性肿胀或穿刺出淋巴液，仅能证明腹肌受到损伤的同时淋巴管也发生断裂。曾有人报道乳牛由于腹直肌破裂而形成腹壁疝的同时并发脓肿。此外，还应与蜂窝织炎、肿瘤与血肿等进行区别诊断。

四、治疗

(一)保守疗法

保守疗法适用于初发的外伤性腹壁疝，凡疝孔位置高于腹侧壁的 1/2 以上，疝孔小，有可复性，尚不存在粘连的病例，可试用保守疗法。在疝孔位置安放特制的软垫，用特制压迫绷带在畜体上绷紧后可起到固定填塞疝孔的作用。随着炎症及水肿的消退，疝轮即可自行修复愈合。缺点是压迫的部位有时不很确实，绷带移动时会影响疗效。

压迫绷带的制备：用橡胶轮胎或 5 mm 厚的胶皮带切成长 25～30 cm、宽 20 cm 的长方块，打上 8 个孔，接上 8 条固定带，以便固定。

固定法：先整复疝内容物，在疝轮部位压上适量的脱脂棉。随即将压迫绷带对正患部，将长边两侧的三条固定带经背上及腹下交叉缠好，紧紧压实，同时将向前的两条固定带拴在颈环上，以防止其前后移动。经常检查压迫绷带，使其保持在正确的位置上，经过 15 d，如已愈合即可解除压迫绷带。

(二)手术疗法

手术是积极可靠的方法。术前应做好确诊和手术准备，手术要求无菌操作。停喂一顿，饮水照常。对疝轮较大的病例，要充分禁食，以降低腹内压，便于修补。关于进行手术的时间问题，应根据病情决定。国外不少人主张发病后急性炎症阶段(5～15 d)不宜做手术；但国内许多单位经长期实践证明，手术宜早不宜迟，最好在发病后立即手术。

现将手术疗法要点分述如下。

1. 保定与麻醉

马侧卧保定，患侧在上，进行全身麻醉。

2. 手术径路

切口部位的选择取决于是否发生粘连。在病初尚未粘连的，可在疝轮附近作切口；如已粘连必须在疝囊处作一皮肤梭形切口。钝性分离皮下组织，将内容物还纳入腹腔，缝合疝轮，闭合手术切口。

3. 疝修补手术

外伤性腹壁疝的修补方法甚多，需依具体病情而定。

①新患腹壁疝。又因疝轮的大小不等而有所不同，分为以下两种情况区别对待。

当疝轮小，腹壁张力不大时，若腹膜已破裂，用2号或3号铬制肠线缝合腹膜和腹肌，然后用丝线以内翻缝合法闭锁疝轮，皮肤结节缝合。

当疝轮较大，腹壁张力大，缝合过程病畜挣扎时就可能发生撕裂，因此要用双纽孔缝合法。腹膜与腹肌依然用肠线缝合，然后用双股10号或16号粗丝线和大缝针先从疝轮右侧皮肤外方刺透皮肤，再刺入腹外斜肌与腹内斜肌(勿伤及已缝好的腹横肌与腹膜)，将缝针拔出后再从对侧(左侧)由内向外穿过腹内斜肌、腹外斜肌将针拔出，相距1 cm左右处在左侧由外向内穿过腹外斜肌和腹内斜肌再回到右侧，由内向外将缝针穿过腹内斜肌和腹外斜肌及皮肤，将线头引出作为一个纽孔暂不打结。用相似方法从左侧下针通过右侧面又回到左侧，与前面一个纽孔相对才成为双纽孔缝合法。根据疝轮的大小做若干对双纽孔缝合。所有缝线完全穿好后逐一收紧，助手要使两边肌肉及皮肤靠拢，分别在皮肤外打结并垫上圆枕，皮肤结节缝合。

②陈旧性腹壁疝。因腹壁疝急性期错过手术治疗的机会，或因其他原因造成疝轮大部分已瘢痕化，肥厚而硬固的疝称为陈旧性腹壁疝，其疝轮必须作修整手术，将瘢痕化的结缔组织用外科刀切削成新鲜创面，如果疝轮过大还需用邻近的纤维组织或筋膜作成瓣以填补疝轮。在切开皮肤后先将疝囊的皮下纤维组织用外科刀将其与皮肤囊分离。然后切开疝囊，将一侧的纤维组织瓣用纽孔缝合法缝合在对侧的疝轮组织上，根据疝轮的大小做若干个纽孔缝合；再将另一侧的组织瓣用纽孔缝合法覆盖在上面，最后用减张缝合法闭合皮肤切口。

近年来国外选用金属丝或合成纤维(如聚乙烯、尼龙丝)等材料修补大型疝孔，取得了较好的效果。也有用钽丝或碳纤维网修补马的下腹壁疝孔的报道。方法是先在疝部皮肤做椭圆形切口，选一块比疝孔周边略大2～3 cm的钽丝网，将其置入腹壁肌与腹膜之间，用铬制肠线固定钽丝网行结节缝合，然后选用较粗的铬制肠线做水平纽孔状缝合，关闭疝孔，皮肤结节缝合。

腹壁疝病例已发生感染时，应在疝的修补术前控制感染，待机进行修补术。修补术后感染化脓者，局部做好引流，使用大剂量抗生素，而不需要去掉修补筛网。

4. 术后护理

①注意术后是否发生疝痛或不安，尤其是马属动物的腹壁疝，如疝内容物整复不确实、手术粗糙过度刺激内脏或术后粘连等均可引起疝痛。此时要及时采取必要的措施，甚至重新做手术。

②腹壁疝手术部位易伤及膝褶前的淋巴管，常在术后1～3 d出现高度水肿，并逐渐向下蔓延，应与局部感染所引起的炎症相区别，并采取相应措施。

③保持术部清洁、干燥，防止摔跌。

④箝闭性疝的术后护理可参照肠梗阻护理方法，尤其要注意肠管是否畅通，并适当控制饲喂等。

任务二　马蜂窝织炎

马蜂窝织炎是疏松结缔组织内发生的急性、弥漫性、化脓性的炎症。此病常发生在皮下、筋膜下和肌间的蜂窝组织。其特点是在疏松结缔组织中形成浆液性、化脓腐败性渗出物，病变扩展迅速，没有包壁，不易局限，并伴有明显的全身症状。

一、病因

化脓菌通过细微伤引起感染，主要是化脓性链球菌，其次有金黄色葡萄球菌、大肠杆菌等；继发于局部化脓性感染，如引流不畅的创口、疖、痈、脓肿、化脓性关节炎、骨髓炎等；通过血液、淋巴道转移，如马腺疫、副伤寒、鼻疽等疾病继发而来；局部注射强刺激药物，如氯化钙、水合氯醛、松节油、高渗盐水等。

二、症状

疾病病程发展迅速，局部出现剧烈炎症症状，大面积肿胀，局温增高，疼痛剧烈，机能障碍；全身症状明显，体温升高至39～40℃，精神沉郁，食欲不振，白细胞数升高，并有发生败血症的可能。

(一)皮下蜂窝织炎

皮下蜂窝织炎常发生在四肢，局部肿胀，热痛明显，体温升高至39～40℃，局部淋巴结肿大。初期按压有指压痕，数日后变坚实感，皮肤紧张，失去可动性。当转为化脓性浸润时，患部症状加重，体温显著升高。坏死组织溶解后出现波动性脓肿，排脓后，全身与局部症状减轻，如化脓向深部发展，则病情恶化

(二)筋膜下蜂窝织炎

筋膜下蜂窝织炎常发于前臂筋膜、鬐甲筋膜、棘横筋膜和小腿筋膜下的疏松结缔组织。初期患部有不显著的肿胀，后热痛反应剧烈，机能障碍明显，触诊有坚实感，脓汁在筋膜下蓄积，饱满有弹性。如不及时切开可向深部扩散，引起全身恶化甚至败血症。

(三)肌间蜂窝织炎

肌间蜂窝织炎常发于臂部和小腿以上，尤其臀部和股部肌间。多继发于皮下和筋膜下蜂窝织炎，有时也继发于开放性骨折、化脓性骨髓炎等，它们主要沿肌间大动脉和大静脉蔓延，先侵害肌外膜，后侵害肌间组织和肌纤维，肌肉肿胀、坚实、疼痛剧烈、界限不清，机能障碍加重，四肢不能站立，刺穿或切开流出灰色带血样的脓汁，还可引起关节周围炎、血栓性血管炎和神经炎等，还可诱发局部皮下或筋膜下浆液性浸润，出现压痕。

三、治疗

治疗原则为消除致病因素，减少炎性渗出，减轻组织内压力，减少组织坏死，抑制感染扩散，增强机体抵抗力。

(一)局部治疗

1. 局部处理

剪毛消毒，病初24～48 h尚未化脓之前，可用罗氏液冷敷。罗氏液组成：醋酸铅30 g、

明矾 20 g、水 360 g。

2. 封闭、抗感染

用 0.5%盐酸普鲁卡因青霉素做病灶周围封闭。全身足量使用抗生素或磺胺药物控制感染。为防止酸中毒发生,可应用碳酸氢钠疗法。

3. 渗出

稍平息可改用温敷,用 10%鱼石脂、95%酒精涂擦。还可用中药雄黄拔毒散外敷。

4. 手术切开

局部和全身迅速恶化或局部出现波动,应切开处理。表在性只切开皮肤;深在性应切开筋膜和肌肉,切时先做穿刺,以此引导切开,应纵切,切多个口。必要时作反对孔,然后用 10%氯化钠冲洗,用浸抗生素的纱布引流。上述处理后若体温暂时下降,然后体温又升高,说明有新的病灶形成、引流不畅或存在异物及死腔,这时应做进一步的处理。

(二)全身治疗

①马匹绝对保持安静,给予大量饮水和维生素含量多的饲料。

②早期用抗生素、磺胺,后肢发病的可做肾脂肪囊封闭。

③为防止败血症,可用碳酸氢钠、乌洛托品、葡萄糖樟脑酒精输液(处方:精制樟脑 4 g、酒精 200 mL,葡萄糖 60 g,0.8%氯化钠 700 mL 制成灭菌液,每次静脉注射 250~300 mL),中药可用连翘败毒散。

如疾病转为慢性,为了改善血液循环、减轻水肿,可用物理疗法(光、电、石蜡疗法等)配合强心利尿药。如双氢克尿噻,每天 1~2 次,每次 0.5~2 g。

如氯化钙漏于皮下:应迅速把漏出的液体用注射器抽出,注入 25%硫酸钠 10~25 mL,使之形成不溶性、无刺激性硫酸钙;或者切开局部,高渗引流,用普鲁卡因封闭。

任务三 马骨膜炎

骨膜炎是指被覆于骨表面的骨外膜的炎症。分急性骨膜炎和慢性骨膜炎。急性骨膜炎往往误诊,慢性骨膜炎多以慢性骨化性骨膜炎的形式存在。常发于掌(跖)骨、指(趾)骨、下颌骨、上颌骨、胫骨和膝盖骨,马骡多见掌(跖)骨、指(趾)骨和颌骨发病。

一、病因

病因:肌、腱、筋膜、韧带等超过生理范围的持续牵张;骨膜外伤,如跌、打、踢、撞的直接作用;邻近组织炎症的蔓延;肢势不正、装削蹄不良、幼驹早期负重役和骨营养不良等,这些因素易导致骨膜炎。

二、症状

急性骨膜炎患部骨膜肥厚,触压有疼痛,增温,皮肤及皮下有轻微的压痕。骨膜肿胀不明显,只能感到骨膜部粗糙,稍突出健康的骨膜面。此时出现明显的机能障碍,如跛行、咀嚼障碍等。如不细心检查,易漏诊和误诊。

慢性骨膜炎多由急性骨膜炎转变而来。急性期过后,局部出现坚实而稍具弹性的肿胀,紧贴骨面而无明显的移动性,热痛轻微,此为纤维性骨膜炎过程。久之,在局部形成软骨样组织,沉着钙盐,形成骨赘,呈坚硬、无痛性肿胀,大小不等,形状不一,表面平坦或粗糙不平,通常不影响机体功能,如骨赘影响关节活动或局部诱发急性炎症时,则影响功能,此时称为慢性骨化性骨膜炎。发生掌骨骨化性骨膜炎时,骨赘多发生于第二、三掌骨之间,称为侧骨赘;发生于第二掌骨后面,称后骨赘;发生于第三掌骨上端后面,称深骨赘。骨赘的大小与跛行不成正比,在坚硬、不平地行走或随运动时间的增长跛行加重。向骨赘周围组织注射3%～5%盐酸普鲁卡因液 10 mL,如跛行消失或减轻,即可证明跛行是由骨赘所引起。

三、诊断

对于本病的诊断,应该从病因方面考虑,骨膜炎特别是非化脓性骨膜炎多由骨膜直接遭受机械性外力作用(如打击、跌倒、蹴踢、冲撞等)引起。最常发生在四肢下部没有软组织覆盖而浅在的骨上,此外肌腱、韧带等在快速运动中过度牵张等间接外力,或长期受到反复的刺激,也能致使其附着部位的骨膜发生炎症。临床上常因肢势不正,削蹄不当,幼驹过早地训练或服重役加重了这种间接外力的作用。此外患有骨营养代谢障碍的情况为上述病因创造了条件,容易发生本病,在诊断时要注意这些病史的调查。X 线诊断可以在上述基础上对疾病进行定性,一般慢性骨膜炎时在 X 线下表现密度增强的阴影,但没有钙盐的沉积;骨化性骨膜炎时有极强的增生的高密度阴影,与骨干等没有界限。通过这些可以确诊。此外还可以进行治疗性的诊断,本病一般抗感染疗法无效,其他的综合治疗效果也不佳,只有手术疗法比较理想。

本病临床需要与掌、跖部骨折病、脓肿、四肢下部炎性肿胀病进行鉴别诊断。

(一)掌、跖部骨折病

肿胀在骨的四周,不局限于一面,运动时有骨质摩擦音。

(二)脓肿病

脓肿病一般多发生在软组织部分,肌肉覆盖少的部位很少发生,肿胀有热痛,皮破流脓,有的体温升高。

(三)四肢下部炎性肿胀病

该病多由创伤引起,局部肿胀、有热痛,无坚实感。

四、治疗

(一)急性骨膜炎的治疗

采用温热疗法或行局部普鲁卡因封闭,均能取得良好的疗效。可向 0.25%普鲁卡因液中加入青霉素 40 万 IU,局部注射 10 mL。也可选用可的松、强的松龙和氟美松等局部注射。

(二)慢性骨膜炎的治疗

若不影响机体功能,则不必治疗。如出现跛行时,局部应用强刺激剂,诱发急性炎症后再按急性炎症治疗,或用烧烙疗法。强刺激剂可选用 1∶12 升汞酒精、斑蝥软膏或赤色碘化汞软膏等,应用时,应经常观察局部的变化,适可而止,不可无止境地长期应用,以防皮肤坏死。还应防动物啃咬,保护唇舌不受损伤。上述疗法都不能使骨赘消失,只能使局部愈着,起到消除疼痛的目的。对能引起跛行的骨赘,又不能用其他方法解除跛行时,可行骨赘切除手术,将局部刮平,撒布消炎药物,缝合皮肤。

(三)民间中药疗法

方剂选用昆布 50 g、海藻 50 g、郁金 30 g、红花 30 g、广木香 20 g、知母 30 g、黄檗 30 g、赤芍 30 g、急性子 30 g、鳖甲 20 g、泽泻 20 g、元胡 20 g。上述药物用砂锅加水煎 2～3 次,共取药液 2 000～3 000 mL,灌服(用散剂内服可适当减量),每日或隔日一剂。骨化性骨膜炎在上述治疗无效时,可在无菌条件下进行骨膜切除术。将骨赘周围 2～3 mm 宽的骨膜环形切除,摘除骨赘,骨赘底部用锐匙或锐环刮平,最后撒布抗生素粉剂,密闭缝合皮肤。治疗无效时,为了充分利用使役能力,可作神经切除术,但这种方法延长使役能力的时间不长。

任务四　风湿病

风湿病是一种常反复发作的急性或慢性非化脓性炎症,以胶原纤维发生纤维素样变性为特征。本病在我国东北、华北、西北等地的马发病率较高。

一、病因

风湿病的发病原因迄今尚未完全阐明。近年来研究表明,风湿病是一种变态反应性疾病,并与溶血性链球菌(医学已证明为 A 型溶血性链球菌)感染有关。已知溶血性链球菌感染后所引起的病理过程有两种:一种表现为化脓性感染,另一种则表现为延期性非化脓性并发病,即变态反应性疾病。风湿病属于后一种类型,并得到了临床、流行病学及免疫学方面的支持。近年来也有人注意到病毒感染与风湿病的关系。如将柯萨奇 B4 病毒经静脉注射给狒狒后,可产生类似风湿性心瓣膜病变;如将链球菌同时和柯萨奇病毒感染小白鼠,可使心肌炎发病率增高,病变加重。在风湿病瓣膜病变中活体检查时也有发现病毒抗原者。因而提出病毒感染在发病中的可能性。但是以青霉素预防风湿热(风湿病的急性期)复发确实有显著疗效,这一点很难用病毒学说解释。也有人提出可能是链球菌的产物能提高对这些病毒的感受性,但没有足够的证据。

二、症状

风湿病的主要症状是发病的肌群、关节及蹄的疼痛和机能障碍。疼痛表现时轻时重,部位多固定,但也有转移的。风湿病有活动型的、静止型的,也有复发型的。根据其病程及侵害器官的不同可出现不同的症状。根据发病的组织和器官的不同分为以下几种类型。

(一)肌肉风湿病(风湿性肌炎)

肌肉风湿病主要发生于活动性较大的肌群,如肩臂肌群、背腰肌群、臀肌群、股后肌群及颈肌群等。其特征是急性经过时发生浆液性或纤维素性炎症,炎性渗出物积聚于肌肉结缔组织中,而慢性经过时则出现慢性间质性肌炎。

因患病肌肉疼痛,故表现运动不协调,步态强拘不灵活,常发生1～2肢的轻度跛行。跛行可能是支跛、悬跛或混合跛行。其特征是随运动量的增加和时间的延长而有减轻或消失的趋势。风湿性肌炎时常有游走性,时而一个肌群好转而另一个肌群又发病。触诊患病肌群有痉挛性收缩,肌肉表面凹凸不平而有硬感,肿胀。急性经过时疼痛症状明显。

多数肌群发生急性风湿性肌炎时可出现明显的全身症状。病畜精神沉郁,食欲减退,体温升高1～1.5℃,结膜和口腔黏膜潮红,脉搏和呼吸增数,血沉稍快,白细胞数稍增加。重者出现心内膜炎症状,可听到心内性杂音。急性肌肉风湿病的病程较短,一般经数日或1～2周即好转或痊愈,但易复发。当转为慢性经过时,病畜全身症状不明显;病畜肌肉及腱的弹性降低;重者肌肉僵硬,萎缩,肌肉中常有结节性肿胀。病畜容易疲劳,运步强拘。

(二)关节风湿病(风湿性关节炎)

关节风湿病最常发生于活动性较大的关节,如肩关节、肘关节、髋关节和膝关节等,脊柱关节(颈、腰部)也有发生,常对称关节同时发病,有游走性。

本病的特征是急性期呈现风湿性关节滑膜炎的症状。关节囊及周围组织水肿,滑液中有的混有纤维蛋白及颗粒细胞。患病关节外形粗大,触诊温热、疼痛、肿胀。运步时出现跛行。跛行可随运动量的增加而减轻或消失。病畜精神沉郁,食欲不振,体温升高,脉搏及呼吸均增数。有的可听到明显的心内性杂音。

转为慢性经过时则呈现慢性关节炎的症状。关节滑膜及周围组织增生、肥厚,因而关节肿大且轮廓不清,活动范围变小,运动时关节强拘。他动运动时能听到噼啪音。

(三)心脏风湿病(风湿性心肌炎)

心脏风湿病主要表现为心内膜炎的症状。听诊时第一心音及第二心音增强,有时出现期外收缩性杂音。对于家畜风湿性心肌炎的研究材料还很少,有人认为风湿性蹄炎时波及心脏的最多,也最严重。

三、诊断

(一)一般性诊断及辅助诊断

到目前为止,风湿病尚缺乏特异性诊断方法在临床上主要还是根据病史和上述的临床表现加以诊断。必要时可进行下述辅助诊断。

水杨酸钠皮内反应试验:用新配制的0.1%水杨酸钠10 mL,分数点注入颈部皮内。注射前和注射后30、60 min分别检查白细胞总数。其中白细胞总数有一次比注射前减少1/5,即可判定为风湿病阳性。据报道,本法对从未用过水杨酸制剂的急性风湿病病马的检出率较高,一般检出率可达65%。

血常规检查:风湿病病马血红蛋白含量增多,淋巴细胞减少,嗜酸性白细胞减少(病初),

单核白细胞增多，血沉加快。

纸上电泳法检查：病马血清蛋白含量百分比的变化规律为清蛋白降低最显著，β-球蛋白次之；γ-球蛋白增高最显著，α-球蛋白次之。清蛋白与球蛋白的比值变小。

目前在医学临床上对风湿病的诊断已广泛应用对血清中溶血性链球菌的各种抗体与血清非特异性生化成分进行测定，主要有下面几种。

①红细胞沉降率(ESR)，这是一项较古老但却是鉴别炎性及非炎性疾病的最简单、廉价的实验室指标。

②C 反应蛋白(CRP)，是一种急性时相反应蛋白，在风湿病活动期、感染、炎症、高烧、恶性肿瘤、手术、放射病时 CRP 水平迅速升高，病情好转时迅速降至正常，若再次升高可作为风湿病复发的预兆。急性风湿 48～72 h CRP 水平可达峰值，1 个月后，多变为阴性。

③抗核抗体(ANA)，是针对细胞核任何成分所产生的抗体。由于细胞核包括许多成分，因此抗核抗体也有许多种类。可用间接免疫荧光法测定。

④血清抗链球菌溶血素 O，抗“O”高于 500 单位为增高。此试验可证明有链球菌的前驱感染，为有代表性的反应。但抗“O”阳性并不能说明肯定患有风湿病。

⑤其他如抗中性粒细胞胞浆抗体、抗核糖体抗体、抗心磷脂抗体、抗透明质酸酶及抗链球菌激酶等的测定，在风湿病实验室检查中也较常用。

以上实验室检验指标仅作为兽医临床的参考。

至于类风湿性关节炎的诊断，除根据临床症状及 X 线摄影检查外，还可作类风湿因子检查，以便进一步确诊。

(二)类症鉴别

本病应与破伤风、外伤性肌炎和腰椎挫伤、马纤维性骨营养不良等疾病相鉴别。

1. 破伤风

破伤风发作时呈现瞬膜外露，对声音刺激特别敏感，病情发展一般较快；而风湿肌肉敏感性增高，无瞬膜外露，对声音刺激不敏感，病情反复发作。

2. 外伤性肌炎

外伤性肌炎有外伤病史，局部检查可能发现病变有明显的压痛点；而风湿无外伤史，突然发病，肌肉敏感性增高，疼痛，但无明显的压痛点。

3. 腰椎挫伤

腰椎挫伤表现为整个后躯麻痹或半麻痹，出现排尿障碍，不排粪，肌肉无变性，不肿不硬，无肌红蛋白尿。后躯肌肉风湿表现运动障碍，但随运动逐渐减轻。触诊后躯肌肉变硬，无肿胀，有痛感，腱反射良好，无肌红蛋白尿。

4. 马纤维性骨营养不良

风湿症的马体温升高，而纤维素性骨营养不良病马体温无变化；肌肉风湿症的马活动性较大的肌群硬结、触诊疼痛，而纤维素性骨营养不良病马无变化；额骨穿刺，纤维素性骨营养不良马呈阳性，肌肉风湿症的马呈阴性；肌肉风湿症马的跛行随运动增加而减轻，水杨酸治疗有效，纤维素性骨营养不良病马的跛行随运动增加而增加，补钙、磷、维生素 D_3 有效。

四、治疗

风湿病的治疗要点：消除病因、加强护理、祛风除湿、解热镇痛、消除炎症。除应改善病畜的饲养管理以增强其抗病能力外，还应采用下述治疗方法。

(一)应用解热、镇痛及抗风湿药

在这类药物中以水杨酸类药物的抗风湿作用最强。这类药物包括水杨酸、水杨酸钠及阿司匹林等。临床经验证明，应用大剂量的水杨酸制剂治疗风湿病，特别是治疗急性肌肉风湿病疗效较好，而对慢性风湿病疗效较差。也可将水杨酸钠与乌洛托品、樟脑磺酸钠、葡萄糖酸钙联合应用。

(二)应用皮质激素类药物

这类药物能抑制许多细胞的基本反应，因此有显著的消炎和抗变态反应的作用；同时还能缓和间叶组织对内外环境各种刺激的反应性，改变细胞膜的通透性。临床上常用的有氢化可的松注射液、地塞米松注射液、醋酸泼尼松(强的松)、氢化泼尼松(强的松龙)注射液等。它们都能明显地改善风湿性关节炎的症状，但容易复发。

(三)应用抗生素控制链球菌感染

风湿病急性发作期，无论是否证实机体有链球菌感染，均需使用抗生素。首选青霉素，肌内注射，每日 2～3 次，一般应用 10～14 d。不主张使用磺胺类抗菌药物，因为磺胺类药物虽然能抑制链球菌的生长，却不能预防急性风湿病的发生。

(四)应用碳酸氢钠、水杨酸钠和自家血液疗法

其方法是，马每日静脉内注射 5%碳酸氢钠溶液 200 mL，10%水杨酸钠溶液 200 mL；自家血液的注射量为第 1 天 80 mL，第 3 天 100 mL，第 5 天 120 mL，第 7 天 140 mL。7 d 为一疗程。每疗程之间间隔一周，可连用两个疗程。该方法对急性肌肉风湿病疗效显著，对慢性风湿病可获得一定的效果。

(五)应用中兽医疗法

应用针灸治疗风湿病有一定的治疗效果。根据不同的发病部位，可选用不同的穴位。中药方面常用的方剂有通经活络散和独活寄生散。醋酒灸法(火鞍法)适用于腰背风湿病，但对瘦弱、衰老或怀孕的病畜应禁用此法。

1. 中药疗法

①方用通经活络散，黄芪 50 g，当归 35 g，白芍 35 g，木瓜 40 g，牛膝 40 g，藁本 40 g，故纸 40 g，木通 40 g，泽泻 40 g，薄荷 40 g，桑枝 50 g，巴戟 40 g，威灵仙 50 g，甘草 25 g。共为末，开水冲，候温服，每日一剂。连用 7 d。

②方用独活寄生散，独活 50 g，桑寄生 50 g，秦久 40 g，防风 30 g，细辛 15 g，当归 30 g，白芍 30 g，川芎 30 g，熟地 30 g，杜仲 35 g，牛膝 35 g，党参 40 g，茯苓 35 g，肉桂 25 g，甘草 25 g。共为末，开水冲，候温服，每日一剂。连用 5 d 为一个疗程，停药 1～2 d 再进行第二次治疗。本法特别适用于疾病的后期，以及慢性病例或体质虚弱的马。在治疗过程中，若马的食欲不好，可灌服健胃散，患部涂抹樟脑酒精。

2. 穴位疗法

青霉素 80 万～160 万 IU，安痛定 20 mL，交替穴位注射。颈风湿选九委穴，肩臂风湿选抢风、冲天、膊尖穴；背腰风湿选肾盂、腰中穴；臀股风湿选百会、大胯、小胯穴；1 次/d。此外，穴位注射与中草药疗法、针灸疗法等结合应用具有协同作用，能增强药效，缩短疗程，提高治愈率。

(六)应用物理疗法

物理疗法对风湿病，特别是对慢性经过者有较好的治疗效果。

局部温热疗法：将酒精加热至 40℃左右，或将麸皮与醋按 4∶3 的比例混合炒热装于布袋内进行患部热敷，每日 1～2 次，连用 6～7 d。亦可使用热石蜡及热泥疗法等。在光疗法中可使用红外线(热线灯)局部照射，每次 20～30 min，每日 1～2 次，至明显好转为止。

电疗法：中波透热疗法、中波透热水杨酸离子透入疗法、短波透热疗法、超短波电场疗法、周林频谱疗法及多源频谱疗法等对慢性经过的风湿病均有较好的治疗效果。

局部冷疗法：在急性蹄风湿的初期，应以止痛和抑制炎性渗出为目的，可以使用冷蹄浴或用醋调制的冷泥敷蹄等局部冷疗法。

激光疗法：近年来应用激光治疗家畜风湿病已取得较好的治疗效果，一般常用的是 6～8 mW 的 He-Ne 激光做局部或穴位照射，每次治疗时间为 20～30 min，每日一次，连用 10～14 次为一个疗程，必要时可间隔 7～14 d 进行第二个疗程的治疗。

(七)局部涂擦刺激剂

局部可应用水杨酸甲酯软膏(处方：水杨酸甲酯 15 g、松节油 5 mL、薄荷脑 7g、白色凡士林 15 g)，水杨酸甲酯莨菪油擦剂(处方：水杨酸甲酯 25 g、樟脑油 25 mL、莨菪油 25 mL)，亦可局部涂擦樟脑酒精及氨擦剂等。

五、预防

在北方，风湿病的发病率较高，对生产危害亦较大，加之其病因至今仍未完全阐明，又缺乏行之有效的预防办法，因此在风湿病多发的冬春季节，要特别注意家畜的饲养管理和环境卫生，要做到精心饲养，注意使役，勿使其过度劳累。使役后出汗时不要系于房檐下或有穿堂风处，免受风寒。厩舍应保持卫生、干燥、冬季时应保温以防家畜遭受潮湿和着凉。对溶血性链球菌感染后引起的家畜上呼吸道疾病，如急性咽炎、喉炎、扁桃体炎、鼻卡他等疾病应及时治疗。如能早期大量应用青霉素等抗生素彻底治疗，对预防风湿病的发生和复发起到一定的作用。

任务五　创伤

由机械性原因造成皮肤、黏膜的完整性破坏，而且多伴发深部组织的损伤，称为创伤。如果只是表皮遭受破坏称为擦伤(多由表面粗糙的物体引起)。

一、病因

创伤由各种机械性外力作用引起。

二、症状

(一)共有症状

1. 出血

出血轻重与受损伤的血管种类和大小有关,多见混合性出血。外出血易看到、易止血;但内出血应早期确诊,诊断主要是全身检查、局部穿刺及实验室检查。

2. 裂开

受伤组织因断离和收缩而裂开,裂口的大小与致伤物、受伤部位、创伤的深度和大小有密切的关系。一般活动大的部位、肌肉横断多的部位裂口大。裂口较大时易污染、出血多、不易愈合。

3. 疼痛

由于皮肤、肌肉损伤,支配它们的神经也受损伤,再由于局部炎症反应刺激神经,都可反射性地引起疼痛。有原发性疼痛、继发性疼痛、炎症疼痛之分。疼痛可引起休克和全身性功能紊乱。

4. 机能障碍

由于创伤造成局部的组织学结构破坏,再加上疼痛,局部会出现明显的机能障碍,在四肢部更明显,如神经麻痹、跛行等。

(二)特有症状

某些创伤具有特殊的症状,与致伤原因和受伤部位有关。

1. 毒创(毒蛇咬、蜂蜇)

毒创局部伤口小,迅速肿胀、疼痛;全身症状很快出现,而且较重。

2. 头部创伤

头部创伤包括:脑震荡、脑内出血、休克、瘫痪;创伤性面神经麻痹,口眼歪斜、饮水障碍。

3. 腹部创伤

腹部创伤有肠脱出、内脏破裂、内出血、腹膜炎。

4. 四肢创伤

四肢创伤常导致跛行。

三、治疗

治疗原则是正确处理局部治疗与全身治疗的关系,抗休克,纠正水和电解质失衡。小创伤可局部治疗,大创伤局部加全身治疗。预防和消除创伤感染,促进和保护肉芽再生,新鲜创防止感染,化脓创消除感染。去除影响创伤愈合的因素,及时找出不良因素并迅速排除,加速创伤愈合。

(一)创伤的急救

创伤刚发生后,应采取紧急措施,一般多在受伤现场进行,也称现场或战地救护,包括止血、包扎、固定。

1. 止血

创伤发生在四肢部,应在其上部包扎。发生在颈胸、腹部应用止血纱布填塞,也可局部撒些止血药,如三七粉、云南白药等,有条件的可肌内注射止血药,如止血敏、安络血等。

2. 包扎

去掉创内明显的异物,撒磺胺粉,用绷带、布条、毛巾等进行现场包扎。

3. 固定

创伤伴有骨折,可在包扎的基础上,用木板、竹板或树枝固定。胸壁透创,应马上填塞,防止气胸死亡。肠脱出如已污染,不能立即送入腹腔,应用消毒水冲洗后,再送回腹腔。

(二)新鲜创的治疗

治疗原则为早期处理,防止感染,争取一期愈合或缩短二期愈合的时间。

1. 早期外科处理

创伤发生 12 h 内,这时细菌只是污染,尚未感染,处理得当可一期愈合。

2. 延期外科处理

创伤发生后 12～24 h,这时处理,防止感染有困难,因细菌已和组织发生生物学接触,如机体状况良好、组织破坏不严重,处理得当也可防止感染。

3. 晚期外科处理

创伤发生后 24～72 h,这时处理只能减轻感染,如机体抵抗力强、创面平整、坏死组织少、细菌毒力不强,有时也可不感染。

4. 具体治疗措施

①止血:钳夹、填塞、结扎止血及全身止血。

②清洁创围:伤口处用无菌纱布覆盖,创围剪毛、消毒。

③清创:借助器械和消毒药物去除血凝块、坏死组织、异物,消除死腔,扩大创口,必要时可做辅助切口。

④撒入药物:创内可撒磺胺类药物或抗生素等抗菌药,较深的刺创可向内注入 5%碘酊。

⑤包扎或缝合:小的伤口可包扎,大的伤口(胸腹腔透创)先缝合、再包扎,手术创、四肢下部的创必须包扎,以防感染。

⑥局部理疗:局部可用干热疗法,也可用红外线或紫外线灯照射。

⑦全身治疗:预防感染,可肌内注射抗生素或磺胺类药物,防止破伤风感染,可注射破伤风抗毒素。

(三)化脓创的治疗

治疗原则为控制感染,加速炎性产物净化,通畅引流,防止全身感染,为组织再生创造条件。局部治疗的同时需全身使用大剂量抗生素,防止转为全身感染。

1. 清创

剪去创周被毛,去掉血凝块、异物,用消毒药彻底冲洗,创伤肿胀严重的用高渗氯化钠

(10%)、硫酸镁、硫酸钠等溶液冲洗。厌氧菌感染应用0.1%高锰酸钾、3%双氧水冲洗。绿脓杆菌感染可用3%硼酸、2%乳酸等冲洗。坏死组织较多的应采取手术方法将其切除,创口引流不畅的需扩创或做反对口,使引流通畅。

2. 伤口用药

伤口可用碘仿磺胺粉、生肌散等。

3. 深部化脓

深部化脓创用引流条引流,多采用开放疗法,四肢下部创伤应包扎。

4. 全身治疗

抗菌消炎、对症治疗,输液并加入碳酸氢钠等药物。

(四)肉芽创的治疗

治疗原则为促进肉芽生长,防止其赘生,加速上皮再生。

1. 清洁创围

药物冲洗,用生理盐水、0.1%呋喃西林等。

2. 伤口用药

伤口可用魏氏油膏、10%磺胺软膏、青霉素软膏、氧化锌软膏等。

3. 缝合植皮

创面较大的肉芽创,可进行部分缝合,加速其愈合,减少瘢痕。植皮用于大面积损伤或烧伤,减少瘢痕的形成。

4. 赘生肉芽的处理

可用硝酸银棒、高锰酸钾粉、硫酸铜等将赘生肉芽腐蚀掉,也可用手术切除,创面涂药后打压迫绷带。

5. 全身局部治疗

全身可用抗菌消炎药,局部可用红外线、紫外线、微波进行照射。保护好局部,防止动物蹭擦、啃咬。

任务六 鞍挽具伤

鞍挽具伤是由于鞍挽具的压迫、摩擦在马鬐甲、颈基部、背、腰等部位造成的各种损伤。乘马、驮马及挽马均可发生。较轻的损伤多限于皮肤的表层,较重的损伤多波及皮下组织,甚至造成骨、软骨和韧带的化脓和坏死,长期不愈合。

一、病因

主要病因:马、骡局部结构不良,例如高鬐甲、低鬐甲、凹凸背、平肋或圆肋;鞍挽具不适;装鞍及卸鞍不当;骑乘或驮载失宜。

二、症状

由于受伤部位、组织损伤程度和病理发展过程不同,鞍挽具伤的临床表现也不同。

(一)皮肤擦伤

1. 轻度擦伤

患部部分或全部被毛脱落,表皮剥离,创伤面有黄色透明的浆液性渗出物,呈现露珠样渗出,以后这些珠状物相互汇合变干,干燥后形成黄褐色痂皮,并与周围被毛粘连。

2. 重度擦伤

多伤及皮肤深层,可露出鲜红色的创面,创围炎症反应明显,如不及时治疗,常感染化脓。深部擦伤容易感染化脓或引起腐败性炎症。

(二)炎性水肿

通常在卸鞍 30 min 后,患部的皮肤和皮下组织逐渐发生局限性或弥漫性水肿,与周围界限不明显,局部增温、敏感,按压时出现压痕。

(三)血肿与淋巴外渗

常在鬐甲部皮下形成局限性的肿胀,触之有波动。血肿常在卸鞍后发生,并迅速扩大,穿刺检查为血液,血液凝结后可产生捻发音。淋巴外渗形成较缓慢,穿刺检查为淋巴液。

(四)黏液囊炎

根据黏液囊炎的性质可分为浆液性、浆液纤维素性和化脓性黏液囊炎。黏液囊炎急性期热、痛较明显。浅层黏液囊炎在鬐甲顶部皮下出现局限性波动明显的肿胀;深层黏液囊炎在肩胛软骨前方的颈间隙处出现一侧性肿胀或两侧性隆起的肿胀,但表面组织一般不出现水肿。

(五)皮肤坏死

在鬐甲、颈基部及背部,由于鞍挽具压迫,血液供应障碍,皮肤发生坏死。在临床上多为干性坏死,因感染引起的湿性坏死较少见。患病部位感觉减退或消失,温度降低,坏死的皮肤逐渐变为黑褐色或黑色,硬固而皱缩,经 6～8 d,坏死皮肤与周围健康皮肤界限明显,并出现裂隙。坏死皮肤脱落时,伤面边缘干燥、呈灰白色,而中央为鲜红色肉芽组织,若不及时清除坏死皮肤,则因压迫而影响上皮的生长。如果感染腐败菌,病变皮肤则呈湿性坏疽。此时,患部周围出现显著的炎性肿胀,皮肤由中心向周围分解,形成柔软的、浅灰色的腐败样物。缺损部肉芽组织增生及上皮再生较缓慢。

(六)脓肿

该病多因血肿、淋巴外渗、外伤性水肿及非感染性黏液囊炎等治疗不合理,感染化脓菌造成的。也有少数在病初即发展为脓肿的,一般浅在脓肿比较容易诊断;深在性脓肿肿胀不明显,且缺乏波动症状,但可以穿刺识别。深部脓肿常会向颈深间隙、韧带下间隙、背间隙等部位蔓延。肿胀向表面破溃可形成窦道。

(七)蜂窝织炎

由于伤后感染,鬐甲皮下、肌间或筋膜下结缔组织出现急性弥漫性化脓炎症。临床表现为弥漫性肿胀,皮肤紧张、温热,疼痛明显,有的伴发体温升高,精神沉郁,脉搏、呼吸加快等全身症状。该病经常伴发肩胛上韧带、筋膜及棘状突起的坏死。由深层化脓性黏液囊炎继发蜂窝织炎,其炎性肿胀可对称地局限于第 2～4 胸椎棘突的鬐甲前部。

（八）鬐甲窦道

鞍挽具引起鬐甲部损伤，继发感染后出现黏液囊、筋膜、韧带、软骨或骨等组织化脓、坏死，最后形成化脓性窦道。鬐甲窦道在临床上较为常见，因经久不愈合而影响马的健康和使役能力。该病具有化脓性窦道的一般临床特征。鬐甲部肿胀、疼痛、缓慢化脓、坏死，出现一个或几个排脓口，周围结缔组织增生。由于化脓、坏死组织不同，排脓位置和情况也不一样，临床常见的几种窦道如下。

1. 因化脓性黏液囊炎所致的窦道

浅层化脓性黏液囊炎可在鬐甲的一侧或两侧破溃，排出大量的无恶臭的黏液性脓汁，形成窦道；深层化脓性黏液囊炎破溃后，脓汁侵入肩胛上韧带下面并继续向外破溃，多在鬐甲后第 7～9 胸椎外侧面出现排脓口。深层化脓性黏液囊炎可并发颈韧带和肩胛韧带坏死，甚至侵害肩胛上间隙。

2. 因肩胛上韧带及棘上韧带坏死所致的窦道

多因蜂窝织炎、化脓性黏液囊炎等引起。肩胛上韧带坏死是患部呈长方形的一侧或两侧炎性肿胀，随后皮肤破溃，形成一个或两个排脓口。排脓位置不定，但多靠近鬐甲嵴，并在其后斜坡上。排出物为灰白色或淡绿色脓汁，含有坏死的纤维组织，经常导致胸椎棘突的坏死。

棘上韧带坏死时，沿棘状突起上方出现疼痛性肿胀，随后肿胀部的皮肤坏死破溃，用手探查可触及韧带。

3. 因胸椎棘突坏死所致的窦道

常因肩胛上韧带或棘横筋膜坏死所引起。病初鬐甲中线部出现剧烈的炎性肿胀，指压患部时疼痛剧烈。以后沿鬐甲嵴靠近棘突的侧面破溃，形成通往深部肌肉的窦道，排出褐色液状脓性分泌物，并伴有恶臭味，时常在分泌物中混有细砂样的碎骨屑，用手指或探针检查时，能感知其表面坚硬、粗糙，有时出现体温升高、食欲减退。

4. 因肩胛上间隙蓄脓和肩胛软骨坏死所致的窦道

病初常因鬐甲部蜂窝织炎、脓肿或其他组织的坏死，脓汁积聚于间隙内。此时，整个肩胛软骨部位出现明显的肿胀，同侧前肢出现机能障碍。随后，在肩胛软骨的后角或前角向外破溃，流出大量较黏稠的脓汁。在疾病过程中，常伴发肩胛软骨的坏死。此时，脓汁呈灰白色，并伴有恶臭，探诊时可感知肩胛软骨上缘粗糙不平。

三、治疗

去除病因，停止剧烈运动，防止感染，促进创面干燥结痂。可用 2%～3%龙胆紫或 5%高锰酸钾溶液反复涂擦，促进局部痂皮形成，渗出液过多时可在创面散布碘仿磺胺粉。

（一）消除炎性水肿

常在卸鞍 30 min 后，患部皮肤和皮下组织逐渐发生局限性或弥漫性水肿，与周围界限不明显，局部增温、敏感，按压时出现压痕。治疗时病初可用冷敷，以限制其向四周扩散。其后可用饱和氯化钠、硫酸镁或硫酸钠等溶液浸湿纱布温敷，也可用复方醋酸铅散加醋调敷于患部。

(二)鬐甲窦道

在临床上很常见,因经久不愈合而影响马匹的健康和运动能力。一般表现为肿胀、疼痛、缓慢化脓、坏死,出现一个或几个排脓口,周围结缔组织增生。治疗时首先应了解病史,仔细检查窦道,弄清主要病灶所在位置和窦道的基本走向,然后采取相应的治疗方法。

1. 一般处理

适用于浅在化脓灶或暂时不宜做根治手术的病例。对患部剪毛、消毒,用防腐消毒药物冲洗窦道,最后灌注10%碘仿醚、魏氏流膏等。

2. 手术治疗

手术是治疗该病的有效方法,主要是切开化脓坏死灶,排出脓汁,彻底清除坏死组织,消除病理性肉芽组织,保证引流通畅,促进肉芽组织生长,加速疾病的痊愈。

四、预防

加强锻炼,增强体质;使用合适的鞍挽具;合理运动;及时检查鬐甲部的疾病,做到早发现、早治疗。

思考题

1. 简述马匹腹壁疝的手术治疗方法。
2. 简述蜂窝织炎的病因及临床症状。
3. 简述马匹风湿症的病因及治疗方法。
4. 简述马匹化脓创的治疗方法。

项目十一

马匹常见产科病

学习目的

通过学习马匹常见产科病，对赛马饲养、繁育中多发产科疾病建立初步了解。通过对马匹产科病的学习掌握赛马繁育中常用药品种类、用量用法；通过对马匹产科病的学习掌握配种及助产、剖腹产、子宫冲洗等治疗方法。

知识目标

学习赛马临床常见产科疾病，了解病因和预防措施，掌握疾病的临床症状、诊断方法、治疗要点及临床用药或手术方法。

技能目标

通过本任务学习能够正确利用视诊、触诊、叩诊、听诊、嗅诊、问诊等普通诊断方法诊断马匹产科疾病，以及配种、助产、剖腹产、子宫冲洗等职业技能治疗马匹疾病。

任务一　难产

一、病因

胎儿在孕畜体内发育到足月后，连同胎膜从母体娩出的过程，称为分娩。分娩过程能否正常进行，决定于产力、产道和胎儿三个因素，所以，产力、产道、胎儿称为决定分娩的三要素，其中一个或几个因素异常可引起难产。

（一）产力性难产

将胎儿从子宫中排出的力量，称为产力。它是由子宫肌及腹肌有节律地收缩共同构成的。子宫肌的收缩，称为阵缩，是分娩过程中的主要动力。腹肌和膈肌的收缩，称为努责。它与阵缩协同，对胎儿的产出也起十分重要的作用。产力异常，包括产力出现过早、产力不足和产力减弱，是造成难产的原因之一。孕畜营养不良、疾病、疲劳、分娩时外界因素的干扰等，可使孕畜产力减弱或不足。此外，给子宫收缩剂不适时，也可造成产力异常，如肌内注射催产素过早，可使产力出现过早，胎儿来不及调整自己的姿势、位置和方向而造成难产，给予大剂量的麦角制剂，可引起子宫的持续收缩而致胎儿窒息。

（二）产道性难产

产道是胎儿产出的必经之路，其大小、形状、是否柔软松弛等，能够影响分娩的过程。产道是由软产道和硬产道共同构成的。软产道由子宫、阴道、尿道生殖前庭及阴门构成；硬产道指的是骨盆。骨盆畸形、骨折，子宫颈、阴道及阴门的瘢痕、粘连和肿瘤，或者发育不良，都可使产道狭窄和变形，影响胎儿的产出。

（三）胎儿性难产

胎儿因素主要是指胎儿与母体产道的关系。如胎儿与产道的相对大小，胎儿与产道的相对位置、方向及姿势等。

1．胎向

胎向即胎儿的方向，也就是胎儿身体纵轴与母体身体纵轴的关系。胎向包括纵向、横向和竖向。

①纵向：胎儿纵轴与母体纵轴互相平行，又分为正生纵向和倒生纵向两种情况。

②横向：胎儿横卧于子宫内，胎儿的纵轴水平向与母体纵轴呈十字形垂直。分为背横向和腹横向两种。

③竖向：胎儿站立或倒立于子宫内，胎儿纵轴上下向与母体纵轴呈十字形垂直。它分为背竖向和腹竖向两种。

纵向是正常的胎向，横向和竖向是异常的，可致难产。

2．胎位

胎位即胎儿的位置，也就是胎儿背部与母体的腹部或背部的关系。胎位包括上位、下位和侧位三种。

①上位：也叫背荐位，胎儿伏卧于子宫内，背部在上，接近母体的背部或荐部。

②下位：也叫背耻位，胎儿仰卧于子宫内，背部在下，接近母体的背部或耻骨。

③侧位：也叫背髂位，是胎儿侧卧于子宫内，背部位于一侧，接近母体的髂骨。

上位是正常的，下位和侧位是异常的。

3. 胎势

胎势即胎儿的姿势，也就是胎儿各部分是伸直的或是屈曲的，正常的胎势是在正生时，胎儿的头颈和两前肢伸直；倒生时两后肢伸直。其他的胎势是异常的，如头颈侧弯、腕部前置、坐骨前置等。据统计，胎势异常造成的难产，占胎儿性难产的90%以上。

二、诊断

难产助产的手术效果如何，与诊断是否正确有密切的关系。经过仔细检查，确定母畜和胎儿的反常情况，并全面分析和判断，才能有助于决定采用正确的助产方法及判断预后。然后要把检查结果、预定使用的手术方法及其预后向畜主交代清楚，争取在手术过程中及术后取得畜主的支持、配合及信任。

(一)询问病史

遇到难产病例，特别是需要出诊时，首先必须了解病畜的情况，以便做好必要的准备工作。询问事项主要有以下几方面。

1. 产期

产期如尚未到，可能是早产或流产，胎儿一般较小，容易拉出；但这时如果胎儿为下位，则矫正工作也可能遇到困难。产期若已超过，胎儿可能较大，拉出矫正都较为困难。

2. 年龄及胎次

母畜的年龄幼小，常因骨盆发育不全，胎儿不易排出；初产母畜的分娩过程也较缓慢。

3. 分娩过程

孕畜躁动不安的情况，努责开始的时间，努责的频率和强弱如何，胎水是否已经排出，胎膜及胎儿是否露出，通过这些情况可判断是否发生了难产。在胎儿尚未露出以前，其方向、位置及姿势仍有可能是正常的，但在正生时，若一或二腿已经露出很长而不见唇部，或者唇部已经露出而不见一或二蹄尖；在倒生时，只见一后蹄或仅见尾尖，都表示胎儿已发生了姿势或其他异常。

4. 病畜过去的特殊病史

过去发生过的某些疾病(如阴道脓肿、阴唇裂伤等)对胎儿的排出有妨碍作用。骨盆部骨质的损伤可使骨盆狭窄，影响胎儿通过。腹壁疝可使努责无力。

5. 是否经过处理

如果已经对病畜进行助产，必须问明助产之前胎儿的异常是怎样的，已经死亡还是活着；助产方法如何，使用过什么器械，用在胎儿的哪一部分，如何拉胎儿及用力多大；助产结果如何，对母体有无损伤，是否注意消毒等。助产方法不当。可能造成胎儿死亡，或加重其异常程度，并使产道水肿，增加了手术助产的困难。不注意消毒，可使子宫及软产道受到感染；操作不慎，可使子宫及产道产生损伤或破裂。这些情况可以帮助我们对手术助产的效果做出正确的预后。对预后不良的病畜(如子宫破裂)，应告知畜主，并及时确定处理方法。

(二)母畜的全身检查

检查母畜的全身状况时，除一般全身检查项目(如体温、呼吸、脉搏等)外，还要注意母畜的精神状态及能否站立，以便确定母畜的全身状况能否经受住复杂的手术。马的难产往往很快引起全身变化，预后应当谨慎。另外，还要检查阴门及尾根两旁的荐坐韧带后缘是否松软，向上提尾根时荐骨后端的活动程度如何，以便确定骨盆腔及阴门能否充分扩张。同时，还需检查乳房是否胀满，乳头中能否挤出白色初乳，从而确定怀孕是否已经足月。

(三)胎儿及产道检查

1. 胎儿检查

检查胎儿的姿势、方向、位置有无异常，胎儿的死活，体格大小，进入产道的深浅，是术前检查的最重要的项目之一。检查时，手臂及母畜外阴部均需消毒。可隔着胎膜触摸胎儿的前置部分，但在大多数情况下胎膜已破裂，术者的手可伸入胎膜内直接触诊。这样既摸得清楚，又能感觉出胎儿体表的滑润程度，越滑润操作越容易。

2. 鉴别胎儿生死

正生时，可将手指塞进胎儿口内，注意有无吸吮动作；捏拉舌头，注意有无活动。也可用手指压迫眼球，注意头部有无反应；或者牵拉前肢，感觉有无回缩动作。如果头部姿势异常无法摸到，可以触诊胸部或颈部动脉，感觉有无搏动。

倒生时可将手指伸入肛门，感觉是否收缩。也可触诊脐动脉是否搏动。肛门外面如有胎粪，则表示活力不强或已死亡。对反应微弱、活力不强的胎儿和濒死胎儿，必须仔细检查判定。濒死胎儿对触诊无反应，但在受到锐利器械刺激引起剧痛时，则出现活动。

检查胎儿时，发现它有任何一种活动，均代表还活着。只有胎儿没有一点活的迹象时，才能做出死亡的判定。此外，胎毛大量脱落、皮下气肿、触诊皮肤有捻发音，胎衣、胎水的颜色污垢，并有腐败气味，都说明胎儿已经死亡。脱落的胎毛很难完全从子宫中清除，往往会导致不孕。

3. 产道检查

在检查胎儿的同时，也要检查产道。注意检查阴道的松软及滑润程度，子宫颈的松软及扩张程度；也要注意骨盆腔的大小及软产道有无异常等，骨盆腔变形、骨瘤、软产道畸形等均会使产道狭窄，影响胎儿的产出。

处理难产时，究竟应当采用什么手术方法助产，通过检查后应正确、及时而果断地作出决定，以免延误时机，给助产工作带来更大困难，同时也造成经济上的损失。

三、术前准备

在进行手术助产时，应做一些必要的准备工作，如器械、保定、麻醉、消毒等。

(一)场地的选择和消毒

助产最好在宽敞明亮和温暖的室内进行，亦可在避风、清洁的室外进行。助产场地要用消毒液喷洒消毒，以防尘埃污染；为避免术者手臂与地面接触，应在产畜后躯下面铺垫清洁的褥草，并在褥草上加盖宽大的消毒单(油布或塑料布)。

(二)产畜的保定

难产助产的基本操作任务，是推退胎儿，矫正后强行拉出。在难产情况下，子宫收缩把胎儿推送楔入产道，胎儿因姿势反常，不能再继续前进。解脱难产就要将胎儿推入腹腔内进行矫正，企图在骨盆腔内矫正是徒劳的。实践中违反这一原则，不但不能矫正胎儿，而往往造成严重后果。因为难产时骨盆腔已被胎儿阻塞，根本没有操作空间，如果把胎儿推入腹腔就有较宽广的空间，矫正时有较大的回旋余地。所以助产时的保定，要考虑使胎儿易于向腹腔内推送。

(三)术部及术者手臂的消毒

消毒可防止创口感染，这是患畜迅速康复的条件之一。对难产母畜的消毒，可大大降低不孕症的发病率。消毒内容如下：术部消毒，助产前先用肥皂水或消毒水将母畜臀部、尾根、阴门、会阴及胎儿露出部分彻底清洗干净，而后用1%的来苏儿或0.1%新洁尔灭清洗。来苏儿液浓度不可过高，否则刺激产道黏膜而引起肿胀，尾巴用绷带或细绳拴系于颈部。掏空直肠内蓄粪，以免在助产时排粪，污染手臂。用油布或塑料布覆盖臀部，便于术者左手扶搁。

器械用具的消毒，助产用的梃、绳、钩，通常放入2%来苏儿中浸泡，亦可浸泡在0.1%新洁尔灭液中，小的器械可放入75%酒精中浸泡。

(四)助产人员手臂的消毒

手臂的消毒有双重目的，一是减少术者手臂对母畜产道的污染，第二，提高手臂的防护能力。在难产助产时，术者手臂在产道内长时间操作，由于产道内温度高、湿度大，术者手臂长时间置于此环境中，易失去防卫能力而被细菌感染，乃至患病，因此，助产人员要重视个人防护，力求克服不顾个人安危的倾向，当然更要克服因惧怕感染人畜共患病而逃避助产的不负责任的行为。为了保护手臂，在助产时戴上经消毒的医用乳胶手套，或手臂反复涂油、擦灭菌凡士林。在助产时，凡经患畜子宫分泌物污染的衣、帽、鞋，术后都应更换、清洗、消毒。上述消毒工作，在助产的任何情况下都应当坚持执行。

四、助产原则与方法

难产助产的目的是保全母仔两者的生命和避免母畜生殖器官与胎儿的损伤。当“母仔双全”有困难时，要根据情况保全二者之一(多保全母畜)。难产助产应遵守以下原则：难产助产是一个艰苦细致的工作，常需花费较大力气和较长时间，因此，要有坚强的信心和毅力，并严格遵守操作规程；矫正胎儿的异常部分时，应尽可能把胎儿推回子宫内进行操作；拉出胎儿时，为使胎儿易于通过母体骨盆，除顺骨盆轴方向外，应使胎儿肩部(正生)成斜位或臀部(倒生)成侧位，并要随产畜阵缩徐徐持续地进行；助产一般先用手进行，必要时配合产科器械。使用产科器械时，要固定牢靠，并注意保护锐部以防损伤产道；产道干燥时，用灭菌的石蜡油或植物油灌于产道内；产畜的外阴部及术者手臂和所用器械，均须严格消毒；当须使用药物时，对预后不良的产畜(可能死亡或被迫屠宰)，不可使用具有强烈气味的药物。

难产助产的基本方法有三种：即推退矫正拉出术、碎胎术和剖腹取胎术。熟练而有选择地运用上述方法就可以解决任何难产。推退矫正拉出术是难产助产的基本方法，80%以上的难产是依据此技术完成的。碎胎术只用于大家畜，它需要备有齐全的器械和熟练的技术。由于剖腹取胎术的推广与应用，较复杂的碎胎术现今已较少应用，但不十分复杂的某些碎胎术仍不失为优越的助产术。剖腹取胎虽可解脱各种难产，但此手术毕竟是大手术，病例选择不当后果可疑。

五、术后检查

术后检查的目的，主要是判断子宫是否还有胎儿、子宫及软产道是否受损伤，此外还要检查母畜能否站立以及全身情况。必要时，检查后还可进行破伤风预防注射。子宫的很多部位都可能损伤，但主要是子宫体靠近耻骨前缘的部分和子宫颈。胎衣腐败容易引起伤口感染，胎衣能剥离的应剥离下来，不易剥离的可在子宫内放置抗生素胶囊防止胎衣腐败，等待自行排出。通过以上检查，可以判断母畜的预后。

六、难产预防

马匹难产是家畜中比例最高的，这是由于马匹的骨盆轴比较弯曲，所以分娩时不利于胎儿的通过。再者就是由于胎儿过大，胎儿姿势、位置、方向不正，都会致使马匹难产，难产的发生可能会造成马驹的死亡，也会危及母马的生命，那么，预防马匹难产的发生，必须从配种时就要抓起。预防难产的措施：①不要给马匹过早配种，配种过早在分娩时容易发生盆骨狭窄等情况；②妊娠期间保证马匹和胎儿的营养需求，满足自身的营养可有效防止流产；③妊娠期间的马匹要保证适时的运动，有利于分娩时胎儿的转位；④从开始努责到胎膜露出或排出胎水这段时间进行检查，避免难产。

任务二　胎衣不下

胎衣不下是指胎儿产出后一定时间内胎衣不能排出的一种产科疾病。马属动物产后胎衣排出的正常时间为 1～1.5 h。

一、病因

引起产后子宫收缩无力的因素有孕畜运动不足、过度肥胖，饲料中缺乏钙盐等矿物质或维生素，胎儿过多或过大引起子宫过度扩张，以及由难产导致的子宫肌疲劳等。流产后孕酮含量仍高、雌激素不足，且胎盘组织联系仍紧密，也易引起此病。此外，胎盘受到感染，胎儿胎盘和母体胎盘发生愈着，也是胎衣不下的原因。

二、临床症状

胎衣不下分为部分不下及全部不下两种。胎衣全部不下，即整个胎衣未排出来，胎儿胎盘的大部分仍与母体胎盘连接，仅见一部分已分离的胎衣悬吊于阴门之外。胎衣部分不下，即胎衣大部分已经排出，只有一部分残留在子宫内，从外部不易发现。诊断的主要根据是恶露排出的时间延长，有臭味，其中含有腐烂胎衣碎片。

三、治疗

(一)西药疗法

10%葡萄糖酸钙注射液、25%的葡萄糖注射液各 500 mL，1 次静脉注射，每日 2 次，连用 2 d；催产素 100 U，1 次肌内注射；氢化可的松 125～150 mg，1 次肌内注射，隔 24 h 再注射 1 次，共注射 2 次。土霉素 5～10 mg，蒸馏水 500 mL，子宫内灌注，每日或隔日 1 次，连用 4～5 次，让胎衣自行排出。10%的高渗氯化钠 500 mL，子宫灌注，隔日 1 次，连用 4～5 次，使其胎衣自行脱落、排出。增强子宫收缩，用垂体后叶素 100 U 或新斯的明 20～30 mg，肌内注射，促使子宫收缩排出胎衣。

(二)中药疗法

①"生化汤"加减：川芎、当归各 45 g，桃仁、香附、益母草各 35 g，肉桂 20 g，荷叶 3 张，水煎，加酒 60～120 mL，童便 1 碗，混合灌服。如瘀血腹痛，加五灵脂、红花、莪术；若体质虚弱加党参、黄芪；若热，去肉桂、酒，加黄芪、白芍、干草；若胎衣腐烂，则加黄檗、瞿麦、扁蓄等。

②祛衣散：当归、牛膝、瞿麦、滑石、海金沙各 100 g，土狗 500 g，没药、木通、血竭、甲片各 50 g，大戟 40 g，为末，灌服。加减：有热加双花 80 g，乳房红肿、硬，乳汁不通，加王不留行 80 g、冬葵子 50 g。

四、手术剥离

手术剥离胎衣时，首先把阴道外部洗净，两手握住外露的胎衣，小心扭转，并轻轻拉动，当绒毛膜形成皱襞时，绒毛从陷窝中脱离，胎衣即被拉出，但忌用蛮力，以免导致子宫脱出。如不能拉出，以左手握住外露胎衣，右手沿胎衣与子宫黏膜之间，轻轻向前移动，由近到远，由上向下，可使胎衣脱离。如仍有困难，则一手握外露胎衣，另一手在子宫内握住胎衣，一面压迫胎衣，一面轻推子宫黏膜，可逐渐剥离。然后向子宫内灌注消炎药，如土霉素粉 5～10 g，蒸馏水 500 mL，每天 1 次，连用数天；也可用青霉素 320 万 U，链霉素 4 g，肌内注射，每天 2 次，连用 4～5 d。

五、预防措施

应当注意营养供给，合理调配，不能缺乏矿物质，特别是钙、磷的比例要适当。产前不能多喂精饲料，要增加光照和运动。产后要让母马吃到羊水和益母草、红糖等。如果分娩 8～10 h 不见胎衣排出，则可肌内注射催产素 100 U，静脉注射 10%～15%的葡萄糖酸钙 500 mL。

任务三　子宫内膜炎

一、病因

由急性炎症转变而来；输精、助产、冲洗等处理时消毒不严，本交或精液感染等均可引起子宫内膜感染发炎；某些传染病或寄生虫病亦可继发本病；子宫复旧不全、胎衣不下、延期流产等可直接导致本病。主要病原菌为链球菌、葡萄球菌和大肠杆菌，其他亦有化脓棒状杆菌、单胞杆菌、衣原体和霉形体等。布氏杆菌病、结核病、马沙门菌病、牛传染性鼻气管炎、病毒性痢疾等继发本病。

二、症状

根据病理过程和炎症性质可分为急性黏液脓性子宫内膜炎、急性纤维蛋白性子宫内膜炎、慢性卡他性子宫内膜炎、慢性脓性子宫内膜炎和隐性子宫内膜炎。通常在产后一周内发病，轻度的没有全身症状，发情正常，但不受孕；重度的伴有全身症状，如体温升高，脉搏、呼吸加快，精神沉郁，食欲下降。直肠检查显示子宫角变粗，子宫壁增厚。子宫内蓄积有渗出物时，触之则有波动感。

(一)慢性卡他性子宫内膜炎

以子宫黏膜松软增厚，或溃疡，或结缔组织增生，或子宫腺囊肿为特征；发情周期正常，但屡配不孕或胚胎早期死亡。一般不表现全身症状。阴道检查见絮状黏液，子宫颈微张、肿胀；子宫冲洗回流液浑浊；直检发现子宫角变粗变硬、弹性降低。

(二)隐性子宫内膜炎

无明显子宫变化而屡配不孕，发情时分泌物较多且稍浑浊；子宫冲洗回流液静置后有沉淀，或有絮状物浮游。

(三)子宫积水

由卡他性子宫内膜炎发展而来，子宫腺分泌增多、子宫收缩减弱，而子宫颈黏膜肿胀阻塞不能排液，致使子宫角或子宫体内积聚大量分泌液。临床表现长期不发情，而多无全身症状。阴道检查可见子宫颈炎症；直检显示子宫粗大，有波动感。

(四)慢性脓性子宫内膜炎及子宫积脓

子宫内化脓性感染，多伴有全身症状，如持续低烧，食欲、精神不振，逐渐消瘦等。发情周期不正常或发情停止，阴道流脓结痂；当宫颈闭塞则发展为子宫积脓。阴道检查可见脓性分泌、或宫颈微张发炎或闭塞；直检发现子宫增大，壁厚稍硬，积脓时则显著增大，伴有卵巢囊肿或持久黄体。

三、治疗

治疗原则:恢复子宫张力,增进子宫循环,促进积液排出,控制子宫感染。

(一)子宫积脓积水

子宫积脓积水时,先排液、排脓。

(二)子宫冲洗

根据不同炎性选用不同冲洗液,卡他性多用温热的10%高渗盐水,脓性多用淡消毒液(如0.05%高锰酸钾或新洁尔灭,2%~10%复方碘液等)。每次少量分多次冲洗,且尽量排尽冲洗液;每日或隔日1次,连续3~4次。对于纤维蛋白性子宫内膜炎,禁止冲洗,以防炎症扩散。冲洗后填塞抗生素,最好用胶囊(如氯霉素或青链霉素合剂等);配种前再次冲洗可提高受胎率。

(三)全身抗菌消炎、补液强身

静注10%氯化钙有助于子宫收缩;青霉素100万IU,溶于250~300 mL蒸馏水,隔天1次;或宫康宁、宫得康20 mL,1次注入子宫,5~7 d再注1次。或补糖、补盐、补碱并使用抗生素。

四、预防措施

临产和产后,应对阴门其周围消毒,保持产房和厩舍的清洁卫生。配种、人工授精及阴道检查时,应注意器械、术者手臂和外生殖器的消毒。正产和难产时的助产以及胎衣不下的治疗,要及时、正确,以防损伤感染。加强饲养管理,做好传染病的防治工作。

思考题

1. 简述马匹难产的原因及预防措施。
2. 简述马匹胎衣不下的病因及治疗方法。
3. 简述马匹子宫内膜炎的治疗方法。

项目十二

马匹常见蹄病

学习目的

通过学习马匹常见蹄病，对赛马饲养、繁育、训练、比赛中常发、多发蹄病建立初步了解。通过对马匹蹄病的学习对赛马钉蹄技术有更高层次的掌握，掌握蹄部护理常用药品种类、用量用法；通过对马匹蹄病的学习掌握赛马实验室病原学诊断方法。

知识目标

学习赛马临床常见蹄部疾病，了解各种蹄病的病因和预防措施，掌握疾病的临床症状、诊断方法、治疗要点及临床用药或手术方法。

技能目标

通过本任务学习能够正确利用视诊、触诊、叩诊、嗅诊、跛行诊断等普通诊断方法诊断马匹蹄部疾病，以及采用修蹄、封闭、清创等基本技术治疗马匹蹄病。

任务一　蹄裂

蹄裂亦名裂蹄，是蹄壁角质分裂形成各种状态的裂隙。

一、分类

按角质分裂延长的状态可分为负缘裂、蹄冠裂和全长裂；按发生的部位则有蹄尖裂、蹄侧裂、蹄踵裂；根据裂缝的深浅，可分为表层裂、深层裂；按照裂隙的方向，即沿角细管方向的裂口谓之纵裂，与角细管的方向呈直角的裂口是横裂。比较严重的为蹄冠或全长的纵向深层裂。马骡的蹄裂前蹄比后蹄多发，冬季比夏季多发。

二、病因

病因：倾蹄、低蹄、窄蹄、举踵蹄等不良蹄形；肢势不正，蹄的各部位对体质量的负担不均；蹄角质干燥、脆弱以及发育不全等，均为发生蹄裂的因素。

草原育成的新马，一时不能适应山区或城市的坚硬道路，又不断在不平的石子路上奔走，蹄负面受到过度的冲击和偏压，容易发生蹄裂。骡、马的饲养管理不良，不能保持正常的健康状态，或蹄部的血液循环不良，均能诱发蹄裂。蹄角质缺乏色素时，角质脆弱而易发生本病。遭受外伤及施行四肢神经切断术的马，也易引起蹄裂。

三、症状

新发生的角质裂隙，裂缘比较平滑，裂缘间的距离比较接近，多沿角细管方向裂开；陈旧的裂隙则裂缝开张，裂缘不整齐，有的裂隙发生交叉。图 12-1a 示蹄裂。

蹄角质的表层裂不引起疼痛，并不妨碍蹄的正常生理机能；深层裂，特别是全层裂，负重时在离地或踏着的瞬间，裂缘开闭，若蹄真皮发生损伤，可导致剧痛或出血，伴发跛行。如有细菌侵入，则并发化脓性蹄真皮炎，也可能感染破伤风。病程较长的易继发角壁肿。

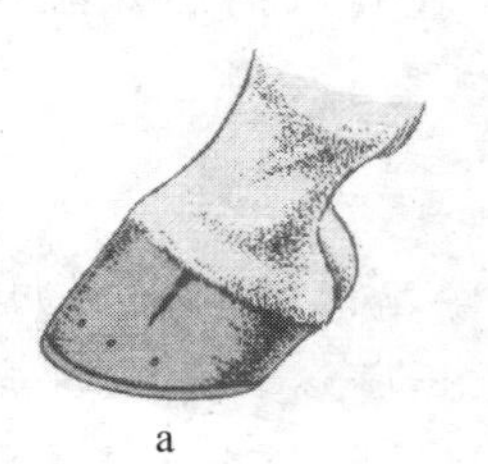
a

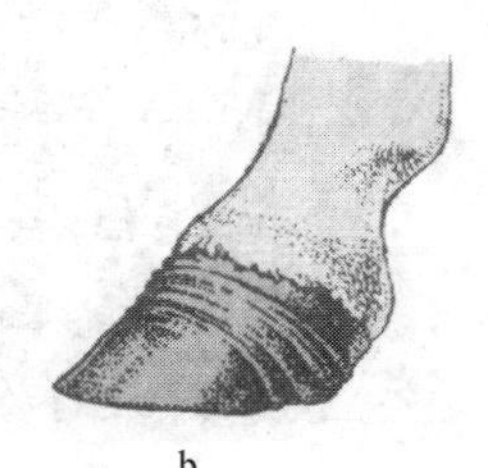
b

图 12-1　蹄裂和蹄叶炎图示

a. 蹄裂　b. 蹄叶炎

四、预后

由于内因而引起的蹄裂，要比外伤性的蹄裂预后更加不良。如有并发症则治疗困难。从发病的部位看，蹄尖壁的蹄裂预后不良。

五、治疗

要使已裂开的角质愈合是困难的，主要是防止继发病和裂缝不继续扩大，应努力消除角质裂缘继续裂开。为了避免裂隙部分的负重，可行造沟法，即在裂缝上端或两端造沟，切断裂缝与健康角质的联系，以防裂缝延长。沟深度 5～7 mm，长 15～20 mm，深达裂缝消失为止，以减轻地面对蹄角质病变部的压力，避免裂隙的开张及延长。主要适用于浅层裂或深层的不全裂。

薄削法用于蹄冠部的角质纵裂，在无菌的条件下，将蹄冠部角质薄削至生发层，患部中心涂鱼肝油软膏，每天 1 次，包扎绷带。促进瘢痕角质的形成，经过一定时间，逐渐生长蹄角质。

用医用高分子黏合剂黏合裂隙，在黏合前先削蹄整形或进行特殊装蹄，再清洗和整理裂口，并进行彻底消毒后，最后用医用高分子黏合剂黏合。

为了防止裂缝继续活动和加深，可用金属锔子锔合裂缝。此法可单独应用，也可以配合其他方法应用。

六、预防

对不正肢势、不正蹄形的马、骡进行合理的削蹄与装蹄，矫正蹄形和保护蹄机。必须经常注意蹄的卫生，适时地洗蹄和涂油，防止蹄角质干燥脆弱。

任务二　蹄冠蜂窝织炎

蹄冠蜂窝织炎是发生在蹄冠皮下、真皮和蹄缘真皮以及与蹄匣上方相邻被毛皮肤的真皮化脓性或化脓坏疽性炎症。

一、病因

主要原因是病菌侵入蹄冠部的皮下组织。往往因蹄冠蹑伤未能及时进行外科处理，以致引起严重化脓而继发蜂窝织炎。亦可由于附近组织化脓、坏死转移所致。在道路不良或经常在阴雨天作业，畜舍不卫生，蹄冠部长时间地遭受粪尿的浸渍，微生物侵入，也能引起本病。

二、症状

在蹄冠形成圆枕形肿胀，有热、痛。蹄冠缘往往发生剥离。患肢表现为重度支跛。病畜体温升高，精神沉郁。以后可形成一个或数个小脓肿，在脓肿破溃之后，病畜的全身状况有所好转，跛行减轻，蹄冠部的急性炎症平息。如炎症剧烈，或没有及时治疗，或治疗不当，蹄冠蜂窝织炎可以并发附近的韧带、腱、蹄软骨的坏死，蹄关节化脓性炎，转移性肺炎和脓毒血症。

三、预后

本病预后要极为慎重，尤其并发蹄关节病时更应注意。严重病例可造成蹄匣脱落。

四、治疗

(一)蹄冠部蜂窝织炎

蹄冠部蜂窝织炎向下蔓延能引起蹄匣蓄脓(趾枕、舟囊化脓)，并在蹄底后缘形成瘘管，治疗可用0.1%高锰酸钾液冲洗蹄底，扩大瘘管口呈漏斗状，再用0.5%高锰酸钾液加压冲洗创腔，然后用5%碘酊处理创腔，再注入魏氏流膏，蹄底敷以5%碘酊纱布块，装上蹄绷带，最好穿上蹄鞋，每周换药两次，治疗需2个月以上。当发生蜂窝织炎、化脓性腱鞘炎和蹄匣蓄脓时，治疗要慎重，治疗时间一般在1～2个月，甚至更长。

(二)取出异物

如有异物扎入则要先取出异物，再按感染创处理，注意检查有无异物残留，并根据异物种类、长短、尖锐程度估计可能扎入的深度。

(三)止血

蹄冠真皮富有血管，出血多时可用灭菌纱布块压迫或用烧烙法止血，深部小血管出血可结扎断端，现场止血用止血带(可用绳子、布条代替)压迫掌(蹠)内侧动脉和指总动脉。

(四)缓解疼痛

为缓解疼痛，加速愈合，还可用2%普鲁卡因施行掌神经(掌支)阻滞或用0.25%青霉素普鲁卡因进行环状封闭，急性期每日一次，化脓创隔1～2 d一次。对严重的感染创可肌注青、链霉素或增效磺胺，以防全身感染症状的出现。

(五)封闭疗法

在发生局部蜂窝织炎和化脓腱鞘炎时，除进行全身抗感染疗法以外，早期应用封闭疗法可缩小炎症范围。

(六)静养

患马必须停止骑乘和放牧。除掉蹄铁，拴于清洁干燥的厩舍内，尽量保持患肢安静，夏季要防止蚊蝇叮咬。

五、预防

预防措施主要包括蹄冠创伤的预防、及时的外科处理和注意蹄部感染创的治疗。

任务三　蹄底刺伤

一、病因

蹄底刺伤是由于尖锐物体刺入马、骡的蹄底、蹄叉或蹄叉中沟及侧沟，轻则损伤蹄底或蹄叉真皮，重则导致蹄骨、屈腱、籽骨滑膜囊的损伤。蹄底刺伤往往引起化脓感染，也可并发破伤风。马的蹄底刺创，前蹄比后蹄多发，尤其多发生在蹄叉中沟及侧沟。蹄角质不良，蹄底、蹄叉过削，蹄底长时间地浸湿，均为刺创发病的因素。刺入的尖锐物体以蹄钉为最多，多因装蹄场有散落旧蹄钉及废弃的带钉蹄铁所致。另外也有木屑、竹签、玻璃碎片、尖锐石片等引起刺创。如果马在山区、丛林地带作业，误踏灌木树桩、竹茬、田间的高粱、豆茬等亦可致本病。

二、症状

刺创后患肢突然发生跛行。若为落铁或蹄铁部分脱落，铁唇或蹄钉可刺伤蹄尖部的蹄底或蹄踵部。如果刺伤部位是在蹄踵，运步时即蹄尖先着地，同时球节下沉不充分。有时刺伤部出血，或出血不明显，切削后可见刺伤部发生蹄血斑，并有创孔。经过一段时间之后，多继发化脓性蹄真皮炎。从蹄叉体或蹄踵垂直刺入深部的刺创，可使蹄深层发炎、蹄枕化脓、蹄骨的屈腱附着部发炎，继发远籽骨滑液囊及蹄关节的化脓性炎症，患肢出现高度支跛。蹄叉中沟、侧沟及其附近发生刺创，不易发现刺入孔，约 2 周后炎症即在蹄底与真皮间扩展，可从蹄球部自溃排脓。若病变波及的范围不明确或刺入的尖锐物体在组织内折断，可行 X 射线检查。

三、治疗

除去刺入物体，注意刺入物体的方向和深度，以及刺入物的顶端有无脓液或血迹附着，并注意刺入物有无折损。如果刺入部位不明确，可进行压诊、打诊，可以切削患部的蹄底或蹄叉以利确诊。

对于刺入孔，可用蹄刀或柳叶刀切削成漏斗状，排出内容物，用 3%过氧化氢溶液注洗创内。注入碘酊或青霉素、盐酸普鲁卡因溶液，填塞灭菌纱布块，涂松馏油。然后敷以纱布棉垫，包扎蹄绷带。排脓停止及疼痛消退后，装铁板蹄铁以保护患部。

如并发全身症状，应施行抗生素疗法或磺胺类药物疗法。应注意注射破伤风抗毒素。

四、预防

要注意厩舍、系马场及装蹄场的清洁卫生。应合理装蹄，蹄底、蹄叉不宜过削。

任务四　蹄叉腐烂

蹄叉腐烂是蹄叉真皮的慢性化脓性炎症，伴发蹄叉角质的腐败分解，是常发蹄病。

本病为马属动物特有的疾病，多为一蹄发病，有时两三蹄，甚至四蹄同时发病。多发生在后蹄。

一、病因

蹄叉角质不良是发生本病的因素。

护蹄不良，厩舍和系马场不洁、潮湿，粪尿长期浸渍蹄叉，都可引起角质软化；在雨季，动物经常于泥水中作业，也可引起角质软化，马匹长期舍饲，不经常使役，不合理削蹄，如蹄叉过削、蹄踵壁留得过高、内外蹄踵壁切削不一致等，都可影响蹄叉的功能，使局部的血液循环发生障碍；不合理的装蹄，如马匹装以高铁脐蹄铁，运步时蹄叉不能着地，或经常装着厚尾蹄铁或连尾蹄铁，都会引起蹄叉发育不良，进而导致蹄叉腐烂。

我国北方地区，在冬季为了防滑，给马匹整个蹄底装轮胎做的厚胶皮掌，到春天取下胶皮掌时，常常发现蹄叉已腐烂。

有人试验，用不同方法破坏四肢的淋巴循环，可引起临床上的蹄叉腐烂。

二、症状

前期症状，在蹄叉中沟和侧沟(通常在侧沟处)有污黑色的恶臭分泌物，这时没有机能障碍，只是蹄叉角质的腐败分解，没有伤及真皮。

如果真皮被侵害，立即出现跛行，这种跛行走软地或沙地时特别明显。运步时以蹄尖着地，严重时呈三脚跳。蹄底检查时，可见蹄叉萎缩，甚至整个蹄叉被腐败分解，蹄叉侧沟有恶臭的污黑色分泌物。当从蹄叉侧沟或中沟向深层探诊时，患畜表现高度疼痛，用检蹄器压诊时，也表现疼痛。

因为蹄踵壁的蹄缘向回折转而与蹄叉相连，炎症也可蔓延到蹄缘的生发层，从而破坏角质的生长，引起局部发生病态蹄轮。蹄叉被破坏，蹄踵壁向外扩张的作用消失，可继发狭窄蹄。

三、预后

大多数病例预后良好，在发病初期，还没有发生蹄叉萎缩、蹄踵狭窄及真皮外露时，经过适当的治疗，可以很快痊愈。如已发生上述变化时，需要长期治疗和装蹄矫正。

四、治疗

将患畜转移到干燥的马厩内，使蹄保持干燥和清洁。

用0.1%升汞液，或2%漂白粉液，或1%高锰酸钾液清洗蹄部，除去泥土、粪块等杂物，削除腐败的角质。再次用上述药液清洗腐烂部，然后再注入2%～3%福尔马林酒精液。

用麻丝浸松馏油塞入腐烂部，隔日换药，效果很好。

可用装蹄疗法协助治疗，为了使蹄叉负重，可适当削蹄踵负缘。为了增强蹄叉活动，可充分削开蹄踵部，当急性炎症消失以后，可给马装蹄，以使患蹄更完全着地，加强蹄叉活动，装以浸有松馏油的麻丝垫的连尾蹄铁最为合理。

引起蹄叉腐烂的变形蹄应逐步矫正。

任务五　蹄叶炎

蹄叶炎是蹄壁真皮，特别是蹄前半部真皮的弥漫性非化脓性炎症。常见两前蹄同时发病，也有两后蹄或四蹄同时发病的，一蹄单发的病例甚少见。本病以突然发病，疼痛剧烈，症状明显为特征。如不及时合理治疗，往往转为慢性，甚至引起蹄骨下沉和蹄匣变形等后遗症，严重影响运动能力。蹄叶炎可广义地分为急性、亚急性或慢性。常发生在马、骡等家畜的两前蹄，也发生在所有四蹄，或很偶然地发生于两后蹄或单独一蹄发病。我国北部地区，骡、马的蹄叶炎多发生于麦收季节。骑马、赛马时有发病。有的国家曾报道，骟马蹄叶炎发病率比母马和公马的发病率低。

一、病因

致病原因尚不能确定，一般认为本病属于变态反应性疾病，但从疾病的发生看，可能为多因素致病。广蹄、低蹄、倾蹄等在蹄的构造上有缺陷，躯体过大使蹄部负担过重，均为发生蹄叶炎的因素。蹄底或蹄叉过削、削蹄不均、延迟改装期、蹄铁面过狭、铁脐过高等，均能使蹄部缓冲装置过度劳累，成为发生蹄叶炎的诱因。

运动不足，又多给予难以消化的饲料；偷吃大量精料，分娩、流产后多喂精饲料，引起消化不良；同时肠管吸收毒素，使血液循环发生紊乱，均可导致本病。长途运输；在坚硬的地面上长期站立；有一肢发生严重疾患，对侧肢进行代偿，长时期、持续性担负身体质量，势必过劳；马匹骤遇寒冷使体力消耗等，均能诱发本病。蹄叶炎有时为传染性胸膜肺炎、流行性感冒、肺炎、疝痛等的并发病或继发病。目前认为，急性蹄叶炎开始是循环变化引起生角质细胞的代谢性改变。试验显示，组织胺、乳酸可引起血管痉挛，血管扩张和血液凝结。但每种学说只能说明部分病因，不能解释所有的现象。

二、症状

患急性蹄叶炎的家畜，精神沉郁，食欲减少，不愿意站立和运动。因避免患蹄负重，常常出现典型的肢势改变。如果两前蹄患病时，病马的后肢伸至腹下，两前肢向前伸出，以蹄踵着地。两后蹄患病时，前肢向后屈于腹下。如果四蹄均发病，站立姿势与两前蹄发病类似，身体体质量尽可能落在蹄踵上。如强迫运步，病畜运步缓慢、步样紧张、肌肉震颤。

触诊病蹄可感到增温，特别是靠近蹄冠处。指(趾)动脉亢进。叩诊或压诊时，可以查知相当敏感。可视黏膜常充血，体温升高(40～41℃)，脉搏频数(80～120 次/min)，呼吸变快(50～60 次/min)。

亚急性病例可见上述症状，但程度较轻，常限于姿势稍有变化，不愿运动。蹄温或指(趾)动脉亢进不明显。急性和亚急性蹄叶炎如治疗不及时，可发展为慢性型。

慢性蹄叶炎常有蹄形改变。蹄轮不规则，蹄前壁蹄轮较近，而在蹄踵壁的则增宽。慢性蹄叶炎最后可形成芜蹄，蹄匣本身变得狭长，蹄踵壁几乎垂直，蹄尖壁近乎水平。当站立时，健侧蹄与患蹄不断地交替负重。X 射线摄影检查，有时可发现蹄骨转位以及骨质疏松。蹄骨尖被压向后下方，并接近蹄底角质。在严重的病例，蹄骨尖端可穿透蹄底。

三、病理变化

蹄叶炎的发病机理尚没有确定，许多学者从多方面进行了研究。有人用放射酶法检查了患蹄叶炎病马的血浆，证明血浆中组织胺水平明显升高，说明组织胺与本病发生有关。

更多的学者认为血液循环障碍或紊乱是引起本病的重要因素。许多学者观察真皮微血管形成栓塞与马蹄叶炎的发生有直接关系。有人从血小板数、血小板存活时间、血小板在血管壁的黏性、凝血时间和全血再钙化时间等方面确定患蹄叶炎马的凝血机理发生改变。

有人用放射性同位素闪烁图研究、组织学检查和反向动脉造影，证实马蹄叶炎时，蹄壁真皮血管有血栓形成。

四、预后

马、骡蹄叶炎的预后与病的程度、患蹄数目和恢复的速度有关。

几天内恢复得预后良好，多于 7～10 d 的病例，预后应慎重。蹄骨尖已穿破蹄底的，预后不良。

五、治疗

治疗急性和亚急性蹄叶炎有四项原则，即除去致病或促发的因素、解除疼痛、改善循环、防止蹄骨转位。

(一)急性蹄叶炎疗法

1. 泻血疗法

对体格健壮的病畜,发病后立即泻血 1 000～4 000 mL;也可用小宽针扎蹄头血,放血 100～300 mL。

2. 冷却或温热疗法

发病最初 2～3 d 内,对病蹄施行冷脚浴,即使病畜站立于冷水中,或用棉花绷带缠裹病蹄,再用冷水持续灌注,每日 2 次,每次 2 h 以上。3～4 d 后,仍不痊愈,就必须改用温热疗法,如用 40～50℃温水加入醋酸铅进行温脚浴,或用热酒糟、醋炒麸皮等(40～50℃)温包病蹄,每日 1～2 次,每次 2～3 h,连用 5～7 d。

3. 普鲁卡因封闭疗法

静脉内封闭:用 0.25%普鲁卡因注射液 100～150 mL 静脉注射,隔日 1 次,连用 3～4 次。

掌(跖)神经封闭:取加入青霉素 20 万～30 万 IU 的 0.5%～1%普鲁卡因液,掌(跖)内、外侧神经周围分别注入 10～15 mL,隔日 1 次,连用 3～4 次。

趾(指)动脉封闭:用加入青霉素 20 万～40 万 IU 的 1%普鲁卡因液 10～15 mL,分别注入指内外侧动脉或跖背外侧动脉内,隔日 1 次。动脉内注射时,因压力大,不易注入,因此可用金属注射器直接连接针头。

4. 脱敏疗法

病初可试用抗组胺药物,如盐酸苯海拉明 0.5～1 g 内服,每日 1～2 次;10%葡萄糖酸钙液 100～150 mL、10%维生素 C 20 mL,分别静脉注射;0.1%肾上腺素 3～5 mL 皮下注射,每日 1 次。

5. 清理胃肠

对因消化障碍而发病者,可内服福尔马林 20 mL、食盐 200 g、常水 5 000 mL 的混合液,每日 1 次,连服 3～5 次。

6. 中药疗法

处方:茵陈 24 g,当归 31 g,川芎 16 g,桔梗 22 g,柴胡、红花、紫苑、青皮、陈皮各 19 g,乳香、没药各 12 g,杏仁(去皮)16 g,白芍、白药子、黄药子各 16 g,甘草 9 g,共为末,开水冲服。

(二)慢性蹄叶炎的治疗

根据病情除适当选用上述疗法外,对病蹄主要采用持续的温脚浴,并及时修正蹄形,防止形成芜蹄。对个别引起蹄踵狭窄或蹄冠狭窄的病例,除温脚浴外,可锉薄狭窄部蹄壁角质,以缓解压迫,并配合合理的装蹄疗法。

(三)芜蹄矫正法

对已经形成芜蹄的病例,可锉去蹄尖下方翘起部,适当削切蹄踵负面,少削或者不削蹄底和蹄尖负面,在蹄尖负面与蹄铁之间留出 2 mm 的空隙,以缓解疼痛。修配蹄铁时,应注意不要压迫蹄底,在蹄铁上面修出内斜面,在铁头两侧设侧铁唇,下钉稍靠后方。也可装橡胶蹄枕或橡胶掌。

六、护理

从治疗开始，先除去蹄铁，将病畜安排在宽大、温度适宜的厩舍内，多垫柔软的干草，让其自由躺卧。不能站立的重症病畜，每天多次人工辅助翻身，以防发生褥疮。喂以青草或好干草，少喂豆类、麸皮。病畜如能站立，可让其在软地上自由活动。

思考题

1. 简述蹄底刺伤的治疗措施。
2. 简述蹄叶炎的病因及治疗措施。
3. 简述蹄底腐烂的治疗方法。

模块四 马匹养护与疾病防治实践实训

实习一 马匹各部位的识别与操纵要领

实习二 马匹的年龄鉴别

实习三 马匹的外貌鉴定

实习四 马体刷拭与护蹄

实习五 马的日粮配合实例

实习六 马鼻疽的检疫

实习一　马匹各部位的识别与操纵要领

一、目的要求

（一）练习

正确接近马匹和控制马匹的操作方法，以期在日常管理工作中，防止事故，保障人马的安全。对于初学者是一个学习基础，所以需要认真地、细心地操作。

（二）熟悉

马匹各部位名称及骨骼基础，为外形鉴定打下基础。

二、材料

马若干匹，水勒、笼头等。

三、方法步骤

先由教师讲解示范，然后分组进行操作。

1. 马匹的接近

接近马匹的方法：马是家畜中神经系统比较发达的动物，对外界的刺激反应较敏感。它感觉发达，记忆力强，比较温驯，但往往由于调教和管理不当，操作不得法，使马匹对人产生对抗情绪，在接近时可能造成事故，因此接近时必须注意以下几点。

①胆大心细：当接近或牵引马匹时，必须谨慎，但要坚强。接近时要经常注意马的表情和动作。主要观察耳、眼、口、鼻、躯干和四肢行为，而且这些动作表现为联合行为。

两耳前竖，表示恐惧；伏向后方，表示蹴踢。

两耳动作频繁，向四周探听着，表示疑惑不安。接近时应先以轻缓的声音打招呼，然后再慢慢接近，抚拍其肩部安慰之。

竖耳，鸣鼻，怒目凝视，为马恐惧之极的表现，且有向人、畜示威之意，接近时必须十分注意。首先消除其恐惧心理，而后开始接近。

前肢扒地，表示一种愿望和要求，两耳背向后方，后躯转动，尾夹于两股之间多为蹴踢之预兆。

②接近马匹时不宜贸然接近，应先向饲养员了解马匹的习性，有无恶癖，然后首先给以温和的声音或呼喊马名，随后再接近，免得突然接近时引起人马事故的发生。接近的位置按照一般习惯，由马的左前侧接近，不要从正前或后边去接近。

③接近后不应立即触摸马体不习惯接触或比较敏感、接近时危险性较大的部位。如耳

朵、腹下、肷部、阴囊、乳房、肛门、四肢下部等。应首先轻拍肩部、颈部、背部,而后再到头部、体侧、四肢下部等,否则会引起马匹不安或蹴踢。

2. 戴笼头或装勒

动作要温和轻快,操作正确,不然的话,往往因操作不当,动作粗硬造成马匹拒绝戴笼头或马鞍的恶癖,如转圈、昂头、低头、紧闭口齿等现象。装勒方法各地大同小异,略难于戴笼头,故现将装勒方法略述于下:将缰绳套于右臂(或右手握住),右手提项革,左手拇指及食指顶开嚼环,再轻压马的口角,马口即张开,把口衔送入马口,右手提举项革迅速套入耳后,再将门鬃理出额革,调节其颊革之长短,扣上喉革,使松紧适度。

3. 马匹的控制

(1)保定　在鉴定时,保定的方式依鉴定者位置的变动而有所差异。通常是将缰绳从颈部脱下,人立于马头左侧方,右手握缰绳的余部,自然下垂,让马头自然高举,四肢站立端正,最好使马站成驻立姿势。如果鉴定者在侧面观察马时,保定者应即立于马头前方,而双手分握两缰环之上方保定之,保定者移至马的左侧保定之。

(2)牵引　引马前进,以一般保定的状态导马前进。在引马前进时,应先给以口令,不宜突然引缰压迫口角,如马不前进时,可将马头向外侧推动,待其前肢走动时,再导马前进,即可引走。在行走时,如马行进过急或奔跑时,则以右手压缰,仍不能制止,则以人之肩背紧贴马之肩胸侧压缰制止。

(3)转弯　为防止马踏人脚,可向外侧转弯。在不熟练牵马的情况下,更要如此。

(4)停止前进　右手轻轻压缰,并给以口令,如马仍不停止,可用右肘压马的肩部使其停止。

(5)后退　以让马停止之势,右手用力压缰,同时给“散、散”的口令。让其后退,如马仍不后退时,可以让其前进几步再令其后退,或人站在马左前方,左手持缰,右手推压马的颈肩部使其后退。

4. 举肢

(1)举前肢　举左(右)前肢时,人要站在马体的同侧,面向马的后方,人的左(右)腿向后半步站立,左(右)腿向前半步,用左(右)手推马的肩部,使马体重心移向对侧,同时左(右)手由前方握住管部,并结合轻轻的口令声“抬、抬”,将前肢徐徐举起,然后换左(右)手握住系部,同时左腿向前半步,将马的前膝置于操作者的左(右)腿上。放下前肢时,先将左(右)腿撤离,同时换手,右(左)手握管,左(右)手推其肩部,将肢放下。

(2)举后肢　举左(右)肢时,人要站在马体同侧,面向后方,两腿分开站立,右(左)腿在前,左(右)腿在后。左手推压马的腰角,使其重心移向对侧,右(左)手沿股而下。由前方握住管部,并附之以“抬、抬”的口令声,将后肢举起,同时人的左(右)腿向前迈出一步,将球节放在左(右)腿上,此时换手,左手握住系部,在放肢时,换手,推腰角放肢,人从左(右)侧迅速离开马的后肢,以免意外发生。

四、马体各部位名称的识别

(一)头部

从颈脊到下颚缘的连线为头颈之分界线。头部包括以下若干部位。

1. 项部

项部是由枕骨脊到第一颈椎的部位。

2. 额部

以额部为基础,在头的正面,两眼连线以上,两耳间连线以下。

3. 鼻梁

梁骨为基础的正面部分。

4. 面颊

面颊位于头的两侧面。

5. 眼盂

眼盂即眼上方的凹陷部分。

6. 颞颥

颞颥即突出于头的两侧上方的突隆部。

7. 耳下

耳下是以耳下腺为基础的耳下部分。

8. 颚凹

两下颌支缘的凹陷叫颚凹。

9. 颐

突出于下唇的后方,颐上的凹陷颐。

10. 头础

头和颈相连的部位称头础。

(二)颈部

颈部以七个颈椎为基础,颈前面与头相连,后方以颈础为界,它包括颈上缘、鬣床、颈下缘、颈沟。

(三)躯干部

1. 鬐甲

鬐甲 2~12 胸椎的棘突为基础,联通两侧的肩胛软骨、肌肉,韧带结合成的体表部分。第 3 至第 5 胸椎棘突构成鬐甲的最高点。

2. 背部

背部以后 6 个胸椎和肋骨的上部为基础,两侧为体侧上 1/3 以上的体表部分。

3. 腰部

腰部以 5~6 腰椎为基础的体表部分。

4. 尻部

尻部的骨骼基础是荐椎和髋骨,前边以两腰角前缘的连线为界,侧面是腰角到臀端的连线，后面为臀端以上的体表部分。

5. 尾部

尾部由17～19个尾椎构成，分为尾根、尾干和尾毛。

6. 胸廓

胸廓上方为胸椎，侧面为肋骨，线面为胸骨及剑状软骨，后面为横膈膜。有外观出界线是从颈基础到最后一根肋骨之间的部分。

7. 腹部

腹部位于胸廓的后缘到骨盆腔的前缘。上部的骨骼基础是腰椎，前面以横膈膜为界和胸前分界。下壁及侧壁有腹肌及腱层、肌膜等构成。

8. 肷部

肷部为由季肋到腰角间的凹陷处。

9. 腰角

腰角即以髋骨外粗隆为基础的体表突起部分。

10. 臀端

臀端是以坐骨粗隆为基础的体表部分。

11. 臀部

臀部是由臀端以下胫骨的上1/3处的后面部分。

12. 胁部

胁部即四肢与体躯相接处的部位。前面为前胁（腋部），后面为后胁（鼠蹊）。

13. 带胫

带胫距肘端后一掌的胸下部，亦即肚带通过的部位。

另外还有肛门、阴筒、阴囊、外阴部等部位。

（四）四肢部

1. 前肢

骨骼基础是肩胛骨和肩胛软骨，位于1～8肋骨的侧上方，鬐甲、肩胛部的下方，由强大的肌肉、韧带和躯干相连。

（1）上膊部　以肱骨为骨骼基础。

（2）肘部　以尺骨头为基础。

（3）前膊部　以桡骨和尺骨为基础。

（4）前膝部　以7块腕骨为骨骼基础。

（5）前管　以管骨和两个副腕前骨为基础。

（6）球节　在管骨的下端，以第一指骨与掌骨种子骨为骨骼基础所构成的关节。

（7）系部　以第一指骨为骨骼基础。

（8）蹄部　以第二、三指骨为骨骼基础。

2. 后肢

（1）股部　骨骼基础是股骨，上与髋关节连接。股部附以强大的肌肉。

（2）后膝部　以股胫关节及膝盖骨为骨骼基础。

（3）胫部　胫骨为基础，外侧附有腓骨。

（4）飞节　骨骼基础为6块跗骨。

(5)后管部　骨骼基础为两个跗骨及跖骨。

(6)附蝉　位于前膊内侧及后管内侧之黑斑,俗称夜眼。管以下部位同前肢。

马体部位图见实图-1。

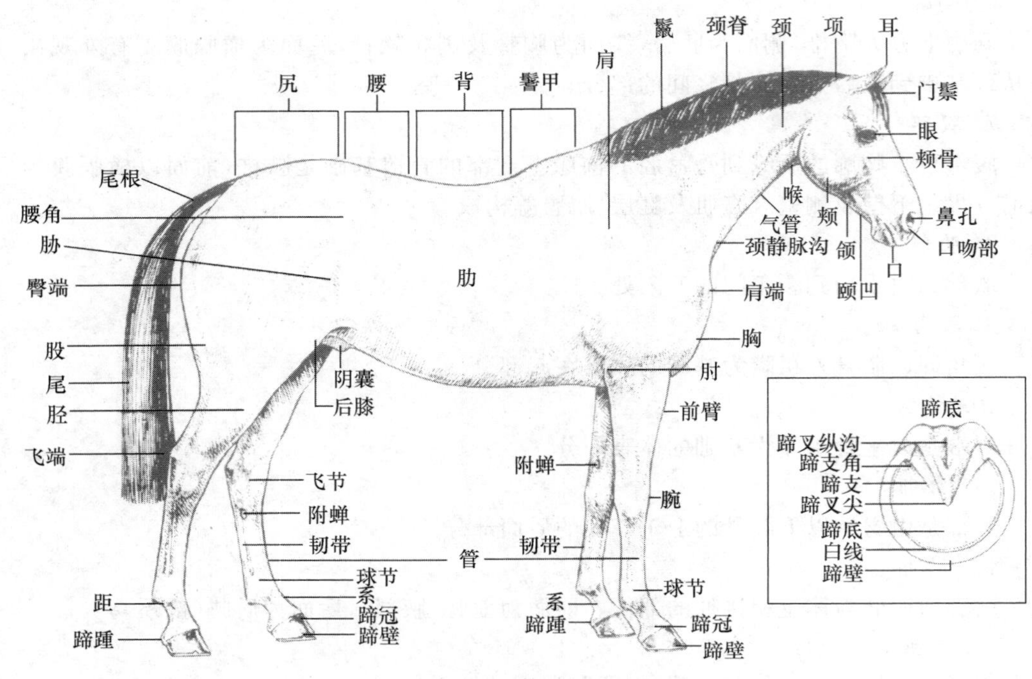

实图-1　马体部位图

五、作业

作业一:填写马体各个部位图。

作业二:在实习操作中,如何接近马匹才安全?

实习二 马匹的年龄鉴别

一、目的

马的年龄与生产力、繁殖力有着密切的关系。选购马匹或进行育种登记,也应了解马的年龄。要正确使役和饲养马匹,也应视马年龄大小分别对待,故年龄鉴定是养马不可少的基本知识。通过本实习,熟悉并掌握马匹年龄鉴别的基本方法。

二、材料

牙齿标本、挂图、照片及马若干匹。

三、鉴别年龄的方法

(一)根据外貌鉴别年龄

1. 老龄马

皮肤少弹性,皮下脂肪少,显得瘦弱,眼盂凹陷,眼皮下垂,背有明显凹陷或弓起,下唇松弛而下垂,肛门、阴户松弛而未开。

2. 幼龄马

皮肤薄,紧而有弹性,肌肉丰满,背毛光泽,四肢较长,体躯较短,眼盂饱满,口唇薄而紧闭,额部较为突出,鬣毛短而直立。

(二)根据毛色鉴别年龄

青毛马随年龄增大,白毛的比例增多,所谓"七青八白九斑点,狗绳上脸十三年"。就是反应毛色与年龄的关系。

(三)根据瞳孔判定年龄

方法:操作者站在马头的左侧稍后处,相距半步距离,右手持马勒,将马头稍向上举起置于胸前相齐即可,此时人的影像即映入马的眼里,一般地随着马匹年龄逐渐增大乃至衰老,人在马眼里的影像也由长逐渐变短,仅留下上半身。若人的整个身体映入马的眼里,此马即为年青马,10 岁以下,若人身影像只能映现出上半身,即为壮龄马,年龄在 10~15 岁,若人的影像仅映出前胸以上部分,此马即为老龄马,年龄在 15 岁以下。

(四)根据牙齿鉴别年龄

此法应用最广,而且准确。本法主要是根据切齿磨灭面的变化,参考其规律而鉴定,在 8 岁以下较为准确。

1. 成年公马的齿式

臼齿	犬齿	切齿	犬齿	臼齿
6	1	6	1	6
6	1	6	1	6
臼齿	犬齿	切齿	犬齿	臼齿

2. 成年母马的齿式

臼齿	犬齿	切齿	犬齿	臼齿
6	0	6	0	6
6	0	6	0	6
臼齿	犬齿	切齿	犬齿	臼齿

3. 牙齿的构造

由外向内看，最外层为白质，污黄色，起保护作用，且可固定牙齿，和白垩质相邻的一层叫珐琅质层，色蓝白，质坚硬，珐琅质层在咀嚼面向内凹陷形成齿坎，齿坎上面的凹窝叫黑窝，一般下颌齿黑窝深约为 6 cm，上颌切齿黑窝深 12 cm，齿坎下部称齿坎痕。上下切齿齿坎深 14 cm。再向内是牙齿的主质部分，即象牙质，呈浅黄色。在牙的近中心部为齿髓腔。齿髓腔露在齿咀嚼面时称为齿星。

4. 切齿之名称

中间一对称门齿；门齿两侧各一对称中间齿；切齿边缘的一对称隅齿。

5. 年龄鉴别的根据(主要根据切齿变化)

(1)根据牙齿生长和脱换次序　参见实表-1。

实表-1　马牙齿生长和脱换次序

	发生期	脱换期
门齿	生后 1～2 周	2 岁半
中间齿	生后 3～4 周	3 岁半
隅齿	生后 3～6 周	4 岁半
犬齿	4～5 岁	—

一般地说，马匹在正常情况下，5 岁以前都脱换成永久齿，所以我国农村常称 5 岁马的口齿为“齐口”。因此，马自出生至 5 岁的这个阶段称为幼年。乳齿与永久齿的区别见实表-2。

实表-2　乳齿与永久齿的区别

齿别	色	齿根	齿列间	纵沟
乳齿	乳白色	有三角形之空隙	大	齿面有多条细纵沟
永久齿	污黄白色	无空隙	小	齿面有 1～2 条粗纵沟

(2)根据牙齿磨灭情况　据上所述，马的下颌切齿的齿坎(黑窝)深度约为 6 mm，上颌齿的约为 12 mm，每年约磨损 2 mm，故下颌切齿黑窝约 3 年磨完，上颌齿约 6 年磨完。

黑窝磨灭消失：下颌门齿 6 岁，中间齿 7 岁，隅齿 8 岁。

上颌切齿 9 岁；中间齿 10 岁；隅齿 11 岁。待黑窝磨灭之后，在牙的磨面上就先出现了长条状的微黄色的齿星，下颌切齿在七八岁以后，上颌切齿在九十岁以后就可以根据齿星的出现来判断年龄。齿星出现的顺序：下颌门齿 8 岁；中间齿 9 岁；隅齿 10 岁。

上颌门齿 10 岁，中间齿 11 岁；隅齿 12 岁。

以后齿星经磨灭后逐渐变宽变短，并逐渐移向牙齿中央。

(3)根据齿面之形状　切齿在开始磨灭时磨灭面呈黄椭圆形，随年龄增大，横径逐渐缩短，纵径逐渐增长，到 9 岁时，下门齿咬面近于椭圆形，12 岁时呈圆形，15 岁以上近似三角形，18 岁以上呈纵椭圆形或三角形。

(4)根据上下切齿咬合之角度　幼壮龄马上下切齿之咬合角度大而钝，老龄马的角度小而锐。

(5)根据牙齿燕尾之出现　燕尾出现是由于上下切齿磨灭时咬合之角度不同，上隅齿之后部和下隅齿不能磨灭，而形成一燕尾状突起，即为燕尾。其出现的情况如下。

6 岁：燕尾出现(这时正下门齿黑窝消失，故可作为辅助鉴别)。

7 岁：燕尾明显。

12 岁：燕尾第二次出现。

13 岁：燕尾明显。

下颌切齿磨灭规律见实表-3。

实表-3　下颌切齿磨灭规律简表

齿别	磨灭	下门齿	下中间齿	下隅齿
乳齿	发生	0～2 周	4～8 周	5～9 年
	黑窝磨平	1 年	1.5 年	2 年
	换牙	2.5 年	3.5 年	4.5 年
永久齿	上下齿开始磨损(接触)	3 岁	4 岁	5 岁
	黑窝磨平	6 岁	7 岁	8 岁
	齿星出现	8 岁	9 岁	10 岁
	齿星位于齿面中间部，近似圆形	12 岁	13 岁	14 岁
	齿坎痕消失	13 岁	14 岁	15 岁
	咬面形状			
	椭圆形	9 岁	11 岁以前	
	类圆形	12～14 岁	12～14 岁	
	三角形	15～18 岁	15～18 岁	
	纵三角形	18 岁以上	20 岁以上	

判断年龄的齿诀如下。

齿诀

口齿每年有变化，要看下面三对牙。
三四五岁换横牙，黑窝消失六七八。
九十进一齿坎小，上齿黑窝也将失。
齿痕深有二厘米，十年以后才磨光。
齿星落在齿痕前，八九岁时现横纹。
十二三四齿面圆，跟着不见齿痕痕。
十五六七似三角，只有齿星磨不掉。
再老变成纵卵圆，而且齿长向前斜。

四、方法步骤

首先观察牙齿模型和实物标准，然后现场实习，教师辅导等，通过这些方法完成本实习。

五、作业

作业一：描述你所鉴定的马匹的牙齿特征并判断其年龄。

作业二：背诵齿诀。

实习三　马匹的外貌鉴定

一、目的要求

在马的育种工作中，外貌鉴定是育种的重要项目之一，通过本实习要求熟练掌握马匹的外貌鉴定方法。

二、材料

马的各种外形挂图，马匹若干。

三、内容

(一)马匹的品种和经济类型特点

1. 骑乘型

结构：多呈高方形、紧凑、肢长。

头：一般轻而干燥，多呈直头或凹头。

颈：长而有一定的厚度，不显过分单薄，颈础高。

鬐甲：高而长，且有一定厚度。

背腰：短而直。

尻：平而长，多卵圆尻，亦有呈水平尻的。

胸：深而略窄。

四肢：肩长而斜，上膊长，系长富弹性，蹄多呈正蹄形，蹄质坚实；胫骨长，胫、股骨角度小。

鬃鬣尾：毛长细、稀。尾基高。

2. 重挽型

结构：多呈长方形，体格粗大、躯长，肢短，肌肉丰满。

头：一般重大且干燥，多呈兔头或半兔头。

颈：短粗，颈脊高，颈础低。

鬐甲：低而短厚。

背腰：相对长而宽广。

尻：稍斜而短，多呈复尻或圆尻。

胸：宽而深。

四肢：肩短而稍立，上膊短，系短，多广蹄，股胫之间角度大。

3. 兼用型

兼用型介于骑乘型与重挽型之间，偏乘者为乘挽兼用，偏挽者为挽乘兼用。

(二)马体各部鉴定

1. 头与颈

(1)头　头的形状可以反映出马匹品种的特性和禀性，马的头型一般分为直头、兔头、半兔头、鲛头、楔头和羊头等。

头的大小可以反映出马体全身骨骼的发育程度与体质结实与否，头小则骨骼较细致，头大则骨骼较粗重。

头的方向与地面约呈45°角为合适。

头的其他部位：项应长宽而稍隆起为良；耳以向上前方直立，薄而尖者为佳；眼要求大而有神；颚凹要广而深；鼻孔应大而开张，鼻翼柔细；牙齿应排列整齐。

(2)颈　颈的形状与姿势和工作能力有关，一般分直颈、鹤颈、鹿颈、脂颈和水平颈等。

颈的方向分垂直、斜、水平三个方向。一般以与地面呈45°角为合适。

颈的厚薄：重型马较轻型马厚，公马较母马为厚。

颈的长短以与头长成1∶1为宜，轻型马的颈较重型马的长。

2. 躯干

(1)鬐甲　其形状、高低、长短因不同品种、性别、年龄而异，与步幅之大小有关，一般轻型马的鬐甲应高而长，挽马较低而短。

(2)背腰　背腰的形状依不同品种和营养情况而不同，一般分为直背、凹背、凸背、复背。背腰的长短，一般要求背较长，腰较短，但过短、过长都会影响马匹的工作能力。

背腰的宽狭：一般要求较宽为好。

(3)尻　尻的长短以较长为宜，并应与尻宽大致相等。

尻的宽度以较宽为宜，尻幅愈大，工作能力亦愈强，挽马要求尻部较宽，但过宽亦影响速度。

尻的方向以与地面呈18°～22°谓正尻，过平则缺乏挽力，过斜者则缺乏速度。根据方向不同分水平尻、正尻和斜尻。

尻的形状分卵圆尻、复尻、尖尻。

(4)胸部　胸部愈大则肺愈发达。肺活量的大小影响马匹的生命和工作能力。因此要求胸部长、宽、深为好。当然过宽者亦影响其速度。在正肢势的状态下，两蹄之间能放下一马蹄者为中等宽的胸。

(5)腹部　腹部按形状可分卷腹、草腹和垂腹。腹的大小，一般母马由于怀孕的关系可以稍大，而公马腹部不宜过大，过大则影响交配能力和工作能力。

(6)尾　一般骑乘马尾根着生的位置较高，尾毛细而稀，而重挽马尾根附着低，毛粗而多。

(7)生殖器　公马之生殖器，要求阴囊皮肤薄，有伸缩力，无隐睾、单睾、“赫尔尼亚”。阴茎要包于阴筒内，阴茎上无疱疹和损伤。

母马之生殖器，处女母马要求阴户紧闭；而成年母马不可过于紧闭。乳房要求发达，乳头应正常，无发炎症状。

3. 四肢

(1)前肢　肩以上宽倾斜为良好，上膊前肢的活动快而有力，但要求肌肉附着发达。前膊应垂直、较粗，肌肉附着良好，长则步幅大，膝要求深、宽、厚，轮廓明显。管部不要过细，坚强为佳。系部过长易于疲劳，但过短缺乏弹力，速度较慢，故以不长不短坚强有力为宜。蹄要求坚实，高低深度适宜，无裂口、腐烂和损伤等。

(2)后肢　股以有适当宽度和长度，而且肌肉紧实有力，与地面呈 80°角，外观丰圆为良。后膝关节应大而圆实，其角度小者适于速度快的轻型马。胫部长者则收缩力大，步幅也长，速度亦快，与地面呈 60°～70°角为宜。飞节要求长广而强大，干燥明显，凹凸清晰，飞端向后上方突出，并与管部连接合适为良。其他如管、球节、蹄要求与前肢相同。

(3)肢势　马匹驻立时，四肢所呈现的姿态叫作肢势。

①正肢势：分前后肢介绍如下。

a. 前肢：前望由肩端引垂线，将前肢及蹄左右二等分。侧望由肩胛骨中线上 1/3 处引垂线，将球节以上各部分前后等分，垂线通过球节后缘落于地面。

b. 后肢：后望自臀端引垂线，将飞节、管、蹄左右二等分。侧望该垂线沿着飞节、管和球节的后缘落于蹄后。

②不正肢势：可分为前踏、后踏、狭踏、广踏，外弧、内弧，外向、内向，集合、开张等不正肢势。

4. 马的失格

马体结构上有某项缺点或不适于某种用途的部位、特点称为失格。如头过大过小、颈过长、单薄、背过长过短、凹背、胸廓扁平、草腹、卷腹等。轻型马头过垂、狮胸亦为失格，失格可以补偿。

5. 马的损征

马体局部发生的严重缺点叫作损征，损征有先天和后天之分，多发生在四肢部，对马的工作能力、种用价值影响很大，鉴定时要特别注意，常见的有趾骨瘤、飞节软肿、球节软肿、腱肥厚、熊蹄、裂蹄等。损征不能补偿。

(三)外貌评分办法

该表外貌评分栏(实表-4)共分为三大部分(组)：头、颈、躯干、四肢、体质、结构。每组又分为五个部分。鉴定评分时按表格程序，对每项部位，按实际表现在其评语下方分别标记以“O”(表现明显)、“V”(表现中等)、“—”(表现轻微符号)，并进行综合评定，若表现良好，给予 2 分；表现合格，给予 1 分；表现不良，给予 0 分；将每部分的评分加起来即为该组的评定分数。三组中评分最低的一组的分数即作为外貌鉴定总评分数。

例如：第一组的评分为：头颈—合格，得 1 分；鬐甲和肩胛—良好，得 2 分；背腰—合格，得 1 分；尻—合格，得 1 分；胸—良好，得 2 分。第一组评分为 1＋2＋1＋1＋2＝7 分。第二组评分为 1＋1＋2＋1＋0＝5 分。三组中得分最低的一组为第二组，为 5 分。因此，外貌总评分数为 5 分。

外貌总评之后，还应以文字描述，在“外貌鉴定评语”栏内对该马的主要优点缺点扼要记叙之。

在外貌鉴定前，如发现该马有严重损征或严重遗传缺陷，一般就不进行外貌详细评定，而予淘汰处理。

四、作业

作业一：鉴定两匹马，并在鉴定表格上详细记叙下来。

作业二：试述轻、重二型马在外貌上的不同点。

实表-4　马匹外貌鉴定表

群别：　　　　　　　　　　　　　　　　　　　　　　　　鉴定日期：

马号		性别		毛色		出生年月	

部位		表现状况	评分
头颈躯干	头	大、中、小，粗重、干燥，正、凹，兔、半兔、羊	
	眼	大、中、小	
	耳	长、中、短，垂、中、立	
	颚凹	宽、中、窄	
	颈	长、中、短，斜、中、平、厚，中、薄、鹿、鹤直	
	颈础	高、中、低，深、中、浅	
	鬐甲	长、中、短，高、中、低，宽、中、窄	
	肩胛	长、中、短，直、中、斜，开、中、合	
	背	长、中、短，直、凸、凹，宽、中、窄	
	腰	长、中、短，凸、凹、平	
	尻	长、中、短，深、中、浅，正、中、斜，深、中、浅	
	胸	宽、中、窄，深、中、浅，凸、平、凹	
第一部分鉴定评分			
四肢	肢势	前：正、广、狭，X 状、O 状，内向、外向	
	膝	大、小、中，直、弯、凹，清楚、模糊	
	管	干燥、粗糙、细弱	
	管骨	骨瘤、粗糙、腱明显	
	球节	良、一般、不良	
	系	长、中、短，正、立、卧，趾骨瘤	
	肢势	后：正、广、狭，X 状、O 状，内向、外向	
	飞节	强、中、弱、正、曲、直、肿、骨瘤、飞端肿	
	管	干燥、粗糙、细弱	
	管骨	骨瘤、粗糙、腱明显	
	球节	良、一般、不良、肿	
	系	长、中、直正，文、卧，趾骨瘤	
	蹄	大、中、小，正、高、低，内向、外向	
	角质	坚、松、裂、粗糙	
第二部分鉴定评分			
体质结构	结构	协调、不协调，长躯、短躯，长肢、短肢	
	失格	无、轻、重，单睾、隐睾，阴门闭合不全	
	秉性	性格：呆、钝、温驯、不驯；悍威：强、中、弱	
	肌腱	肌肉：优良、中、不良；腱及韧带：良、中、不良	
	体质	粗糙型、细致型、紧凑型；疏松型、干燥型、湿润型	
第三部分鉴定评分			
外貌鉴定总评分			

外貌鉴定评语	主要优点	
	主要缺点	
鉴定人签字		

实习四　马体刷拭与护蹄

一、目的要求

刷拭可以保持马体的清洁，刺激皮肤的神经、血管，以加强其代谢机能，从而增强马匹对外界环境的抵抗能力，有助于马体健康。护蹄可以保护马蹄及四肢，矫正不良肢势及蹄形，促进蹄质的正常生长，充分发挥马匹的工作能力。通过实习操作，要求掌握刷拭和护蹄的方法。

二、材料

马匹若干，草束、毛刷、铁刨、木梳、洗涤桶、拭布、清水等。

三、内容

(一)马体刷拭

1. 注意事项

①动作要平稳有力。

②按照一定的顺序进行刷拭。

③在知觉敏感部位(如颜面、腹下、四肢内侧等)只许顺毛刷，用力不可太大，特别注意不易刷拭之处，如体表凸起与凹陷部分。

④工作时，要随时注意马的踢咬。

2. 操作顺序和方法

先用草束粗刷马体全身。除去沾污之粪便及泥土等。再用毛刷仔细刷净马体。刷拭时，应不断用铁刨刨去毛刷上的马毛和泥土，刷拭时，由前到后，由上到下，先左后右，顺序进行。刷拭马体左侧时，以左手持铁刷，由右手持毛刷，刷拭右侧时，则相反。刷马时人的一腿向前，一腿向后。后刷在前刷的边缘，先逆毛，后顺毛，重去轻回。

(1)头部　人位于马头左侧，左手持刷，右手持笼头颊革，先以额部为中心，向周围辐射式刷出，然后刷面颊及颌缘，均以轻刷为宜。

(2)颈部　人面向马体一侧，左脚距马前肢约 20 cm，右脚向后方，先逆毛推出刷子再顺毛拉回，重去轻回，全身用力。

(3)胸、前肢　人面向马体后躯，弓腰用力推出刷子，先逆毛，后顺毛。

(4)背、腰、肋　人向马体，用毛刷做划弧式进行刷拭，先逆，后顺，重去轻回。

(5)腹下　只顺毛刷，用力要轻。

(6)肷部、腰角　依据肷部的方向来回刷拭，先逆后顺，反复刷拭。

(7)尻、股　由下向上，由前到后，做划弧式用力刷拭。

(8)后肢　与前肢相同。

3. 擦拭

遍体刷拭完后，用湿布擦净各天然孔（眼、鼻、口），并反复擦去遍身泥土及毛上的污垢。用湿布擦拭后，再用毛刷顺毛刷一次，以使毛顺。最后将鬃毛由上到下梳通。梳时不可用力过大。

(二)蹄的护理

马蹄角质每月生长约1 cm，护理不当，往往产生不正确的蹄形，因此应定期护理，一般每月修正一次（包括修蹄、装铁及矫形）。

除定期检查及修蹄外，平时应经常注意护理，保持蹄的清洁，如清除蹄叉的附着异物。厩床应填平，不要过于潮湿等，这样才能保证蹄的卫生。

现将正形蹄和不正形蹄及各种蹄形的削蹄要领叙述如下。

1. 前后肢的正形蹄形

前后肢的正形蹄形参见实表-5。

实表-5　前后肢的正形蹄形

特点＼肢别	前肢	后肢
蹄尖壁长度与蹄踵壁长度比	2.5∶1	2∶1
与地面所成的角度	45°～50°	50°～55°
蹄负面形状	呈圆形	呈卵圆形
蹄负面大小	较大	较小
蹄叉中沟及侧沟的深浅	较浅	较深

2. 不正形蹄形

不正蹄形有多种，简述如下。

(1)广蹄　蹄壁厚，倾斜度缓，蹄质较弱，蹄底薄而浅，负面大，多见于重型马和低温地带所产的马。

(2)狭蹄　蹄壁较薄，倾斜度急，蹄质坚硬，蹄底厚而深，蹄叉小，负面小而呈椭圆形，多见于高燥地带所产的马。

(3)高蹄　两侧蹄壁倾斜度急，蹄踵过高，蹄尖壁与蹄踵壁的比例小于正常蹄形。如果高蹄伴随卧系称熊脚。

(4)低蹄　蹄尖壁厚而长，倾斜缓，蹄踵壁短而薄，多见于卧系。

(5)外向蹄　蹄尖向外，外蹄尖和内蹄踵倾斜急，内蹄尖和外蹄踵倾斜缓。

(6)内向蹄　蹄尖向内，内蹄尖和外蹄踵倾斜急，外蹄尖和内蹄踵倾斜缓。

(7)外狭蹄　蹄壁外半部短而倾斜急，内半部长而倾斜缓。

(8)内狭蹄　蹄壁内半部短而倾斜急，外半部长而倾斜缓。

(9)木脚蹄　蹄尖凹陷，蹄踵高举且后弯曲，往往伴随突球，俗称滚蹄。

(10)裂蹄　有自上而下的蹄冠裂，自上而下的负面裂和蹄壁的横裂多种，以靠近蹄冠部的较为严重，甚至可以引起跛行。

(11)复合蹄形　由复合肢势而形成，如内狭（外狭）兼外向（内向）蹄。

3. 各种蹄形的修蹄要领

(1)广蹄　少削负面及蹄底，适当锉削蹄壁外下缘。

(2)低蹄　少削蹄踵，必要时适当锉削蹄尖壁下缘。

(3)高蹄与狭蹄　适当削蹄底及蹄叉的内半部。

(4)内向蹄及外向蹄　适当切削蹄底及蹄叉的外半部。

四、作业

作业一：如何进行刷拭？操作中有何难点？

作业二：简述各种蹄形的特点。

实习五　马的日粮配合实例

一、目的要求

根据饲养标准科学养马，是保持马匹健康，提高性能和繁殖能力，降低生产成本的重要技术措施。通过本实习要求学会日粮配合的基本方法，便于今后实际工作中应用。

二、方法与步骤

应用饲养标准及营养成分表，计算不同年龄、性别、生产任务等马匹所需日粮。

(一)日粮配合原则

饲养标准化，饲养多样化，以青粗为主，粗精搭配，就地生产，常年供应。此外应尽量考虑日粮的体积和适口性。

(二)实例

以谷草、麸皮、豆饼、玉米几种饲料为体质量 500 kg 的中役马配合日粮组成。

日粮配合步骤一般为查表-试配-调整。

第一步，查役畜饲养标准表，得出饲养标准如下：体质量 400～500 kg；饲料单位（中役）7.8～7.9；可消化蛋白(g)(中役)780～790。饲料配方可参考实表-6。

第二步：选择饲料，并查出各种饲料营养成分，定出不同饲料的给予量，再计算所含营养成分是否与饲养标准相符合。

首先按体质量每 100 kg 给予谷草 1.6～1.8 kg，然后搭配精料给予量，日粮组成，计算出营养成分含量。

实表-6　饲料配方

饲料种类	给予量/kg	饲料单位	可消化蛋白/g	钙/g	磷/g
谷草	8.0	3.12	110.4	—	—
麸皮	2.0	1.46	212.6	2.5	22.2
豆饼	0.5	0.61	200.2	0.8	2.8
玉米	1.5	2.04	102.8	0.2	4.0
合计	8.0+4.0	7.23	626	3.5	29.0

第三步：调整日粮组成。根据饲养标准和上表日粮中所含营养成分进行比较，结果发现日粮中尚少 0.57～0.67 饲料单位及 164 g 可消化蛋白，需要补充，现加 0.5 kg 豆饼予以平衡，得出日量表(实表-7)。

实表-7　饲料日量表

饲料种类	给予量/kg	饲料单位	可消化蛋白/g	钙/g	磷/g
谷草	8.0	3.12	110.4	～	～
麸皮	2.0	1.46	212.6	2.5	22.2
豆饼	1.0	1.21	400.3	1.5	5.5
玉米	1.5	2.04	102.8	0.3	4.6
合计	8.0＋4.5	7.83	826.1	4.3	32.3

从上表看平衡结果，所配日粮与饲料标准基本相符，日粮配合即告完成。

此外，在日粮中需要常补充食盐，可按每100 kg体质量给5～7 g，重役时可适当增加盐量；钙、磷需要量按每饲料单位各给予5 g。除饲料中含量外，不足部分以骨粉和碳酸钙补充之。

三、作业

调查附近马术俱乐部或牧场马匹日粮配合，并分析其营养成分。提出改进意见。

实习六　马鼻疽的检疫

一、实习目的

通过本实习使学生掌握马鼻疽的实验室检疫操作与判定标准进行操作，以及本病检疫在进出口检疫中的意义。通过本实习要求学会本病点眼检疫基本方法，便于今后实际工作中应用。

二、实习材料

鼻疽菌素、硼酸、来苏儿、脱脂棉、纱布、酒精、碘酒、记录表。

马匹、点眼器、唇（耳）夹子、煮沸消毒器、镊子、消毒盘、工作服、口罩、线手套。

注意：在所盛鼻疽菌素用完或在点眼过程中被污染（接触结膜异物）的点眼器，必须消毒后再使用。

三、实习步骤

1. 点眼前必须两眼对照

详细检查眼结膜和单、双眼等情况，并记录。眼结膜正常者可进行点眼，点眼后检查颌下淋巴结、体表状况及有无鼻漏等。

2. 规定间隔 5～6 d

做两回点眼为一次检疫，每回点眼用鼻疽菌素原液 3～4 滴（0.2～0.3 mL），两回点眼必须点于同一眼中，一般应点于左眼，左眼生病可点于右眼，并在记录中说明。

3. 点眼应在早晨进行

最后第 9 小时的判定须在白天进行。

4. 点眼前助手固定马匹

术者左手用食指插入上眼睑窝内使瞬膜露出，用拇指拨开下眼睑构成凹兜，右手持点眼器保持水平方向，手掌下缘支撑额骨眶部，点眼器尖端距凹兜约 1 cm，拇指按胶皮乳头滴入鼻疽菌素 3～4 滴。

5. 点眼后注意系拴

及时系拴可防止风沙侵入、阳光直射眼睛及动物自行摩擦眼部。

6. 判定反应

在点眼后 3、6、9 h，检查 3 次，尽可能于注射 24 h 处再检查一次。判定时先由马头正面两眼对照观察，在第 6 小时要翻眼检查，其余观察必要时须翻眼。细查结膜状况，有无眼眦，并按判定符号记录结果。

7. 每次检查点

眼反应时均应记录判定结果。最后判定以连续两回点眼之中最高一回反应为准。

8. 鼻疽菌素点眼反应判定标准

(1)阴性反应　点眼后无反应或结膜轻微充血及流泪，为阴性，记录为“—”。

(2)疑似反应　结膜潮红，轻微肿胀，有灰白色浆液性及黏液性（非脓性）分泌物（眼眦）的，为疑似阳性，记录为“±”。

(3)阳性反应　结膜发炎，肿胀明显，有数量不等脓性分泌物（眼眦）的为阳性，记录为“+”。

相应判定均填入检疫记录表(实表-8)。

实表-8　鼻疽菌素点眼检疫记录表　　　年　月　日

编号	畜别	性别	年龄	特征	第一次点眼反应						第二次点眼反应						综合判定
					临床检查	3	6	9	24	判定	临床检查	3	6	9	24	判定	

四、作业

调查附近马术俱乐部或牧场马匹马鼻疽检疫及发病情况，并分析其流行情况，提出预防措施。

参考文献

[1]李云章,韩国才．马场兽医手册．北京:中国农业出版社,2016.
[2]曹凤珠．赛马的训练与技术指导．长春:吉林出版集团有限责任公司,2015.
[3]刘晓树．骑师与马匹的默契——马术．南昌:二十一世纪出版社,2014.
[4]芒来．新概念马学．北京:中国农业出版社,2015.
[5]夏云建,余刚．马匹护理．武汉:湖北人民出版社,2015.